GUTI HUOJIAN FADONGJI SHIYAN CESHI

固体火箭发动机试验测试

西安航天动力测控技术研究所　编著

西北工业大学出版社

【内容简介】 固体火箭发动机研制过程中试验测试是不可或缺的重要环节,在发动机总体性能设计、总体结构设计、部件研制和调试、发动机各系统设计(如控制系统、点火系统、推力矢量系统等)的各个环节中离不开试验。发动机研制中要经过大量的部件、材料、整机、地面试验和飞行试验才能最终确定发动机的性能、结构可靠性和各系统的的匹配性。大量的部件试验以及发动机的性能和结构可靠性需要通过地面环境试验和静止试验确定。本书主要论述固体火箭发动机环境试验、固体火箭发动机地面静止试验以及测试技术、固体火箭冲压发动机及其地面模拟试验技术和固体火箭发动机储存寿命试验。

本书适用于高等院校固体火箭发动机相关专业研究生及工程技术人员。

图书在版编目(CIP)数据

固体火箭发动机试验测试/西安航天动力测控技术研究所编著 . —西安:西北工业大学出版社,2016.8
ISBN 978 - 7 - 5612 - 5048 - 8

Ⅰ.①固… Ⅱ.①西… Ⅲ.①固体推进剂火箭发动机—发动机试验 Ⅳ.①V435

中国版本图书馆 CIP 数据核字(2016)第 209421 号

策划编辑:华一瑾
责任编辑:张 潼

出版发行:西北工业大学出版社
通信地址:西安市友谊西路 127 号 邮编:710072
电 话:(029)88493844 88491757
网 址:www.nwpup.com
印 刷 者:兴平市博闻印务有限公司
开 本:787 mm×1 092 mm 1/16
印 张:17.5 插页:4
字 数:417 千字
版 次:2016 年 8 月第 1 版 2016 年 8 月第 1 次印刷
定 价:118.00 元

"固体火箭发动机技术基础及工程概论"系列教材
编审委员会

编审委员会办公室

《固体火箭发动机试验测试》
教材编写委员会

主　　编	龚晓宏				
副 主 编	翟江源				
编　　委	陈雷声	张晓轮	白向荣	白向林	张秀玲
	拜啸霖	李广武	丁佐琳	沈　飞	王建利
	程建彬	白西刚	雷娅琴	丁学进	魏　彰
	谢俊彦	殷　澍	潘武贤	赵继伟	
工作人员	陈迎朝				

总　序

航天动力技术研究院(又名中国航天科技集团公司第四研究院)1986年被国务院学位委员会批准为硕士学位授予单位,现有航空宇航科学与技术、化学工程与技术、材料科学与工程、仪器科学与技术4个一级学科硕士学位授权点。

为培养航天事业需要的科技人才,保障硕士研究生培养质量,航天动力技术研究院专门开设了"固体火箭发动机技术基础及工程概论"专业课,按固体火箭发动机设计、推进剂理论与工程、装药与总装工艺、复合材料与工艺、金属件制造技术和固体火箭发动机试验测试等6个部分开展教材编写工作,2010年完成了教材初稿编写,2011年开始使用本教材。经过几年的教学实践,对相关教学内容不断进行完善。2014年邀请西北工业大学、西安交通大学、第二炮兵工程大学相关专业的教授及院内的专家对教材进行了评审,根据他们的意见,又对教材进行了较大的修改。现在6本教材已陆续完稿,包括《固体火箭发动机设计技术基础》《固体火箭推进剂理论与工程》《固体火箭发动机装药与总装工艺学》《固体火箭发动机复合材料与工艺》《固体火箭发动机金属件制造技术》《固体火箭发动机试验测试》,其中《固体火箭推进剂理论与工程》已于2014年5月先期出版。

"固体火箭发动机技术基础及工程概论"系列教材包含固体火箭发动机技术的基础知识、基本理论,融入科研实践和研制经验,参考国外该专业的技术发展,具有鲜明的行业特色。本系列教材不仅可作为高等院校硕士研究生培养专业课教材,也可作为相关技术及管理人员的专业参考书和培训教材。

在编写本系列教材过程中,得到了航天动力技术研究院和院属四十一所、四十二所、四十三所、四〇一所、七四一四厂、七四一六厂有关专家、领导及人力资源部门的通力合作与支持,在这里谨向他们,尤其是技术专家们表示诚挚的谢意!

在本系列教材的编写过程中,我们虽付出大量心血,几经易稿和修改,但难免有疏漏、错误及不足之处,敬请读者提出宝贵意见。

本系列教材编审委员会
2015年7月

代　序

——飞向永恒之梦的动力源泉

自古迄今,从走出非洲的遥远祖先,到互联网时代的思辨青年,人类从未停止对神秘宇宙的追问与探寻,从未停止遨游太空的神思和梦想。及至 21 世纪的今天,航天技术的进步与发展,使得人类探索、开发和利用宇宙空间成为现实。从第一个进入太空的地球人尤里·加加林,到第一个踏上月球的地球人阿姆斯特朗,从第一颗人造卫星的发射到载人飞船太空交会对接,在茫茫宇宙中,人类不断延伸着自己生命的触角,不断向深邃的未知领域释放智慧的光芒。

航天技术是当今世界高技术群体中最具影响力的综合性科学技术之一。生命智慧对于宇宙规律的探求使得人类航天技术不断得以突破性发展,人类活动范围从地球物理空间迅速延伸到外太空以至更远的宇宙。航天技术的变革与进步,又反过来影响人类的思维模式,使整个人类自身的面貌和生活方式也发生了深刻的变化。

固体燃料火箭发动机技术作为航天技术的重要组成部分,为火箭或导弹飞行提供充足的动力。如果把航天飞行器比作一只遨游太空的鹏鸟,那么,固体燃料火箭发动机就是这只鹏鸟的心脏,为翱翔于茫茫宇宙波涛之上的鹏鸟提供源源不绝的前进动力。

中国航天技术的突飞猛进,不仅仅昭示着一个现代化科技大国的实力,更彰显了中华民族沉寂了近百年的自强与自信。在实现我国从航天大国向航天强国跨越的过程中,固体火箭发动机技术的发展起着举足轻重的作用。作为固体火箭发动机技术扛鼎单位的航天动力技术研究院,始终以国家强大、民族昌盛为己任,艰苦创业,顽强拼搏。50 多年来,冲破重重险阻,攻克道道难关,走出了一条自力更生、自主创新的中国航天固体动力发展之路,推动我国航天固体动力事业从无到有、从小到大、从弱到强的历史性跨越,圆满完成了以“两弹一星工程”“高新工程”和“载人航天工程”为代表的各项重大任务,为增强国家战略安全能力和综合国力做出了突出贡献。

十八大以来,新一代中共中央领导集体持续倡导人才强国战略,而实现航天强国的凤愿必须依靠大量高素质人力资源。自 1986 年,航天动力技术研究院被国务院学位委员会批准为硕士学位授予单位以来,至今从事学位与研究生教育已 30 年,在多年的工程实践和教学研究中,积累并形成了一系列具有自主知识产权的航天固体动力核心技术。为了更好地做好技术传承,为国家航天事业构建人力资源梯队,培养专业知识精英,我们组织了包括固体火箭发动机设计、推进剂理论与工程、装药与总装工艺、复合材料与工艺、金属件制造技术和固体火箭发动机实验测试等六大部分的教材编写工作,经过 5 年多的教学实践和不断完善,已经形成了一套较为系统的硕士研究生教材。除了凝聚众多固体火箭专业研究人员的智慧结晶之外,这套教材的最大特色在于扎实的技术基础与具体的工程实践紧密结合。

探索一切事物是人类的本性。美国的物理学家 F.J. 戴森说:“在上帝给了我们生命之后,科技可能是它赐给我们最贵重的一份礼物。"航天技术是科技的一部分,它仍将不断进步成长,并且继续帮助人类摆脱过去的束缚和羁绊。我们要珍惜、善待这份特殊的珍贵之礼,承继敢于探索、勇于献身的精神血脉,薪火相传,把关乎民族自信、国家富强乃至人类发展的航天事业不断推向前进。

我儿时一直存有一个天地之梦,梦想未来人类的飞行,能够像一只自由之鸟,翩翩飞舞于浩瀚无垠的太空,与宇宙万物对话,与造物之主谈心。现在,面对复杂的、全方位无限的未来,我仍无法预知其终点。但我相信,手头的这套教材,是通往天地之梦的一个阶梯,为我们的前行提供动力源泉,扶持我们向着永恒之梦不断追寻。

田维平*

2015 年 7 月

---

* 田维平,博士,研究员,博导。现任航天动力技术研究院院长,中国宇航学会固体火箭推进专业委员会主任。

前　言

　　《固体火箭发动机试验测试》是中国航天科技集团公司第四研究院"固体火箭发动机技术基础及工程概论"系列教材的一个分册。全书共有 6 章,分别为绪论、固体火箭发动机地面静止试验、固体火箭发动机地面模拟试验技术、固体火箭发动机强度与环境试验技术、固体火箭发动机安全性试验技术、地面试验测量与控制技术。试验技术是贯穿全书的一条主线,围绕这条主线,各章的内容相互联系形成一个总体,各章的论述又具有相对独立性,可以独立成章。

　　本书的编著者有从事固体火箭发动机试验及测试技术研究工作几十年的技术专家,也有正在一线工作的专业技术人员,不仅实际经验丰富,理论功底扎实,而且紧跟国际试验技术发展的步伐。本书编写力求比较系统、全面地阐述这个领域内的知识,不仅总结了几十年来积累的实际经验,而且包含了新技术的发展与展望,如果本书能够对正在从事或即将从事本专业的后来者起到入门引路的作用,使他们少走弯路,迅速地进入角色,那么编写者的辛劳就得到最大的报偿。

　　本书由广大试验测试技术工作者集体创作,编委会仅仅是他们的代表,在此,对他们表示衷心的感谢!

　　由于笔者的水平有限和知识面的局限性,书中错误与不足,恳请读者指正。

编著者

2016 年 1 月

目　录

第1章 绪 论

1.1 固体火箭发动机及其地面试验

固体火箭发动机是火箭发动机的类型之一,它作为动力系统广泛应用于固体导弹和火箭发射助推。使用化学推进剂的火箭发动机叫作化学火箭发动机。根据化学推进剂的物理状态,将化学火箭发动机分为固体、液体和固液混合火箭发动机。固体火箭冲压发动机是一种特殊的固体燃料火箭发动机,它是固体火箭发动机与冲压发动机组合的新型发动机,因其使用固体推进剂,故有时也将其作为固体火箭发动机的类型之一。

固体火箭发动机试验是发动机研制过程的重要环节,从方案论证到导弹交付部队使用的各个阶段都需要进行试验。不管固体导弹、运载火箭或是卫星用固体火箭发动机,大体而言都要经历方案(模样)、初样、试样(正样)、定型等4个主要研制阶段,各阶段一般均包括研究、设计、试制、试验等基本环节,其中试验则成为固体火箭发动机各研制阶段方案、设计验证及功能考核、性能评价的重要手段和必需环节。

固体火箭发动机试验按照性质不同可分为地面点火试验、强度与环境试验、安全性试验和飞行试验等。相对于飞行试验和环境试验,地面点火试验又称为静止试验或热试车。

本书主要论述地面静止试验(含固体火箭冲压发动机试验)、环境试验、安全性试验等整机地面试验及其测试技术。飞行试验用于考核包括固体火箭发动机在内的导弹或火箭全系统的性能,一般由导弹或火箭总体单位组织,并在专门的发射基地实施,其有关技术内容不在本书论述范围之内。

1.2 地面试验的地位与作用

固体火箭发动机地面试验的作用是在发动机各研制阶段,通过对试制样机的各项试验,对发动机设计所采用的原材料、总体方案和技术工艺进行验证,对发动机结构可靠性、点火特性、推力特性、内弹道性能、推力矢量控制特性、制造工艺等进行单项或综合的考核。在不同研制阶段,地面试验有不同的目的和考核重点。在方案论证阶段,主要考核关键技术的可行性及对比总体技术方案的优劣;在初样阶段,主要考核发动机结构方案的可行性;在试样阶段,主要考核发动机结构可靠性,精确测量发动机性能参数,同时对发动机环境适应性进行评估;在定型阶段,则通过鉴定性试验,重点检验工艺稳定性与可靠性及性能参数的一致性。

1.3 地面试验的主要类型

地面试验包括地面静止试验、强度与环境试验以及安全性(易损性)试验等类型。

1.3.1 地面静止试验

地面静止试验指实施发动机点火的地面试验,也称热试车。由于固体火箭冲压发动机特殊的结构形式和工作原理,其地面点火试验的技术和过程复杂、试验环境模拟难度大,与一般固体火箭发动机地面静止试验相比有诸多特殊之处,因此固体火箭冲压发动机试验将作为特殊的地面静止试验类型在本书第3章单独进行介绍。本章主要介绍常规的固体火箭发动机地面静止试验。

地面静止试验的分类方法有多种。按照发动机安装姿态可分为卧式试验、正立式试验和倒立式试验,按照试车架连接方式可分为滚球式、滚轮式、板簧式、磁悬浮式试验。通常按照试验目的和特点,将发动机地面静止试验分为结构试验(常规试验)、性能试验(高精度试验)、旋转试验、级间分类试验、高空模拟试验、推力矢量控制试验、推力终止试验等。多个试验项目组合进行的,又称为联合试验,并根据项目多少分为二合一、三合一、四合一联试等。

1.3.2 强度与环境试验

强度与环境试验是固体火箭发动机技术和工艺状态地面验证与考核试验的重要组成部分。与地面静止试验考核发动机点火后的工作特性和性能参数不同,强度与环境试验的目的在于考核发动机在非工作状态下的结构强度,验证发动机从推进剂浇铸开始直至点火工作的整个期间内,在各种可能遇到的环境应力下能否正常工作,并发现设计、工艺、材料等各方面存在的问题,为改进设计、工艺提供依据,以提高发动机的结构性能和环境适应能力,延长发动机的使用寿命。

强度与环境试验的项目和要求根据发动机基本设计参数要求和寿命周期环境剖面及其相应的应力和载荷条件决定。其中环境因素可能包括贮存、运输直至点火前经历的各种自然及非自然的环境,如重力,温度,气候条件,机载及舰船等战备值勤环境,运输振动和吊装冲击等。不同型号发动机试验项目会有所差别,一般可分为结构静力试验、振动力学试验、温湿度环境试验、特殊环境试验及复合环境试验等。

结构静力试验考核发动机结构或其零部件在静载荷作用下的强度、刚度、稳定性、应力、以及变形分布情况等静强度特性。结构静力试验包括轴拉、轴压、弯矩、剪切、联合加载、外压和内压等类型。

与静力学试验相对,振动力学试验考核发动机在机械冲击、振动等动力载荷作用下的强度特性。振动力学试验包括振动试验、模态试验、冲击试验、运输试验、离心过载试验等。

温湿度环境试验包括常规温度试验、温度贮存试验、高低温循环试验、温度冲击试验等。

特殊环境试验开展较少,根据型号发动机具体环境,可能包括湿热试验、盐雾试验、霉菌试验、油雾试验、三防试验等。

复合环境试验又称为组合环境试验,主要用于考核发动机在多种类型环境载荷作用下的性能。与多种载荷分时施加、独立作用不同,此类试验能更真实地模拟发动机在特定环境和工作条件下的载荷状态,更加准确地评估发动机对多种载荷响应的相关性和叠加效果,比如高温-轴压复合加载试验,振动-温度循环复合试验等。

强度与环境试验需要根据特定的环境条件和对发动机环境适应能力的要求,分析确定环境应力的种类、量值和时间特性,施加相应的载荷来模拟某种或某几种环境应力单独或共同作用的情况。与静止试验相比,此类试验的特点是发动机处于非工作状态,试验类型多,完成序列试验的周期长,试验过程可控,可以根据需要重复进行,试验项目和顺序可结合发动机环境试验考核要求和目的以及最大限度利用发动机样本等因素统筹确定。除个别试验项目为破坏性试验外,一般发动机产品在完成环境试验后会进行点火试验,以检验此前的试验项目是否对发动机造成隐性损伤,是否影响发动机正常工作。

1.3.3　安全性试验

安全性试验是考核固体火箭发动机安全性能的一系列特殊试验,既不同于静止试验,也不同于常规的环境试验。固体火箭发动机作为导弹武器的动力系统,在拥有强大动力的同时也有因冲击、撞击、跌落、振动、高温、静电、雷击和电磁辐射等外界机械力、环境力引发意外发火、燃烧、爆炸的危险隐患。因此安全性试验主要是模拟发动机寿命周期内各种意外环境因素的激励,考核设计、制造赋予发动机的安全性水平,评估威胁因素对发动机可能的损伤、事故等级及其二次危害,从而对发动机安全性设计改进和性能鉴定提供依据。

安全性试验包括基本安全试验、钝感弹药(IM)试验和附加试验。其中基本安全试验包括28天温湿度试验、振动试验和4天温度试验;附加试验有加速度、气动加热、闪电、电磁干扰、电磁辐射、静电放电、雨淋、太阳辐射等共几十种试验类型;钝感弹药试验包括跌落试验、火箭橇撞击、快速烤燃、慢速烤燃、子弹撞击(枪击)、碎片撞击、聚能射流冲击、破片冲击及殉爆试验等类型。

钝感弹药是指能够可靠完成(指定)任务,但无意中启动时对武器平台、后勤系统和人员的附带损害概率降到最低的弹药。美军为改善弹药贮存和处理的安全性能,最早提出低易损发射药(LOVA)的概念并启动相关研究,实施了包括低易损发动机的钝感弹药发展计划(IMAD)。经过几十年发展,美欧发达国家已普遍通过使用钝感推进剂或特殊结构形式等设计手段,降低发动机对意外激励的敏感程度,实现固体火箭发动机的低易损性,使其满足钝感弹药试验的有关标准。由于钝感弹药试验已经成为考核非核类武器弹药安全性能和低易损程度的主要试验内容和考核评价标准,因此钝感弹药试验也称为(低)易损性试验。

固体火箭发动机安全性试验对发动机潜在的威胁进行评价以反映其易损性,达到减灾目标,其特点是较大的破坏性、较高的危险性和通常激烈的响应程度。从试验实施过程来讲,安全防护、图像监控、危险响应参数测量和危害等级评定是试验的重点内容。因为各种型号发动机所属环境和武器平台的不同,导致威胁可能会有所不同,因此此类试验均需使用危险性评估和系统的威胁分析,以确定适用的试验类型和试验参数。

本书将以安全性试验中的钝感弹药试验为主,具体论述各单项试验内容及试验评估技术。

1.4 地面试验基地的组成

为开展固体火箭发动机试验技术研究、承担武器系统和航天运载固体火箭发动机研制试验任务,许多国家都建有专门的试验基地。完整的试验基地包括试车台、配套和辅助设施、基础设施和保障系统等。大型试验基地会建设有多个不同类型的试车台,如结构试车台、高精度试车台、级间分离试车台、高空模拟试车台等,有的还建设有配套的科研、实验条件。

试车台是试验核心区域,集成了独立开展试验所需主要设施和条件。以结构试车台等常规试车台为例,其构成包括台基及防护墙、承力墩、导流通道、前置操作间、测控工房及设备、摄像间及设备、试车架、吊装设备、台体监控系统、消防及环保设施等。高空模拟试验台在常规试车台的各组成部分之外,还包括试验舱及其辅助系统、扩压器、引射系统、闸板阀、辅助燃气引射系统、供应系统及消音塔等。环境试验台则一般包括试验厂房、环境试验设备等。

为节约投资,有时多个试车台会共用测控工房、供应系统等。测控工房、供应系统与承力墩等试车台主体必须保持一定的安全距离。测控工房配备试验参数测量系统、数据存储处理及显示系统、试验过程控制系统、试验图像显示及记录设备等,承担试验指挥、过程控制、监测和参数测量任务。现代试验基地一般还包括与测量控制中心独立的指挥调度中心。

配套和辅助设施包括计量中心、产品中转贮存厂房和转运工具、工艺设备库等。

基础设施和保障系统包括道路、水电供应系统、安防系统以及试验人员生活服务和保障设施等。

1.5 固体火箭发动机地面试验技术范畴

固体火箭发动机地面试验是一项系统工程,不管是地面静止试验,还是环境试验等其他试验类型,都具有设施庞大、工艺设备多、系统复杂等特点,涉及许多技术领域和学科门类。

静止试验系统除试验台架等设施外,其工艺设备包括控制与能源系统、测控系统、视频系统等。特殊类型试验,如旋转试验和高空模拟试验还分别要有旋转控制系统和抽真空系统。环境试验系统一般由试验台架和工装、加载系统、加载控制系统和参数测量系统构成。主动引射高空模拟试验和固冲发动机自由射流试验还包括引射系统,燃料、气体供应系统,加热系统等。安全性试验需要高速运动系统、子弹或破片击发装置、起爆系统等。其中试车台架和工装设计需要运用机械设计技术、结构强度计算与仿真分析技术,引射系统设计需要运用气动计算和传热计算,加载控制和伺服控制需要运用自动控制技术、液压及传动技术。各类试验测量的参数类型有推力、压强、温度、应变、位移、速度、加速度、振动、噪声、时间、流量、尾焰参数等,且温度、应变参数经常需要测量几十甚至几百个。因此大型试验往往使用多种类型、多达几十套测量系统。参数测量涉及现代测量技术、传感检测技术、电子技术、计量校准技术、计算机技术、仪器仪表技术以及图像技术等。数据处理与分析还要用到数字信号处理技术和现代数理统计技术等。

开展固体火箭发动机地面试验,需要全面研究掌握试验技术,建设完整的软硬件技术条件和配套设施。在不同时期,需要根据固体火箭发动机研制和生产的试验需求和试验测试技术发展规划,持续开展技术研究和条件建设与改造升级。试验技术研究内容包括试验技术与能力体系研究规划,单项试验方案研究,试验测试单项技术及工艺研究,试验装备与测控系统研制、集成和开发应用研究,试验数据处理与分析技术研究,先进系统化、信息化试验管理技术,等等。不论技术研究、设施条件建设及具体试验过程的组织实施,也都是大量人力、物力资源统筹配备、协调工作的有机工程,需要系统科学的组织管理。

综上所述,固体火箭发动机地面试验技术的学科范畴及专业技术方向覆盖了机械设计及理论,机械工程,机械制造及自动化,材料科学,流体力学,空气动力学,电子科学与技术,计算机科学与技术,控制科学与工程,传感检测技术,光学,信息技术,仪器科学与技术,软件工程,电气工程,制冷技术,系统工程以及管理科学等诸多领域。随着固体火箭发动机新的试验需求的提出和各相关专业技术的发展,试验及其测控技术也将不断发展,需要更多的相关专业技术及跨学科、综合型人才投身该项事业中。

第 2 章　固体火箭发动机地面静止试验

2.1　地面静止试验类型和过程

2.1.1　地面静止试验概述

固体火箭发动机在设计、制造完毕后,需通过试验来验证发动机的结构和性能参数。通常情况下固体火箭发动机要经过环境试验和地面静止试验的验证后才能进行全弹飞行试验。

固体火箭发动机地面静止试验又称地面点火试验,即通过不同的试验装置(如结构试验架、高精度试验架和离心过载试验架将发动机固定在发动机试验台体上),发动机点火工作,获得发动机的推力、压力、温度和应变等参数,考核发动机的结构可靠性。在整个工作过程中,发动机相对于试验台处于静止状态。

地面静止试验遵照试验实施细则要求,按照试验计划依序开展推力、压力、温度、应变、振动等传感器的校准、安装和连接等工作,进行发动机充气检漏、电发火管检测与安装等工作,进行发动机试验全系统合练,在一切准备就绪后按预先设置的程序点燃固体火箭发动机,使发动机工作期间按指令完成规定的动作,同时进行参数测量,试验进行后分解发动机、测量喉径、称重及处理数据,最终完成发动机试验报告。

由于固体火箭发动机研制过程中存在模样、初样、试样、定型和批生产等诸多研制阶段,固体火箭发动机在各研制阶段都要开展地面静止试验,不同的阶段要求也不尽相同,考核的目的也不尽相同,主要有以下几项:

1)考核发动机结构的完整性和合理性;

2)考核各分系统的工作可靠性及其匹配关系;

3)评定发动机的内弹道性能;

4)测得发动机的能量特性;

5)测得其他特性参数。

地面静止试验的主要要求如下。

(1)可靠性高,安全性好

由于造价昂贵,所以用于地面静止试验的发动机数量不可能很多,尤其是大型发动机,这就要求每次试验都充分考虑试验系统的可靠性和安全性,尽可能完整地获得发动机的各项性能参数。

(2)实用性强,经济性好

固体火箭发动机通过地面试验设备获得各项性能参数,所以试验与测试设备不仅要经济、实用,安装操作方便,还要获得各项性能参数。

（3）技术先进，测试精度高

发动机地面静止试验技术要紧跟发动机的发展步伐，随着发动机技术发展不断提高测试水平和技术，通过每一次试验尽可能获得更多的参数，并不断提高测试的精确度，为发动机结构和性能参数的评定提供更多更准的信息。

2.1.2　考核项目与测量参数

固体火箭发动机地面静止试验的考核项目与测量参数可分为两类，一类用于评定发动机的结构性能，另一类用于评定发动机的工作性能。

2.1.2.1　结构性能及其有关参数

发动机的结构性能主要通过温度环境试验和结构考核试验加以考核的，从评定结构可靠性角度出发，可以把固体火箭发动机分成以下几个分系统：

1）装药-点火器系统；

2）喷涂层-壳体-包覆层-绝热层系统；

3）喷管-推力矢量控制系统。

上述各分系统的结构完整性、工作可靠性以及各结合面的密封性能等通常都需通过地面点火试验加以考核和评定，虽然在试验阶段的发动机还不能与最终方案达到完全一致，但这并不妨碍对基本上与飞行状态相一致的各分系统的评定。通过结构试验可以获得下列结果：

1）绝热层的热防护性能及其黏结强度；

2）壳体材料的应力、应变、温度等数据；

3）喷管及其喉衬的耐烧蚀、抗冲刷和热防护性能；

4）推力矢量控制部件的工作性能；

5）点火器的点火性能；

6）喷管与壳体各连接部件的连接强度和密封性能；

7）与结构性能有关的其他参数。

2.1.2.2　工作性能及其有关参数

发动机的工作性能主要包括内弹道特性和能量特性，与这两种特性有关的主要参数是压力-时间和推力-时间参数。

1. 压力-时间参数

燃烧室压力-时间参数是地面点火试验必须测量的参数，它是评定发动机内弹道性能的依据，通过对压力-时间测量结果的处理可以进一步得到下列各特征参数：

- 最大压力 p_{max}
- 最小压力 p_{min}
- 压力冲量 I_p
- 压力比冲 β
- 工作时间平均压力 $\bar{p}_{ta}$
- 燃烧终点压力 p_b
- 装药的燃烧时间 t_b
- 发动机的工作时间 t_a
- 点火延迟时间 t_{di}
- 特征速度 C^*
- 燃气的平均秒流量 $\bar{q}$
- 装药的平均燃烧速度 $\bar{r}$

2. 推力-时间参数

发动机的推力-时间参数是评定发动机能量特性的依据，通过对推力-时间测量结果的处理可以进一步得到下列各特征参数：

- 最大推力 F_{max}
- 燃烧时间平均推力 $\bar{F}_{tb}$
- 推力系数 C_F
- 有效冲量 I_{ef}
- 真空推力 F_v
- 真空推力系数 C_{Fv}

- 最小推力 F_{min}
- 工作时间平均推力 $\bar{F}_{ta}$
- 发动机总冲 I
- 发动机比冲 I_s
- 真空比冲 I_{sv}

2.1.2.3 其他参数

在地面静止试验时，根据试验要求，可能还需进行下述各类参数的测量：

1）发动机的振动加速度和振动频率；

2）喷管和其他零件的应变、温度；

3）推力偏心；

4）控制力和控制力矩；

5）喷管摆角和摆动角速度；

6）发动机在工作过程中各部件产生的位移；

7）推力终止参数；

8）发动机在试验前后的质量；

9）喷管喉径和出口面直径在试验前后的数值；

10）热防护层的剩余厚度。

2.1.3 主要试验类型

在固体火箭发动机研制的试验验证中，模样研制阶段主要考核固体火箭发动机设计方案的结构合理性和协调性，为固体火箭发动机的初样设计提供依据。在初样研制阶段，固体火箭发动机的总体方案已经确定，因而该阶段主要对固体火箭发动机进行模拟使用环境条件的试验，如固体火箭发动机振动、冲击、运输、温度循环试验，离心过载试验及贮存试验等。固体火箭发动机一般经过环境试验后，还需进行地面静止试验，以考核经过各种环境作用后的工作可靠性。在试样研制阶段，通过成组发动机试验，获得发动机性能参数精度及可靠性，为全弹飞行提供相应的飞行数据，同时验证发动机制造工艺的可行性、稳定性。在批生产阶段，通过发动机批抽试验，验证某一批发动机性能与设计指标的符合性，为固体火箭发动机交付、验收提供依据。

（1）固体火箭发动机地面静止试验目的

1）考核发动机结构的完整性和合理性；

2）考核各分系统的工作可靠性及其匹配关系；

3）评定发动机的内弹道特性；

4）测得发动机的能量特性；

5）测得发动机的其他特性参数。

（2）固体火箭发动机地面静止试验特点

1）工作时间短且测量环境恶劣；

2）技术领域广，工作系统多；

3)试验费用较高、次数少;

4)不安全因素较多,危险性大;

5)环境污染较严重;

6)发动机点火试验具有不可逆转性特点。

2.1.3.1　地面静止试验类型

固体火箭发动机的地面静止试验可以从不同角度、按不同方法分类:

1)按发动机的研制阶段可分为预研阶段的试验、型号研制的整机试验和定型发动机的抽样检查试验;

2)按考核项目可分为结构试验和性能试验;

3)按发动机的工作环境可分为地面试验和高空模拟试验;

4)按发动机的功能和试验时所完成的动作可分为常规试验、性能试验、离心过载试验、推力矢量控制试验和推力终止试验;

5)按发动机的工作姿态可分为卧式试验和立式试验;

6)型号研制阶段主要试验类型有以下几种:结构试验、性能试验、高空模拟试验、离心过载试验、推力矢量控制试验和推力终止试验。

2.1.3.2　结构试验(常规试验)

结构试验亦称为常规试验,这是一种最基本、最常用的试验方法,发动机在研制过程中的很多技术问题都需通过常规试验来暴露并加以解决。这类试验有两个主要目的,其一是考核和评定发动机结构的完整性和工作的可靠性;其二是测得发动机的内弹道性能参数。结构试验的主要特点是对试验无特殊要求,试验条件与测试要求比较容易达到,具体表现在以下几个方面:

1)对推力测量精度要求较低,甚至有时可以不进行推力测量;

2)采用普通试车架,试验工装成本较低;

3)测量的参数少,测试条件比较容易保证;

4)操作比较简单。

结构试验适用于研制初期的各种型号的发动机。

简易试验是结构试验中的一种更简单的试验,它主要适用于存在较严重的质量问题或采用某些新技术、试验成功把握性较低的发动机。简易试验通常在简易试车台进行,简易试车台的特点是台体构造比较简单,技术设施及试验设备较少,而且与测控中心之间保持更大的距离。所有这些都是为了试验出现事故时减少事故损失,在试验不出现事故时又能测得主要的性能参数。

2.1.3.3　性能试验(高精度试验)

性能试验主要用于精确测量发动机的能量特性,为总体提供较精确的比冲(或总冲)数据和推力-时间曲线,同时进一步考核结构性能和评定内弹道性能,并获得发动机工作条件下特定部位的温度、加速度、位移、应变等物理量的响应历程。

主要特点是对试车架的动态、静态性能要求较高,试验测量的参数多,操作程序复杂,适用于研制后期的发动机以及定型发动机的抽样检查试验。

2.1.3.4 高空模拟试验(高模试验)

高空模拟试验(简称高模试验)是一种在地面上进行的、使发动机在人为形成的高空低气压环境中点火工作并进行参数测量的试验方法。

高模试验属于性能试验,用于精确测量发动机的真空比冲(或总冲)和在高空条件下的推力-时间曲线,考核发动机,特别是大面积比高空喷管发动机在低气压条件下的结构可靠性与传热特性,评定发动机的高空点火性能和推力矢量控制性能等。

高模试验的特点是试验技术复杂、要求高,具体表现在如下几个方面。

1)试验设备和试车台的技术设施比较复杂,它不但需要精度很高的试车架,而且需要产生和维持高空低气压条件所必需的试验舱、扩压器、预抽真空系统和引射系统,还需要在发动机工作即将结束时使试验舱压力恢复到常压,防止燃气回流冲击的补气装置。

2)由于高模试验时发动机是在具有一定真空度的试验舱内工作的,一旦发生故障,其损失和危害都比其他类型的试验大,这就要求高模试验的发动机有更高的结构可靠性,为此,这类发动机必须经过较充分的地面试验的考核。

3)由于试验设备的复杂化,使影响试验的不可靠环节增多,这就要求所有的试验设备都必须工作可靠。为此,试验前要对各系统进行认真的检查。

4)试验过程复杂,工作周期长,技术难度大。

5)测试项目多,精度要求高。

高模试验适用于高空条件下工作的发动机,如多级火箭的第二、三级发动机和发射卫星用的远、近地点发动机等。

2.1.3.5 离心过载试验

某些导弹或卫星用的固体火箭发动机是在离心过载状态下工作的,为了考核发动机在离心过载状态下的工作性能与可靠性,就提出了做离心过载试验的要求。

离心过载试验是使发动机在以一定速度绕轴线旋转的状态下进行点火工作和参数测量的试验方法。通过离心过载试验可以考核发动机在离心过载状态下的点火性能和结构性能,评定由于离心过载而带来的氧化铝颗粒沉积对燃速的影响。这类试验对试验与测量装置的要求如下:

1)试车架上需装有使发动机按一定转速旋转的动力装置和传动机构;

2)过渡架上需装有便于在旋转状态下传输测量信号的"集流环"或非接触测量所采用的信号传递装置。

2.1.3.6 推力矢量控制试验

固体火箭发动机的推力矢量控制机构有多种类型,近代大型固体火箭发动机较多采用柔性喷管,推力矢量控制试验的主要目的是考核推力矢量控制机构的工作可靠性,测量控制机构的控制特性,如控制力、控制力矩、摆角和摆动角速度等。对摆动喷管推力矢量控制试验的要求如下:

1)试车台需配置一套专用的液压源;

2)发动机及试车架都需在喷管摆动方向上可靠固定并限位;

3)需要有指令信号发出装置;

4)需要有进行摆角、摆心、摆动角速度等参数测量的装置;

5)测试项目较多,除发动机参数外,通常还包括控制机构的起动、位置、暂态、速度频率和振动特性参数等。

推力矢量控制试验中有时还要测量发动机的侧向力,即推力的分力。侧向力主要来源于控制机构(如喷管的摆动)和发动机的不对称性(如几何不对称性和气动不对称性),一般地说,由于推力控制机构所产生的侧向力比较大,而由发动机的不对称性引起的侧向力则比较小。当需要知道发动机的推力分量,进而知道推力偏心角和横向位移时,就需在多分力试车架上进行试验。

多分力试车架的设计及分力测量都有较大的技术难度,在分力测量中,多分力传感器具有较大的实用价值。

2.1.3.7　推力终止试验

推力终止是指在发动机工作当中按指令将推力消除掉或使推力终止。液体火箭发动机的推力终止可通过关机来实现,而固体火箭不可能进行关机,因此其推力终止方法也与液体发动机不同。固体火箭发动机的推力终止可有两种方法:一种是用发动机上自带的特制冷却剂将推进剂的燃烧熄灭;另一种是在发动机的前封头上开设一些小孔(这种小孔称为反向喷管)。后一种方法不但经济性好、比较容易实现,而且终止精度较高、效果较好,因此已被广泛应用。这种方法的工作原理是:当需要终止发动机的推力时,通过控制机构引爆起爆管,将反向喷管打开。反向喷管打开后即产生与主推力方向相反的反推力,当反推力与主推力大小相等时,即可实现推力终止。在实际工作中,为了可靠,往往要使反推力略大于主推力,这样,发动机便会产生一定量的负推力。

推力终止试验的主要目的是考核反向喷管及其打开机构的工作可靠性,测量反向喷管打开时间及其同步性,测量反向喷管打开后所产生的负推力的瞬变过程等。

进行推力终止试验时需注意下列事项:

1)反向喷管打开后,将在主推力方向上喷出火焰和抛出物,因此要特别注意试验设备和人身安全;

2)反向喷管打开后,发动机将存在负推力瞬变,因此,要求试车架及其测力组件具有承受一定反推力的能力。

2.1.4　试验任务书与试验实施细则

2.1.4.1　试验任务书

试验任务书是由设计部门根据发动机的研制计划与研制需要拟制的。它是试验单位编制试验计划(或试验实施细则)的技术依据,对试验任务书的要求如下。

(1)时间要超前

试验任务书,特别是新型号发动机和对试验、测试有特殊要求的发动机,其试验任务书要为试验留有足够的准备时间。在准备时间内将要完成试验设备的设计与加工、测试设备的配置与调试和其他各项工艺技术准备工作。

(2)任务要明确

明确提出试验时间、试验数量、试验目的和试验技术要求。

(3)数据要完整准确

对于一般的试验,任务书中要给出下述各发动机参数:

·总质量及装药量;

- 外形尺寸,包括总长度、直筒段长度、直筒段直径等;
- 壳体材料;
- 工作时间;
- 预计的最大推力和平均推力;
- 预计的最大压力和平均压力;
- 喷管尺寸,包括喉径和出口面直径。

对于高空模拟试验的发动机,还应给出下述各参数:

- 燃烧终点压力;
- 理论的 $p-t$ 曲线;
- 燃烧室总温;
- 平均质量流量;
- 燃气比热比;
- 喷管出口面气流马赫数;
- 出口面静温与静压;
- 出口面定压比热;
- 燃气的平均相对分子质量;
- 燃气的气体常数;
- 喷管出口半锥角。

(4)其他要求

对发动机的起吊与安装要求、发动机加工的质量情况及总装出厂时的实际技术状态等都需在适当的时候向试验单位进行比较详细的技术交底。

2.1.4.2 试验实施细则

试验任务书会签后,试验单位需根据试验任务书要求编制试验实施细则,试验实施细则是全面完成试验任务所必需的指导性文件,它应包括试验的计划管理工作、技术方案和质量保证措施等各项内容。编制试验实施细则时要充分考虑本试验单位的试验能力,而试验能力取决于试车台的建筑规模、技术设施完善程度、测试设备的先进性与完整性。

试验实施细则应明确下述各项目:

- 试验期限;
- 试验类型;
- 试验场地;
- 试验设备及其技术要求;
- 测试仪器及其技术要求;
- 试验方案;
- 工艺路线;
- 完成单位及进度要求;
- 试验的安全措施;
- 试验的冷却措施;
- 关键岗位、关键数据及其控制措施;
- 试验结果处理与评定;

·试验报告及其技术要求。

2.1.5　试验过程

地面点火试验的全过程可按时间顺序和工作性质分为试验准备、点火试验、试后现场处理、试验结果分析与评定等四个阶段。

2.1.5.1　试验准备阶段

试验准备阶段是指从试验任务书会签后到发动机上台前这一个时期的工作。试验准备阶段的工作量可因发动机型号和对试验的要求不同而不同。对于新型号发动机和对测试有特殊要求的发动机,在试验准备阶段往往要进行试验工装的设计与加工、测试仪器的配置与调试,其工作量较大,所需的时间也较长。对于一般的试验,这一阶段通常要完成下述的各项工作:

1)根据试验任务书和试验实施细则要求,配备好试验工装并进行必要的性能调试;

2)编制点火控制与测试程序并对测试设备进行性能调试;

3)对试车台各分系统进行检查,使其达到正常工作状态;

4)进行发动机上台前的预装或试装;

5)根据任务书要求,对发动机进行保温处理;

6)进行工艺技术准备,如编制工艺文件、绘制工艺图等。

2.1.5.2　点火试验阶段

通常把发动机进入试验台到发动机点火工作完毕这一工作过程叫作点火试验阶段(简称试验阶段),这一阶段的工作程序如下:

1)发动机起吊与转运;

2)发动机的安装与调试;

3)点火前的校准与检查;

4)发动机点火与参数测量。

这一阶段的工作特点是环节紧凑、程序分明,每一个环节都直接关系到试验的成败,因此对每项工作都有比较严格的技术要求。

(1)发动机的起吊与转运

这一环节的最终目的是将发动机从产品运输车上平稳、安全、可靠地吊运到试车架上就位。为达到这一目的,必须采取合理的吊装方法,采用性能可靠的吊具与吊车。合理的吊装方法是指起吊位置不与支撑位置相矛盾,尽量减少起吊次数。起吊后发动机处于平稳状态,且不因起吊而引起发动机变形。

(2)发动机的安装与调试

发动机的安装调试是指发动机在试车架上就位以后的一系列安装与调整工作。这些工作包括发动机与弧座组件之间的固定,过渡架、测力组件、校准组件的安装以及在安装过程中的发动机相位调整等。方位调整的目的是使发动机轴线、测力组件轴线和承力墩的承力面相垂直,使传感器免受安装力和力矩的影响,这对提高推力测量精度是十分有益的。

(3)点火前的校准与检查

为保证测控系统工作的可靠性和正确性,在发动机点火之前要进行预检和校准,其中包括点火控制程序的检查(此项检查通常称作合练)、各参数测量系统的校准等。高精度试验时还要进行原位校准。原位校准的目的是检查发动机的安装情况,确定推力测量系统的静标精度。对原位校准的要求是校准完毕后发动机的安装状态不再变动,如需进一步调整,调整后要重新进行校准。原位校准时加、卸载循环次数不少于 3 次,校准点数不少于 6 点。

(4)发动机点火与参数测量

发动机点火必须在各项准备工作都充分做好以后再进行,而且要求点火电线的连接、合闸、启动等项操作都必须准确无误。参数测量是指对发动机在工作过程中各种特征参数进行测量,参数类型及其测量路数的多少一般由试验任务书给出,在实际测量时,对主要参数(如推力、压强等)的获得率及其测量精度要重点加以保证。

2.1.5.3 试后现场处理

1. 正常情况的处理

(1)发动机冷却

对于大多数试验(高模试验除外),在发动机工作结束后要及时用冷却剂对燃烧室内腔和喷管外部进行冷却,冷却的目的是终止残余燃烧,保护绝热层和喷管,以利于分析这些部件结构材料的工作性能。常用的冷却剂有水、二氧化碳和氮气,用水做冷却剂时,合理的冷却方法是从喷管一端将水以雾状形式喷射到燃烧室内,这样可以使水得到充分的蒸发和使燃烧室内表面得到均匀的覆盖,从而保持绝热层的完整性。

(2)测试系统的检查

这里主要是指对各参数测量系统的工作情况进行检查。当测量数据出现失真时,通过检查可以判定失真的原因,提出解决的办法。根据需要有时还对推力测量系统进行试后的原位校准。此校准数据也可作为原始数据的一部分纳入试验报告。

(3)发动机处理

试验结束后要根据任务书要求对发动机空壳做相应的处理,常见的处理内容如下:

·分解发动机,卸下喷管和前顶盖;

·称量壳体和主要部件的质量;

·测量喷管喉径和出口面直径。

(4)试验设备处理

试验结束后需对试车架等主要设备的完整性和技术状态进行检查,这不仅有助于试验结果的分析评定,也是对试验设备的维护保养所必需的。

2. 异常情况的处理

地面点火试验中的异常情况主要有两种,一种是不能正常点火,另一种是点火后发动机工作发生故障,如壳体爆破、喷管吹掉等。当发动机不能正常点火时,要切断点火电源,检查点火线路,故障排除后(可通过打点火头验证)再按原程序点火。当出现壳体爆破引起台内燃烧的事故时,要维护好现场秩序,组织专门人员进行消防,尽量减少事故损失。同时,对现场、发动机残骸和碎片进行必要的拍照,为事故分析提供原始资料。

2.1.5.4 试验结果

1. 试验结果的分析与评定

发动机的地面点火试验共有 4 种可能的结果,即成功、基本成功、部分成功和失败。发动机正常工作的时间历程、试验结束后部件的完整性、测试数据的完整性与真实性是评定试验成败的依据和标志,而数据处理结果则是评定发动机工作性能的依据。

(1)发动机性能的分析与评定

发动机性能参数是通过对测试数据的处理而得到的。在发动机地面点火试验中需要测量的参数很多,但作为主要参数,一般是指压力-时间和推力-时间的测量值。在发动机工作正常或基本正常的情况下,都要对这两个测量结果进行处理,进而得到表征发动机工作性能的特性参数,其中对压力-时间测量结果的处理可以得到用于评定发动机内弹道性能的特征值;对推力-时间测量结果的处理可以得到用于评定发动机能量特性的特征值。上述处理过程称为数据处理,数据处理的内容和工作量可因试验类型的不同而不同,但最基本的是上述两项处理内容。

数据处理及测量不确定度的评估是一项技术性较强的工作,有关技术问题将在本书第 6 章专题论述。

(2)材料性能的分析与评定

从考核结构材料工作性能的角度出发,试验结束后通常要进行喷管测量,有时要进行壳体解剖。喷管测量的内容包括:①测量喷管的质量;②测量喷管的喉径和出口面直径。

通过这两种测量可以确定喷管材料的烧蚀率,再结合其他现象可以进一步确定其热结构性能;壳体解剖的主要目的是测量绝热层的剩余厚度,根据测量结果评定绝热层材料的抗烧蚀性能、绝热层与壳体材料间的黏结强度,进一步考核黏结工艺的合理性。

(3)非正常情况的处理

在发动机非正常工作(如壳体爆破、喷管穿火与破坏)的情况下,要根据各种现象进行事故分析,找出存在的问题,提出改进意见。这对改进发动机设计与加工工艺是十分有益的。

这里要提一下试验现场的监测问题。现场监测主要是指对发动机工作过程进行实况录像和高速摄影。这项工作在发动机试验中起到十分重要的作用,在发动机正常工作情况下,它可展示发动机的工作过程,使人们了解现场情况;当发动机工作出现故障时,它可为试后的事故分析提供重要的原始资料,通过它可以了解故障发生的时间和发生故障的部位。

2.试验报告的编写

发动机试验结束后要根据任务书要求编写试验报告,试验报告包括下列内容:

·试验时间;

·试验类型与试车台位;

·发动机代号及其有关参数;

·试验的环境条件,如温度、压力、湿度等;

·试验测得的原始数据;

·数据处理方法及处理后得到的特征值;

·试验与处理结果的评估。

2.2 结构与性能试验设施及试验设备

2.2.1 概述

固体火箭发动机的地面点火试验是在专门建造的试验台架上进行的。试验台架均应具备实现发动机安全点火、使发动机安全工作、在工作过程中进行参数精确测量的功能和条件,满足试验要求。下面主要介绍结构与性能试车设施及试验设备。

2.2.1.1 结构试验设备

结构试验用于考核和评定发动机结构完整性和工作的可靠性以及各部件(如药型、壳体、喷管、点火装置)的匹配性和适应性。试验测量参数少,对推力测量要求较低,测试条件较易保证,适用于研制初期的发动机试验。

结构试验通常采用滚轮车式、滚球式或中心架式试验架。

(1)滚轮车式试验架

特点是结构简单,安装操作简便快速,通用性好,应用很普遍。大型发动机,特别是对长发动机,滚轮车可制成分段式,可消除发动机工作时轴向延伸影响,可适应各种长度发动机需要。

(2)滚球式试车架

其优点是既可沿轴向自由调节,又可沿水平面在一定范围内任意调节;缺点是沿轴向调节距离太小,对试车架安装要求较高,操作较复杂。

(3)中心架式试车架

这类试车架的优点主要是可将动架重量减到最小,以保证试车架有尽可能高的固有频率,有利于动态力的测量;其次是安装操作简便,通用性好,普遍应用于小型发动机试验。

2.2.1.2 性能试验设备

性能试验可考核发动机结构性能,获得发动机工作性能表征参数,以及工作条件下特定部位的温度、加速度、位移、应变等物理量的响应历程,主要用于精确测量发动机的能量特性,为总体提供较精确的比冲(或总冲)数据和推力-时间曲线,同时进一步考核结构性能和评定内弹道性能。试验测量的参数多,操作程序复杂,适用于研制后期发动机以及定型发动机的抽样检查试验。

性能试验对试验架的动态、静态性能要求较高。典型的性能试验架通常由定架、动架、推力架、测力组件和小位移元件、原位校准装置、安全限位装置等7个基本部分组成。动架与定架之间采用弹性元件连接,选用高精度传感器和万向挠性件,采用原位校准技术,使用高精度安装对准工具,结构上设计成专用的整体式结构。

2.2.2 试车台的类型与特点

试车台构成主要包括试车台体构造、技术设施和试验设备等三类。对试车台的基本要求是安全可靠、操作方便,既应保证发动机在正常情况下能安全可靠地工作,又能在发动机工作出现异常或紧急情况时及时地进行安全防护。

试车台的建筑规模主要取决于发动机的结构尺寸和工作推力,根据试验发动机的大小不等,试车台的承载能力可从几千牛到几兆牛,最常用的承载能力为50,100,500,1 000,2 000,

4 000 kN的试车台。

按试验时发动机的安装姿态分,试车台可有水平试车台和垂直试车台两种类型。

2.2.2.1　水平试车台(卧式试验台)

水平试车台用于发动机的卧式试验,主要特点是发动机工作过程中质量的变化(推进剂减少)对推力测量值的影响较小,对侧向力的敏感性较低。水平试车台用途广泛,如常规试验、性能试验、旋转试验、推力矢量控制试验、推力终止试验和高空模拟试验等都可在水平试车台上进行。

水平试车台有两种结构形式:一种是敞开式的,如图2-1所示;另一种是可封闭式的,如图2-2所示。敞开式试车间通常有两面是敞开的,室内空气直接和大气相通,它适用于对环境条件,如环境温度、环境压力等没有特殊要求的试验;可封闭式试车间在发动机工作时室内空气和大气相隔离,呈密封状态,它适用于对发动机环境条件有专门要求的试验,如高空模拟试验时,试车间即为可封闭式的。

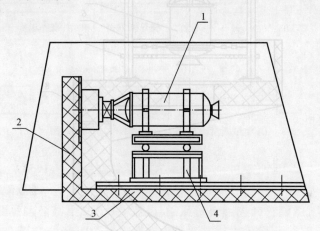

图2-1　敞开式水平试车间的结构简图

1—试验发动机;　2—承力墩;　3—地基;　4—试车架

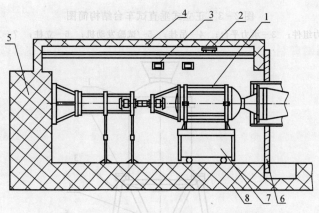

图2-2　可封闭式水平试车间的结构简图

1—试验发动机;　2—起吊装置;　3—摄影窗;　4—屋顶;　5—承力墩;　6—地基;　7—试车架;　8—密封门

2.2.2.2　垂直试车台(立式试验台)

垂直试车台又可分为两种,一种是发动机喷管朝下的正立式,如图2-3所示。另一种是发动机喷管朝上的倒立式,如图2-4所示;两者的共同点是便于测量发动机在工作过程中所产生的侧向力,但发动机在工作中质量的变化对推力测量值的影响较大。

正立式垂直试车台是一种钢筋混凝土结构,由带有排气道(导流槽)的水平基座和带有金属覆板的立柱组成。在这种试车台上进行发动机试验时,发动机的推力由覆板和立柱承受,要求覆板和立柱有足够的强度和刚度。另外,这种试车台对导流槽有比较严格的要求,其优点是发动机的工作姿态与发射时的姿态一致。

与正立式的情况相反,在倒立式垂直试车台上试验时,发动机的工作推力直接作用在地面基础上,燃气直接排放到空中,不存在气流冲刷和反作用力问题。相比之下,这种试车台的结构比较简单,设计和建造也比较容易,因此应用也比较多。

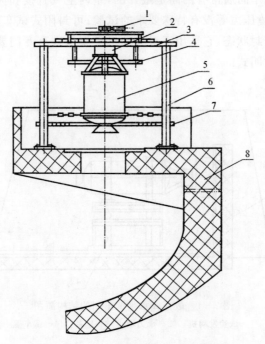

图 2-3　正立式垂直试车台结构简图

1—提升机构；　2—测力组件；　3—承力平台；　4—吊挂；　5—试验发动机；　6—立柱；　7—工作平台；　8—导流槽

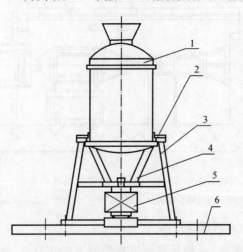

图 2-4　倒立式垂直试车台结构简图

1—发动机；　2—限位装置；　3—定架；　4—推力架；　5—测力组件；　6—地基

2.2.2.3 试验台的组成与技术要求

固体火箭发动机封闭式试验台一般由试车间(试验舱)、承力墩、导流通道、装配间、吊装设备、测控工房及设备、摄像间及设备和供应系统等组成。

(1)试车间

试车间是发动机点火试验的工作间,内部装有发动机、试验架、检测仪器、测试电缆等,主要由基础、围墙、屋顶组成。

对试车间的要求如下:

1)必须坚固耐用、具有一定的抗震和防爆能力;

2)空间足够宽敞,便于发动机的吊运和安装;

3)设施齐全,满足发动机与试车架安装、定位、固定的需要;

4)便于试后的现场处理。

(2)承力墩

承力墩的作用是平衡或承受发动机工作时所产生的推力。承力墩一般为钢筋混凝土结构,其承力面上设置有一定数量安装孔的钢板。对承力墩的要求如下:

1)承载能力要足够大,一般承载能力为发动机最大推力的 5~10 倍;

2)承力面与台体平面相垂直。

(3)导流通道

导流通道的作用是将发动机排出的燃气导向远离试车间的地方,保护试验台设备和周围建筑物,减少气流冲击波和由此产生的噪声。导流通道的结构形式在无特殊测量要求的情况下,一般为水泥构筑的较宽敞的直通道。

(4)装配间

装配间用于发动机进入试车间之前的各项准备工作,如吊具安装、吊运,在发动机的装配间内装有桥式吊车,大型发动机的装配间在通往试车间的通道上设有钢轨,供发动机转运时使用。

对装配间的要求,一是要有足够大的空间和较宽敞的通道,二是应有防静电和消防设施。

(5)摄影间

摄影间用于安放录像机和高速摄影机,摄影间一般应靠近试车间建造,在与试车间相隔的墙壁上开设摄影窗,摄影窗的位置要选择适当,以不影响发动机信息的摄取为原则,摄影窗上装防爆玻璃和自动保护装置,自动保护装置的作用是当发动机工作出现紧急情况(如壳体爆破)时,自动关闭摄影窗,保护录像和高速摄影设备。

(6)供应系统

试车台上需根据不同的试验特点配置相应的供水系统,供气系统及能源系统等。供水系统的作用如下:

1)用于发动机正常工作结束后的冷却;

2)用于发动机工作出现紧急情况时的消防;

3)用于试验设备和场地的清洗;

4)用于高模试验扩压器引射系统的冷却。

对供水系统的要求一是要有足够的流量和压力,二是要有可控制性,即在某些供水管路上安装控制阀门和相应的控制机构。

气源系统:地面点火试验的某些环节,如发动机点火前的充气,消防水控制阀门及高模试车台试验舱补气阀门的开启与关闭等都要使用具有一定压力的压缩空气。为使用方便,试车台上需配置一套气源系统。气源系统是由一台空气压缩机,若干个高压气瓶,相应的输气管路和控制阀门组成的。

液压能源:液压能源用做推力矢量控制试验和延伸喷管地面展开试验中的动力源。液压能源一般是由能源车和相应的输油管路组成的,能源车一般安装在离试车间较远的控制间内。

(7)测控系统

关于测控系统及测试技术的内容将在第 6 章中详细介绍。

2.2.3 试验架

2.2.3.1 试验架的作用

试验架是将发动机按所要求的试验状态定位和固定在试车台上的一种试验设备。它直接参与推力、姿态控制力、瞬态推力和负推力的测量。

试验架一方面要保证发动机正确的定位和连接,另一方面要与试车台正确定位和连接,使发动机在试车过程中,保持规定的位置和状态,保证各参数的测量。

2.2.3.2 试验架的分类

试验架可以按用途分类,也可按连接特点、受力状态、安装特点或通用性分类。

(1)按连接特点分类

1)外摩擦副试验架:动架和静架之间采用滚球、滚轮、静压导轨等形式连接的试验架。

2)内摩擦副试验架:动架和静架之间采用板簧、圆杆挠性件、万向挠性件形式连接的试验架。

(2)按结构安装特点分类

1)整体式试验架:试车架主体采用整体式结构形式,它的主要安装定位基准和关键尺寸都靠加工精度保证,优点是安装方便,误差小,整体刚度大,常用于小型发动机试车。

2)组装整体式试验架:加工成几个部分以后固定成整体结构形式,使用中不再拆开,优点是便于运输和加工,用于大型发动机试车。

3)组装式试验架:利用发动机本身作为中心连接件组成的试车架,适用于特大型发动机试车。

(3)按通用性分类

1)通用试验架:直径和长度在一定范围内可调的试车架,用于模样阶段的结构考核性试验。

2)专用试验架:针对某一型号发动机试验专门设计的高精度试车架,优点是测量准确、可靠,安装操作简便,用于初样、试样、定型等阶段的性能试验。

2.2.3.3 试验架结构组成

试验架一般由定架、弧座、推力架、测力组件和小位移元件、原位校准装置、安全限位装置等 7 个基本部分组成。

下面重点介绍典型的高精度试验架的结构组成,高精度试验架装配图如图 2-5 所示。

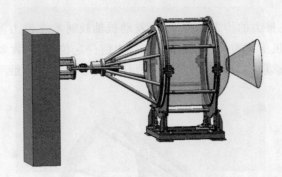

图 2-5　高精度试验架装配示意图

（1）定架

定架是试验架的承力构件，由承受主推力和侧向推力的钢架和承受发动机、动架质量的钢架组成，它与试车台体紧密连成一体，承受各种作用力和力矩。

定架的形式可分为两种：整体式与安装式。整体式一般为箱式组焊件，上部与小位移元件连接，下部直接与试验台体连接；安装式是为利用现有支撑平台，减少制造成本而简化的定架，上部与小位移元件连接，下部与支撑平台连接。

本例采用安装式定架，示意图如图 2-6 所示。

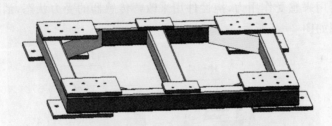

图 2-6　安装式定架示意图

（2）弧座组件

弧座组件是定位和固定发动机的结构件，一方面与发动机定位和连接，确保与发动机一起运动；另一方面要与小位移元件定位和连接，以确保准确测量。

本例采用笼式弧座组件，示意图如图 2-7 所示。

图 2-7　笼式弧座组件示意图

（3）推力架

推力架是发动机主推力的传力结构件,使发动机轴线对准主推力测量元件。它一般做成锥形结构,大端与发动机前裙端面连接,小端与测力组件定位连接,发动机推力通过前裙端面传给推力架,并通过呈锥形均匀分布的多根传力杆件集中到小端传给测力组件。其示意图如图2-8所示。

图2-8 推力架示意图

（4）测力组件

它是试车架感受发动机作用力的测量元件,一般由测力传感器、挠性件(或球面接头)和连接件组成。传感器用来感受作用力,挠性件用来改善传感器的受力状态,消除非轴向力对测量的干扰。其示意图如图2-9所示。

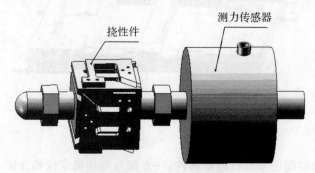

图2-9 测力组件示意图

（5）小位移元件

它是动定架之间的连接件,用来支撑发动机-动架组合体的质量,并提供沿发动机轴向运动的小位移自由度,使发动机推力全部作用到推力传感器上。常用的有滚动元件和弹性元件。其示意图如图2-10所示。

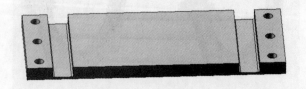

图2-10 测力组件(弹性元件)示意图

（6）原位校准装置

它用于高精度试车架的静态校准，由校准力源、标准力传感器、传力件、安装连接件等组成。力源是"模拟推力"的力发生器，它可以是机械的（如千斤顶、杠杆机构等），也可以是液压的。当推力大于 100 kN 时，一般采用液压式。液压式力源具有力值大、结构紧凑、体积小、质量轻、便于在试车架上安装等优点。力源加载、卸载过程要求稳定，在半分钟内力值变化不大于 0.03％。标准力传感器用来指示力源力值，应有好的稳定性和高的精度，一般要求其基本误差小于 0.1％，稳定度大于 0.05％。其示意图如图 2-11 所示。

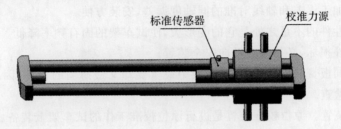

图 2-11　原位校准装置示意图

（7）安全限位装置

安全限位装置是试车架的安全防护构件，用来限制试车架可动部件在允许的正常范围内活动，超过允许范围，则起刚性限位作用。它有很高的强度和刚度，分布于试车架的薄弱环节处和关键部位，防止它们出现过大的变形和破坏，也可减小发动机工作异常时造成的破坏。其示意图如图 2-12 所示。

图 2-12　安全限位装置示意图

（8）高精度试验架的关键件及关键技术

1）弹性元件板簧。弹性元件板簧设计已经标准化。标准规定：大型试验架使用两工作段单压板簧，小型试验架使用单工作段单压板簧。这两种板簧是对多种板簧进行理论分析后，在实际使用的基础上，并考虑其工艺性后优选确定的。它们具有弹阻力小、稳定裕度大、抗侧向力好的特点。

由于这种板簧设计为当弧座组件上装上发动机后其初始工作点在第一失稳点上,此时其弹阻力为零,因此使用时应注意以下几点:①发动机轴向没有定位时,不得松开动架轴向限位,以免损坏板簧。②发动机安装前,必须使动架处于零位,即在板簧的平衡位置上,这是因为既然初始弹阻力为零,那么原位校准对弹阻力的校准已没有什么意义;但实际上,随发动机装药的燃烧、板簧负载的变小,它的弹阻力系数就不再是零,而是表现出一个恢复到零位的弹阻力,其力值大小与相对于零位的位移成正比。为了减小这一弹阻力,这一位移应该越小越好。

2)叉簧挠性件。叉簧挠性件是测力组件中的一个重要部件。叉簧挠性件的使用可补偿测力组件中零件的加工误差和轴线对准的同轴度误差,安装方便。

使用叉簧挠性件的不足之处是它的变形大,使试车架的固有频率降低。此外,为防止意外情况下叉簧挠性件损坏,必须设有轴向安全装置。

叉簧挠性件同板簧一样,是整个试车架中最重要却又最薄弱的构件,因此除加强保养外,还需试验前后的检查。

3)原位校准装置。原位校准装置是进行原位校准工作的试车架上装备。当把计量确认的测力传感器用于台体和试车架进行发动机的推力测试时,由于传感器的安装状态、环境温度的不同和试车架系统阻力的存在,必须对测力系统进行原位校准。

4)轴线对准。所谓轴线对准是把发动机、测力组件、承力架三者的轴线按要求调整到空间一个圆柱体或长方体内的工艺过程。按照标准 QJ 1118—94 要求,这个圆柱体的直径为0.1 mm。

轴线对准分为光学对准和机械对准两种。光学对准在试车架的反映是设置若干基准圆,而机械对准在试车架的反映是有一套机械对准装置。

机械对准原理:在过渡架外测力组件的位置上安装一套对准装置进行对准工作。对准装置如图 2-13 所示。

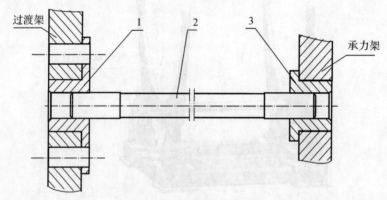

图 2-13 对准装置示意图
1—对准板; 2—心轴; 3—目标座

进行对准检查的是心轴和对准板。在这里,轴线的定义为:①发动机轴线:过心轴轴线上一点垂直于对准板端面的线;②承力架轴线:过配合面轴线上一点与端面垂直的线。

按照这样的定义,调整发动机或对准板只要心轴能够进入承力架孔中,对准板和承力架端面贴合上,即可完成轴线工作。

该对准装置的心轴所解决的是两条轴线相交,而对准板所解决的是消除两轴线夹角。

这两种对准方法各有优缺点。光学对准精度高,但操作复杂、耗时多,使用场所有限;而机械对准精度低一些,对准装置加工精度高,但操作简单、快捷,使用场所广泛,是目前轴线对准采用的主要对准方法。

2.2.3.4　试验架的设计原则

1.设计的基本原则

1)满足主要性能要求:一般试验任务书要求,轴向推力测量不确定度小于 0.5%,静标精度优于 0.2%(性能试验),结构考核试验精度优于 2%,侧向力精度优于 2%;分辨力优于0.05% 或 0.2%;动态性能和长期稳定性好。

2)满足安全性要求:确保发动机、试车架、工作人员的安全。要有足够的强度和刚度,要有对高温的防护,要考虑限位、起吊、火焰偏转、反向火焰和抛出物、发动机的自由伸胀,防止附加变形与应力集中等因素。

3)满足可靠性要求:确保台架结构不出现故障和事故。

4)满足维修性要求:充分考虑维修保养简便,易于修复。

5)满足优化设计要求:采用优化设计方法,进行多方案设计比较,取优化系数最高的方案。

6)贯彻标准化要求:设计中要全面贯彻有关标准,尽量采用标准件和减少标准件品种,提高标准化、系列化和通用化水平。

7)满足人机工程学要求:协调好人和试车台架的关系,使安装工作环境舒适,色彩柔和,比例协调,便于操作,不易出差错。

8)满足经济性与合理性要求:试车架的功能配置、性能指标、结构设计、材料和成品件的选用、制造工艺等方面做到经济、合理、性能价格比最高。

2.总体设计原则

(1)强度准则

结构不产生破坏,有足够的强度安全系数,根据试车架各个部位的不同要求,其值为2.5~10。结构不产生失稳,稳定性安全系数大于 3。

结构不产生过大变形。试验架是一种测力装置,其变形量对测量性能有重大影响,因结构、材料的弹性后效和弹性滞后等弹性不完善性的影响,必将导致一定的非线性、滞后性和重复性误差。变形量也直接影响弹性阻力大小。设计中应严格控制变形量,特别是一些关键部位的变形量,使总变形量控制在 2 mm 以下。

设计中主要按变形量进行计算,一般情况下,如满足了小变形要求,都可远远满足强度和稳定性要求。也要对薄弱和关键部位进行强度和稳定性校核。

计算中,进行受力分析时,结构的简化、边界条件的假定,既要力求简化,又要尽可能接近真实情况,以保证计算的正确性和可靠性。

可以采用以下措施来提高试验架的静刚度,以减小其变形量:①合理选择结构断面形状,使其与受力特性相符合;②承受弯曲的元件,应使其材料远离断面中性轴,使其在相同截面积下具有最大的抗弯惯性矩;③受扭元件采用闭合断面,材料尽可能沿周缘分布;④合理布置结构上的筋板和筋条,提高抵抗局部变形的能力;⑤提高试验架构件之间或构件与试车台体之间的连接刚度,提高结合表面光洁度以减小接触变形,选择数量充分、排列合理、直径足够大的固定螺栓,适当预紧,可靠锁紧,防止在动载荷下出现松动。

(2)动态性能

发动机产生的推力是动态力,上升与下降时间很短,类似阶跃加载和卸载。在进行推力矢量控制机构的试车中,摆动喷管作不同方向、不同指令波形、不同频率及幅值的摆动,亦将引起主推力及侧向力作不同频率和幅值的变化。推力终止试车时,其瞬变推力变化极快。

对于动态力的测量,要求测量系统的固有频率比被测动态力变化频率大5倍以上,以保证动态测量误差在允许的范围之内。在测量全系统中,电测系统的响应频率一般远大于试车台架的固有频率,因此,试车台架的固有频率成了全系统动态测量性能的主要限制因素,也是动态测量误差的主要来源。

常规试车架可以看作一个单自由度弹簧-质量系统,其固有频率按下式计算,即

$$f_N = \frac{1}{2\pi}\sqrt{\frac{K}{m}}$$

式中　f_N—— 试验台架固有频率(Hz);

　　　　K—— 轴向受力件组合刚度(N/m);

　　　　m—— 发动机-动架组合体的质量(kg)。

可见,可从以下两方面提高试车架固有频率。

一要提高轴向受力件的组合刚度K,包括轴向测力传感器、挠性件、连接件、推力架、接长架等传力、承力、测力的各零部件的刚度,还应特别注意各零部件的连接刚度。

二要减小发动机-动架组合体的质量,主要是降低动架及推力架的结构质量。

(3)同轴度

试车架测力组件、原位校准装置与发动机三者轴线的不同轴度应严格控制,一般根据发动机尺寸及型号的不同要求确定:对小型发动机,应小于 0.1 mm;对大型发动机,应小于0.5 mm。

(4)柔性与刚度

为了保证推力测量精度,试车架在轴向应有足够的柔性,其约束力不大于0.2%的轴向载荷;侧向应有足够的刚度,在承受10%轴向载荷的侧向力作用下,不影响试车架的测量性能。

(5)材料与工艺

结构件选用可焊性好和抗振性强的镇静钢;重要承力件,如挠性件、板簧等选用抗疲劳性好、强度高的合金钢;球头和滚动元件选用高碳钢或高碳合金钢,保证热处理后有高的硬度;传感器连接件选用优质合金结构钢。

工艺方面要考虑工艺的先进性、可行性和经济性。结构件应力求简单,布局合理,减小应力集中和变形;铸件、锻件和焊接件毛坯必须退火消除内应力后再加工,以保证结构形状与尺寸的稳定;大型结构件要考虑运输的可能性,必要时可采用组装式结构;所有零部件应进行可靠的表面防腐处理。

2.3　高空模拟试验设施与试验设备

2.3.1　概述

高空模拟试验是固体火箭发动机模拟高空低压环境下进行的点火试验,是研制高空工作固体火箭发动机不可或缺的试验方法,进行高空模拟试验的发动机地面试验设施称为高空模

拟试验台。

2.3.1.1　高模试验的目的

高空模拟试验的目的如下：

1）考核发动机高空喷管的结构与性能。在高空工作的固体火箭发动机通常均采用大面积比喷管以获得高的比冲，但大面积比喷管在地面条件下试验时，将出现喷管内气流分离导致轻质喷管的损伤或破坏和推力测量失真。

2）考核与验证发动机在高空工作的结构性能与可靠性，精确测量内弹道性能参数。

3）测量在高空工作条件下，发动机排气流对相邻结构的传热影响，从而确定宜采取的防热措施。

2.3.1.2　高模试车台的主要技术要求

高模试车台的主要技术要求如下：

1）试验舱内压力的模拟高度一般要求不小于 30 km，以保证喷管面积比不大于 100 时，喷管能处于满流工作状态；

2）在发动机全程工作期间（从发动机点火至燃烧结束）试验舱内压力稳定，不允许出现大的回流增压；

3）能够在发动机喷管全轴摆动的条件下进行高模试车并进行多分力测量；

4）具备发动机同轴旋转试车条件；

5）能够在试车前、后一段时间内保持试验舱内处于稳定的低压状态；

6）试验舱内具有一定范围的温度调控能力，使发动机在试验舱内即能按预定的环境温度就地进行试车前的保温；

7）在试车过程中，发动机出现故障时，试车台有一定的防护措施；

8）对发动机的燃气具有一定的净化能力；

9）在更换少量非标设备的条件下即能适应多种型号发动机的试验。

2.3.1.3　高模试车台的基本类型

全程持续工作的高模试车台根据其排气系统的排出方式可以分为两大类。

（1）"发动机＋燃气扩压器"型高模试车台

此类试车台利用发动机喷出的超声速射流作为动力源进行引射，习惯称其为被动引射高模试验台。

（2）"发动机＋燃气扩压器＋外抽气系统"型高模试车台

此类试车台是在被动引射试车台的基础上增加了外抽气系统进行引射，习惯称其为主动引射高模试验台。

由于结构与引射方式的不同，两类试验台在系统组成、建设规模、工作性能和试验能力上存在很大差异。被动引射高模试车台在早期的发动机高模试车中被广泛采用，但由于其存在的固有缺陷，因此不能满足先进固体火箭发动机高模试车的要求，目前在国外已被主动引射高模试车台所取代。

2.3.1.4　大型主动引射高空模拟试车台介绍

1．国外发展概况

据资料报道，美国和苏联在 20 世纪 60 年代就开始高模试验技术研究，到 70 年代，很多发达国家,如美国、俄罗斯、日本、意大利、法国、德国、英国等都先后建起了主动引射高模试验台,在各国所建的主动引射高模试验台中,美国的 J-5、J-6 试验台规模最大、功能最全,主要用于 MX 导弹的Ⅱ、Ⅲ级发动机、三叉戟-Ⅰ的Ⅱ、Ⅲ级发动机的高空模拟试验,详见表 2-1。

表 2-1　国外用于固体火箭发动机高模试车的主装置一览表

国别	代号	姿态	类别	高空舱尺寸/m	模拟高度/km	承受的最大推力/kN	排气系统	装置主要特性			
								温度调节	防回流	旋转试车	推力向量
美国/爱德华空军基地	T3	卧	固体	$\phi0.1,L=4.9$	51	89	扩+引+机组	$-12\sim43℃$		△	
	J-3	立	液/固	$\phi5.1,L=12$	30	500	扩+引+机组	$0\sim45℃$			△
	J-4	立	液/固	$\phi15,L=22$	30	2 300	扩+引+机组	$2\sim40℃$			△
	J-5	卧	固体	$\phi5.0,L=15$	45	570	扩+引+机组	$2\sim45℃$		△	△
	CellD	卧	固体	$\phi0.7,L=8.5$	33	220	扩+引	△	△	△	
	CellD	卧	固体	$\phi3.2,L=7.9$	33	90	扩+引	△	△	△	
航空喷气	J-3	卧	固/液	$\phi2.4,L=39$	57	7.0	扩+引	△	△	△	
	J-4	卧	固/液	$\phi4.5,L=5.3$	30	90	扩+引	△		△	
NASA	TS-302	立	固/液	$\phi10.5,L=16$	75		扩+机组	$5\sim50℃$			
	TS-405	卧	固体	$\phi3.0,L=7.5$	30	90	扩+引	△		△	
AEDE	J-5	卧	固体 IUS	$\phi5.0,L=15$	33	≈700	扩+引+机组	△		△	△
	J-6	卧	固体 MX	$\phi7.9,L=22.6$	30	2 200	扩+引+机组	△		△	△
意大利	ISA-1	卧	固体	$\phi3.0,L=4$	27	22	扩+引	△	△	△	
	ISA-2	卧	固体	$\phi6.0,L=10$	30	50	扩+引	△		△	
英国	Cell2	卧	固体	$\phi4.0,L=20$	30	30	扩+引	△			
	Cell1	卧	固体	$\phi4.0,L=20$	35	49	压缩机				
日本	H-1	卧	固体	$\phi3.0,L=4.3$	30	54	扩+引	△		△	
	H-2	卧	固体								
法国	MESA	卧	固体	$\phi6.0,L=12$	27	600	扩+引	$0\sim45℃$	△	△	△

注:△—代表具备试验能力。

下面介绍一下具有代表性的美国 J-5,J-6 主动引射高空模拟试验台。

(1)美国 J-5 试验台

J-5 高模台是为满足 IUS 惯性顶级 SRM-1,SRM-3 固体火箭发动机及 MX 第三级、三叉戟第二、第三级固体火箭发动机的高模试验而建造的大型专用高模试车台。

1)主要组成。J-5 试验台主要由试验舱、扩压器、环状蒸汽引射器、燃气冷却器、排气机组、辅助蒸汽引射器、蒸汽供给系统、冷却水供给系统等部分组成。

试验舱(见图 2-14)为一钢制的圆筒形容器,直径 4.88 m、长 15.2 m。舱的底部与基础相连,舱的上方设长方形舱门供吊入试验发动机,舱内安装多分力试车架(可进行 6 个分力的测量），轴向推力可通过传力组件传到承力墩上，并可进行推力校准。扩压器通过试验舱尾部的开口伸入舱内，使扩压器入口与发动机喷管出口保持要求的相对位置。三组辅助蒸汽引射器的第一级进口与试验舱相连。试验前通过辅助蒸汽引射器的抽吸使舱内达到预定的低气压环境。舱内还安装有摄影监测系统和温度调节设备。

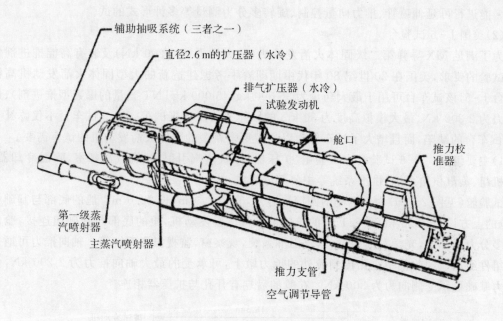

图 2-14　J-5 高模台试验舱示意图

采用直筒形夹套水冷式扩压器，根据不同的试验要求，扩压器直径可以在 $0.76 \sim 2.6 \mathrm{~m}$ 的范围内取值。

环状蒸汽引射器由 12 个分布在扩压器下游圆周的蒸汽喷嘴及蒸汽引射器组成。其作用主要是在发动机即将点火前。辅助机械排气机组使舱压迅速降至 $1.4 \mathrm{~kPa}$，而后发动机点火。发动机工作过程中，环状蒸汽引射器继续辅助排气机组工作。当发动机工作将近结束时，由于扩压器不能正常工作，环状蒸汽引射器就接替扩压器工作，减少回流冲击的影响。

燃气冷却室位于环状蒸汽引射器之后，从环状蒸汽引射器排出的燃气与蒸汽相混合后再进入燃气冷却室。燃气冷却室中沿径向设置若干组雾化水喷嘴，使冷却水呈现雾状与燃气充分混合，并将温度降至大约 $38 \mathrm{℃}$。冷却后的混合气体通过直径为 $3.95 \mathrm{~m}$ 的导管进入排气机组，经再次压缩后排入大气，冷却室所需的冷却水耗量为 $490 \mathrm{~m}^3 / \mathrm{min}$。

排气机组与冷却室之间用直径为 $3.95 \mathrm{~m}$ 的导管连通，从导管送来的混合气体经排气机组的多级增压后达到略高于大气的压力，而后排入大气。J-5 高模台配置的排气机组总功率为 $14.466 \, 5 \mathrm{~kW}$，抽气能力为 $454 \mathrm{~kg} / \mathrm{s}$。

环状蒸汽喷射器及辅助蒸汽喷射器所用的蒸汽由一台蒸发量为 $19 \mathrm{~t} / \mathrm{h}$、工作压力为 $5 \mathrm{~MPa}$ 的燃油锅炉和两组蒸汽蓄热器及热网管道组成的供给系统来供给，两组蓄热器的总容积为 $1 \, 791 \mathrm{~m}^3$，蒸汽流量可达 $117 \mathrm{~t} / \mathrm{min}$。

2)主要性能。J-5试验台主要性能如下：

- 发动机最大推力 $F_{max}=570$ kN；
- 燃气流率 $q_m=195$ kg/s；
- 发动机工作时间 $t_s=70$ s；
- 试验舱温度调节范围为 $T=2\sim45℃$；
- 能进行可延伸喷管、推力向量控制、旋转多分力测量等多种形式的试验。

(2)美国J-6试验台

为了满足MX导弹第二级固体火箭发动机(最大推力达2 200 kN)及装有高能推进剂发动机试验的要求，美国在20世纪80年代中期即着手考虑建造新的大型固体火箭发动机高模试车台J-6，该试车台可用于最大药量为36 000 kg(45 000 kgTNT当量的爆轰型推进剂)、最大推力为2 200 kN、最大模拟高度为30 km的固体火箭发动机试车。J-6试车台不仅弥补了J-5试车台的缺陷，而且增大了试车能力以适应更多新型的固体火箭发动机的试车需要。

1)主要组成。J-6试验台由试验舱、扩压器、环状蒸汽引射器、燃气冷却室、除湿冷却器、排气机组、蒸汽供给系统、供水系统等主要部分组成。

试验舱(见图2-15)为一钢制的圆筒形容器，直径7.9 m、长22.6 m。舱的底部与基础相连，舱的上方设长18.3 m、宽6.1 m的舱口供吊入试验发动机，舱的底部与基础相连接，舱内安装多分力试车架，光学对准装置，紧急雨淋系统，观察窗，监视摄影系统等。轴向推力可通过传力组件经过舱的前端中心孔传到舱外的承力墩上，可承受的最大轴向推力为2 200 kN，侧向承力基础可承受侧向力为300 kN。在舱的后端有开孔与扩压器相连。

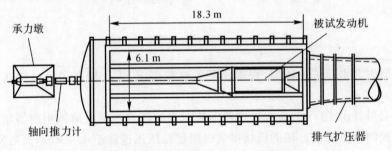

图2-15 J-6高模台试验舱示意图

J-6试验台配备有三个直径分别为3.15 m、4.88 m和5.64 mm的直筒形水冷式扩压器，试验时可根据不同的试验推力、喷管面积比、可延伸出口锥和摆角大小等因素选用扩压器以获得所需的模拟高度。如在最大推力为2 200 kN的试车中，选用直径为5.64 m的扩压器，可使试验舱压力在发动机稳态工作时间内保持在0.34~2.8 kPa的范围内。

J-6高模台的环状蒸汽引射器位于排气扩压器下游，由多个沿圆周分布的蒸汽喷嘴及蒸汽引射器组成。其作用及工作过程与J-5高模台类似。

燃气冷却器位于环状蒸汽引射器之后，从蒸汽引射器排出的燃气与蒸汽的混合气体在冷却器中与冷却水混合降温然后沿管道进入除湿冷却器。

除湿冷却器是一个立式圆筒形结构，位于燃气冷却器之后，总容积为127 000 m³，其作用是对进入的混合气体通过喷水使其中的蒸汽冷凝成水；另一作用是收集试验中排出的水和气体，在试验前除湿冷却器通过直径为2.2 m、长610 m的管通与排气机组相连，并进行抽真空，使之达到 7～14 kPa,然后关闭除湿冷却器与排气机组之间的隔离阀。由于除湿冷却器的容积很大,足以收集发动机的排气和蒸汽,并使试验舱保持所需要的模拟高度和满足发动机熄火后减少回流的要求。该台所用的排气机组与 J-4,J-5 相同。

蒸汽供给系统由锅炉,5 个蒸汽蓄能器及相应的管道、阀门组成。锅炉的蒸汽供给量为 23 000 kg/h,工作压力为 5 MPa,蓄热器的工作压力范围在 5.0～1.7 MPa 之间,每次试验由蓄热器供给的蒸汽总量为 230 000 kg,压力大于 1.7 MPa。

冷却水供给系统由一个贮水量为 13 000 m³ 的大型水池和管道阀门组成,供水压力为 0.5 MPa,冷却水通过管道阀门及控制系统分别向扩压器、燃气冷却器、除湿冷却器以及试验舱的雨淋系统等供水。

2)工作过程。在试验前 1～2 h,由排气机组对除湿冷却器、试验舱、燃气冷却器等空间进行抽空、达到要求后,关闭隔离阀门,用氮气对试验舱和除湿冷却器进行惰性化处理,并对试验舱检漏。再次打开隔离阀,排气机组再次抽空使之达到 14 kPa,关闭隔离阀。在点火前 1 min 左右,启动环状蒸汽喷射器,并在临近点火前向各有关系统供给冷却水。

在试验结束后 1 min 左右环状蒸汽喷射器停止工作,关闭冷却水,再次对试验舱及除湿冷却器充氮进行惰性化处理,如需继续保持试验舱内较低的压力,可打开隔离阀。用排气机组再次对试验舱进行抽空。

3)主要性能如下:

- 发动机最大尺寸:$L=15$ m,$\phi=3.8$ m;
- 工作时间 70 s;
- 最大推力 2 200 kN;
- 最大燃气流量 700 kg/s;
- 点火高度 30 km;
- 试验舱温度调节范围为 $T=2～45℃$;
- 能进行喷管摆动 8°和可延伸喷管试验;
- 可进行多分力测量;
- 能在试验后的一段时间内保持试验舱内低气压;
- 可对试验舱的温度进行调节。

2.国内发展概况

20 世纪 70 年代,主动引射高模试验技术在国内同样也引起了重视,在航空和航天领域内,一些单位先后建起了液体火箭姿控发动机和航空发动机的主动引射高模试验台,这些试验台规模不等、形式不同、各有各的特点。据不完全统计,目前国内共建有 8 个液体火箭姿控发动机主动引射高模试验台(分别建在航天一〇一所、八〇一所、五〇二所)、1 个航空发动机主动引射高模试验台(建在四川江油)和 1 个超燃发动机的主动引射高空模拟试验台(建在国防科大)。

固体火箭发动机高空模拟试验条件主要建设在航天科技集团公司四〇一所。该所目前拥有一个推力 1 MN 的被动引射式大型高模试验台,一个推力 10 kN、燃气流量 2.5 kg/s 的小型主动引射高模试验台,以及一个燃气流量 250 kg/s 的大型主动引射高模试验台。这些试验台分别建成于 20 世纪 70 年代初期、2006 年和 2013 年。其中 250 kg/s 燃气流量的大型主动引射高模试验台已应用于新型固体火箭发动机高空模拟试验中,代表了目前国内乃至亚洲最高水平,下面对该试验台进行简要介绍。

(1)台体概况

该高空模拟试验台采用了燃气"超-超"引射总体方案,建有 1# 和 2# 两个试验工位。如图 2-16 和图 2-17 所示,两个试验工位独立运行、共用供应系统,根据高空发动机试验要求,1# 试验工位采用单级引射方案,2# 试验工位采用两级引射方案。

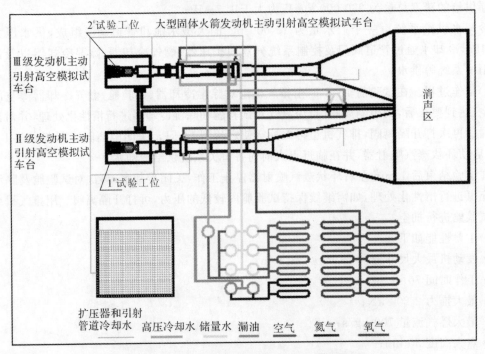

图 2-16 大型主动引射高模试验台总体方案

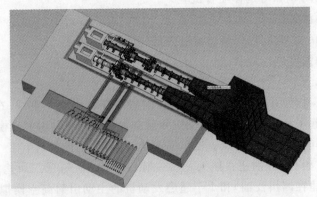

图 2-17 主动引射高模试验台三维模型

(2)主要组成

大型主动引射高空模拟试验系统包括以下几方面:

· 试验舱及其辅助系统;

· 试验发动机和推力架;

- 辅助燃气引射系统；
- 闸板阀；
- 燃气引射器；
- 包括环型引射器和水冷引射管道；
- 燃气发生器；
- 供应系统；
- 测控系统；
- 消音塔。

1) 试验舱及其辅助系统。试验舱是固体火箭发动机安装、标定、测试和热试车的场所，发动机热试车时，舱内真空度很高，舱外接近一个大气压，由于试验舱体积较大，其所受压力较大。另外，试验舱设计还应当考虑发动机的吊装、试验舱放空、与扩压器对接、防爆、温度调节等技术问题。

辅助系统包括预抽机械泵、测量标定调试设备和保温设备等等。

2) 试验发动机、推力架和发动机试验测控系统。试验发动机和推力架置于真空舱内，试验发动机固定在推力架上，发动机喷管伸入扩压器入口内。推力架设计时，考虑不同型号发动机试验的需要，确保发动机喷管出口平面在试验舱内轴向位置基本不变。

发动机试验测控系统对发动机点火和各种参数进行测量与控制。

3) 扩压器。采用带二次喉道的扩压器方案，扩压器入口段插入真空舱，出口与主动引射系统对接，为了避免高温燃气对扩压器的烧蚀，扩压器采用水冷夹套结构。

4) 引射系统。扩压器出口气流压强仍远低于地面环境大气压，随后的增压过程由燃气引射系统完成，包括环型引射器和水冷引射管道。

环型引射器为高温高压大尺寸器件，工作环境恶劣，设计、加工和检测技术难度大，是主动引射系统的核心部件之一。$1^\#$工位采用单级引射方案，$2^\#$工位采用两级引射方案。

5) 闸板阀。大尺寸闸板阀是主动引射高模试车台的重要部件之一，闸板阀置于扩压器与环型引射器间，采用水冷和气幕冷却结构。在$1^\#$工位中，闸板阀置于扩压器等截面段；在$2^\#$工位中，置于扩压器等截面段。闸板阀的热防护和工作可靠性对全系统的可靠性有重要影响，应该做到开关迅速、可靠，结构耐热、抗冲刷。考虑到高温燃气冲刷恶劣工作环境，闸板阀的真空气密性能可以适当放宽。试验前将闸板阀关闭，用辅助燃气引射系统将试验舱预抽真空，待主动引射系统启动后开启闸板阀，随后固体火箭发动机启动点火；发动机关车后，先将闸板阀关闭，再关闭主动引射系统，以避免引射系统关车时的回流冲击，同时开启辅助燃气引射系统，使试验舱在试验前后始终维持较高的真空度。

6) 辅助燃气引射系统。$1^\#$工位与$2^\#$工位共用辅助燃气引射系统，辅助燃气引射系统入口真空管道分别与两个试验舱相连，在试验舱与真空管道间设置小尺寸闸板阀。辅助燃气引射系统出口接小型消声器，经过消声的气流直接排入大气。

辅助燃气引射系统用于试验舱的预抽真空和发动机关车后试验舱舱压的维持，引射器采用燃气引射方案，燃气发生器采用气氧/酒精/水燃气发生器方案。

7) 燃气发生器。燃气发生器为主动引射系统产生大流量高温高压燃气，是主动燃气引射系统的核心部件之一。大流量燃气发生器采用气氧/酒精/水推进剂方案，可根据任务需要进行工况调节。

8)供应系统。供应系统为燃气发生器、火炬点火器供应流量和压力稳定的气氧、酒精和水,以确保燃气发生器稳定工作;为燃气发生器和引射器供应高压冷却水,为扩压器、引射管道提供低压冷却水,还为引射器和燃发器提供大流量吹除氮气。供应系统主要包括:

- 高压空气、氧气和氮气气源系统;
- 高压气氧供应系统;
- 高压酒精/水供应系统;
- 高压冷却水供应系统;
- 低压冷却水供应系统;
- 燃气发生器和引射器吹除系统;
- 水净化系统;
- 操作控制配气台。

9)测控系统。测控系统承担整个试验系统的测量控制任务。

测试任务主要包括引射器、燃气发生器和供应系统等的高压测量,试验舱、扩压器、引射管道等的负压测量,冷却水、供应系统气体路等的温度测量,供应系统气氧/酒精/水的流量测量。

控制任务主要包括燃气发生器供应系统各种阀门控制、燃气发生器点火控制、闸板阀控制、试车时序控制和条件判断控制等。

测控系统采用"PXI+PLC"方案,测试系统采用 PXI 总线技术,控制系统采用 PLC 方案。

10)消音塔。高模台排气温度高,流量大,排气噪声声压级高,对环境和人员影响大,需要采取大流量消音塔。消音塔采用先加水降温、减速,再用吸声材料降噪的设计方案。消音塔主体采用钢筋混凝土结构。

(3)试验流程

固体火箭发动机采用燃气引射方式的高空模拟试验,其工艺流程可分为几个阶段,如图2-18所示。

1)能源储备阶段。固体火箭发动机高空模拟试验燃气引射系统的工作特点是工作时间短、燃气瞬时耗量较大。为满足工作需要,需要试验前进行液氧、液氮、软化水储备,确保试验供应系统可靠运行。

2)试验准备阶段。在这个阶段中,需完成试验发动机的安装调试、测试系统的校准和试验舱内外的其他准备工作。准备就绪后闭合试验舱,试验处于待命状态。

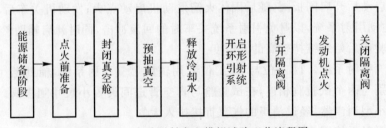

图2-18 主动引射高空模拟试验工艺流程图

3)预抽真空阶段。用预抽泵对试验舱预抽真空,达到预定的真空压力时停止预抽,进入下一阶段。

4)点火试验阶段。按程序开启真空控制阀,环型引射器开始工作,同时发动机开始点火试验。

5)维持与试后处理阶段。发动机关机后,再维持一段时间的真空度(时间长短根据需要确定),然后关闭气源,进行试后处理。

(4)高模试验补气技术

在被动引射高空模拟试车中,试验舱中的真空度靠引射器工作来维持,发动机工作至推进剂燃烧结束时,由于燃烧室压力下降,扩压器已不能正常运转,燃气将在外压作用下部分回流入试验舱。大的回流冲击可能导致发动机喷管的损坏,尤其对轻质的大面积比喷管或易碎的可延伸喷管出口锥将导致严重的后果。所以为减少燃气回流造成的不利影响,在被动引射高空模拟试验系统中设计了补气系统。

在主动引射高空模拟试验系统中,为了满足在试验后或紧急情况下真空舱压力恢复的需求,也配置了补气系统。

补气系统由高真空碟阀、作动器、气动执行元件、储气瓶和控制系统组成。补气系统中的高真空蝶阀(抽真空时,此阀关闭)按控制台设定指令时间打开,外部空气迅速进入试验舱,使试验舱内压力与外部环境压力平衡,达到阻止燃气回流的目的。补气后,解决了燃气回流的问题,但由于试验舱内真空环境被破坏,所以无法在真空环境下获得发动机全程性能参数。

2.3.2　被动引射高空模拟试验

2.3.2.1. 组成、原理与工作过程

(1)组成

被动引射高空模拟试验采用"泵+扩压器"的排气方式。被动引射高模试验台由发动机+燃气扩压器,辅以预抽真空、补气和冷却等系统组成,被动引射系统组成如图2-19所示。

(2)原理

被动引射高模试车台在进行高模试车时,试验舱内低压环境的获得依靠发动机点火工作时的抽空效果。从喷管中排出的超声速燃气通过扩压器后,流速降低、压力增高而排入大气,在燃气排出的同时,来自试验舱的空气流与其混合而被一同携带排入大气,使试验舱在发动机的稳定工作段维持一定的低压状态。也就是说,利用发动机排气自身的能量对真空舱抽空,以达到模拟发动机高空低压环境的目的。在扩压器正常运转期间,试验舱压力大小与发动机燃烧室压力及扩压器几何尺寸有关。

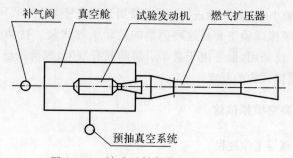

图 2-19　被动引射高模试验台示意图

"发动机+燃气扩压器"系统相当于一个由"喷嘴+扩压段"组成的超声速气体引射器,发

动机喷管相当于引射器的喷嘴,扩压器相当于引射器的扩压段。发动机点火后,燃气从喷管排出,随着燃烧室压力的增高,燃气在喷管喉部达到声速,燃烧室压力进一步增高,喷管内的正激波便会从喉部向出口处移动,当正激波离开喷管出口并在扩压器喉部段内形成封闭的正激波系时,正激波系在扩压器内的传播会产生低压区,喷管周围的空气便与超声速气流一起被驱开,即受到超声速气流的引射而被排到大气中。

扩压器正常工作的条件是发动机燃气流必须自由膨胀到扩压器壁面上,这时所需要的燃烧室压强称为扩压器的最小启动压强,只有当发动机的工作压强高于扩压器的最小启动压强时,扩压器才能启动而进入正常工作状态。当激波出现在扩压器内时,整个扩压器是满流的;当发动机的工作压强低于扩压器的最小启动压强时,激波出现在喷管内时,气流在喷管内产生流动分离,这时扩压器的引射失效,引射管道内将因为扩压器的背压(100 kPa)与舱压间的压差而出现气流倒流现象,即燃气回流。

(3)工作过程

发动机与扩压器按要求安装后,将扩压器堵盖连接于扩压器出口端面,打开试验舱与真空泵相连的阀门,开启真空泵对试验舱进行抽空直至达到模拟高空点火所需的压力,拧下扩压器堵盖上的连接螺栓,打开扩压器冷却水供给系统,发动机按程序进行点火。点火后发动机排出的燃气冲开堵盖后排入大气,在发动机工作至推进剂燃烧结束时,由于燃烧室压力下降,扩压器已不能正常运转。燃气将在外压作用下部分回流进入试验舱。为了减少燃气回流造成的不利影响,在此时将位于试验舱后端的补气阀门打开,外部的空气迅速进入试验舱,使舱压与外部环境压力平衡。

2.3.2.2　性能与局限性

1)被动引射高模试验为半程试验,试验只能对发动机稳定工作段的推力特性进行评估,不能对发动机及其喷管结构可靠性进行评估。被动引射高模试验发动机点火与熄火阶段,由于发动机燃烧室压强低于扩压器启动压强,扩压器引射失效,巨大的燃气回流不仅影响真空推力的测量,也会导致喷管或发动机后封头的损坏。此外,此时激波回缩至喷管内,喷管也会因受到的温度冲击、应力冲击、振动冲击而损坏。

2)模拟高度低。被动引射的极限模拟高度为 21～23 km(当采用直筒式扩压器时为 21 km,当采用二次喉道式扩压器时为 23 km),目前实际能达到的模拟高度都在 20 km 以下。

3)试验能力差,适用范围有限。受启动压强的限制,扩压器入口直径不可能设计得很大,喷管与扩压器壁之间的间隙较小,因此,不能进行延伸喷管展开和喷管摆动情况下的高模试验。

目前,所做的高空模拟试验主要是这种类型的被动引射试验。被动引射试验系统由于结构相对比较简单而被广泛采用,但是由于被动引射的固有缺陷,现阶段已经基本不能满足先进固体火箭发动机高空模拟试验的要求。

2.3.3　主动引射高空模拟试验

2.3.3.1　组成、原理与工作过程

主动引射高空模拟试验针对被动引射试验的发动机点火与熄火阶段发动机燃烧室压强低于扩压器启动压强这一固有缺陷,通过在被动引射高空模拟试验台的基础上另加一套外能源引射系统,完美地解决了这一问题。主动引射高模试验台主要由真空舱、燃气扩压器、预抽真

空系统、冷却系统、引射系统和供气系统等组成,主动引射系统原理图如图 2-20 所示。

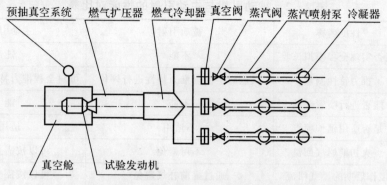

图 2-20　主动引射高空模拟试验系统原理图

　　利用外能源引射系统就是为了降低扩压器的出口反压,一是尽量降低扩压器启动压强,实现全程试验的目的;二是尽量降低扩压器的压缩比,使得扩压器回流控制在可以忍受的范围内;三是变原来由燃气扩压器完成的一级压缩为两级或两级以上的压缩,提高总压缩比,进而提高模拟高度;四是增大扩压器的入口尺寸,扩大扩压器的工作范围,以满足柔性摆动喷管或延伸喷管的试验需求。

　　外能源引射系统可有多种形式,常用的有由多台机械真空泵组成的抽气机组和蒸汽引射器两种。抽气机组的优点是准备时间短、单级压缩比大、工作稳定可靠,主要缺点是抽气效率低、耗能大、不适合固体火箭发动机的两相流;蒸汽引射的优点是抽气量大、效率高、使用寿命长,尤其是对被抽气体没有选择,特别适用于固体火箭发动机两相流,缺点是蒸汽供给系统规模庞大。蒸汽供给可采用"蒸汽锅炉+蓄热器"和燃气发生器两种方式。蒸汽引射器由蒸汽喷嘴和扩压器组成,蒸汽喷嘴可有不同的结构形式,常用的有中心喷嘴和环形喷嘴两种。

　　蒸汽引射器是通过工作介质和被抽气体之间的能量交换来完成抽气的,而引射工质通过消耗自身的能量对被抽气体做压缩功而使被抽气体产生压力恢复的。

2.3.3.2　性能与优点

　　由于有外能源的加入,试验台的能力大大提升,与被动引射相比,主动引射有下列优点。

　　(1)可实现全程高模试验的目标

　　引用外能源引射系统可以最大限度降低扩压器的出口反压,可以实现尽可能低的扩压器启动压强与尽可能低的扩压器的压缩比,因此,可以实现全程试验的目标并可使得扩压器回流控制在可以忍受的范围内。这样,一是可以大大提高真空推力的测量精度,二是可以达到发动机工作全程考核结构的目的,三是有助于某些发动机的后效冲量的测量。

　　(2)具备喷管摆动的试验能力

　　由于扩压器背压的降低,引射系统可采用大面积比的燃气扩压器,喷管和扩压器壁面之间的间隙较大,扩压器工作调节范围加大,可以满足摆动喷管、延伸喷管和大扩张比喷管的高模试验需要,试验能力大大增加,适用范围大大扩大。

　　(3)模拟高度较高

　　具体可达到的模拟高度由引射器的级数和每一级引射器的压缩比决定,在国外实际应用中,大、中型发动机模拟高度已达到 27~30 km,微小型发动机已达到 60 km。

被动引射与主动引射性能对比见表 2-2。

表 2-2 被动引射与主动引射的性能对比表

序　号	性能名称	被动引射	主动引射
1	能否实现全程模拟试验	不能	能
2	推力特性测量	只能对平衡段推力特性进行评价	可对全程推力特性进行评价
3	能否进行喷管摆动	不能	能
4	是否适用延伸喷管	不适用	适用
5	点火初期燃气回流	不可避免	可以按需要控制
6	工作后期的燃气回流	通过提前补气避免	可以按需要控制
7	模拟高度	不大于 23 km	大发动机已达 30 km 小发动机已达 60 km
8	舱压稳定性	不稳定	稳定
9	发动机喷管扩张比	一般小于 50	大发动机已达 100

由表 2-2 可以看出，主动引射高模试验比被动引射高模试验进步了很多，可以说，主动引射高模试验技术是被动引射高模试验技术的发展和提升，主动引射可以进行更多的试验，试验能力更强、适用范围更广，能满足新一代战略导弹发动机研制需要。

2.3.4　扩压器设计

2.3.4.1　扩压器的作用和要求

（1）扩压器的作用

扩压器是发动机高模试验中不可缺少的设备。扩压器的作用，一是使在其中流动的超声速气流产生压力恢复（即增压），到扩压器出口截面上气流静压恢复到当地大气压力，而后排放到大气中；二是利用发动机的燃气流抽吸试验舱内的空气，起到引射作用，从而达到保持喷管满流和维持试验舱内稳定低气压环境的目的。

扩压器的这种功能是由燃气流在其内部的流动过程所决定的。和在喷管内的流动过程相反，燃气在扩压器内的流动是个压缩过程，即当从喷管内喷出的超声速气流继续膨胀到扩压器入口壁面上时，由于压缩作用而在扩压器内形成封闭的激波系。此激波系的形成可进一步引发出以下两个效应：其一，激波系的传播会在扩压器入口段产生一个低压区。于是喷管周围及试验舱内的空气便可通过扩散、渗透和混合作用而进入低压区，并随同超声速气流一起被驱开，也就是起到了对试验舱内空气的抽吸作用。其二，燃气流通过激波系后，气流参数发生突跃式变化。速度从超声速降为亚声速，而压力却得到明显增加，即产生了压力恢复。当扩压器出口面压力高于其出口反压（即大气压力）时，便可以顺利地排放到大气中。

（2）扩压器的结构形式

扩压器的结构形式，按型面分有直筒式和二次喉道式两种，其中二次喉道式又有长喉道（长径比 $L_{st}/d_{st} > 5$）和短喉道（$L_{st}/d_{st} < 1$）之分；按防热方式，分为隔热式和水冷式两种，其中水冷式又有从外部喷水冷却和夹套通水冷却两种情况。水冷式扩压器有抗热性能好、使用方便、可多次重复使用的优点，因此应用较广，而且常采用夹套冷却的水冷扩压器。

（3）扩压器性能要求

1）气动性能。扩压器在发动机点火后能尽快启动，进入稳定工作状态，从而保持喷管满流和试验舱压力稳定。

2）抗热性能。发动机工作期间内扩压器不被烧穿。

3）结构强度性能。在水压作用下扩压器不破坏、不失稳、不渗漏。

2.3.4.2　气动性能计算和分析

气动计算是扩压器设计的基础，是确定扩压器型面结构及其参数值的前提条件，因此，了解和掌握扩压器气动计算的方法十分重要。

1. 假设条件与流动模型的简化

燃气在扩压器内的流动过程是很复杂的，为便于计算，必须采取一些假设条件并对其流动模型加以简化。所采取的假设条件：

1）燃气从喷管喉部到扩压器壁面为自由等熵膨胀过程，即处于普朗特-迈耶尔膨胀状态；

2）燃气为理想气体，其热力学性质可用状态方程来描述；

3）燃气流为稳态，绝热一元流，符合一维定常管流的流动条件；

4）忽略燃气与扩压器壁间的摩擦损失。

直筒式和二次喉道式两种扩压器的流动简化模型分别如图 2-21 和图 2-22 所示。

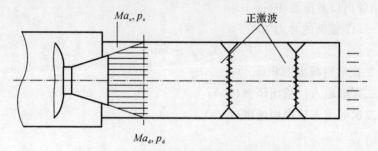

图 2-21　直筒式扩压器简化流动模型

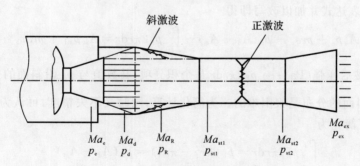

图 2-22　二次喉道扩压器简化流动模型

2. 直筒式扩压器气动计算

对于直筒式扩压器，超声速气流在扩压器内产生一道正激波，并得到压力恢复；对于二次喉道式扩压器，超声速气流首先在收敛段斜面上产生一道斜激波，进入喉道后，在喉部段产生正激波，从喉部段出口流出的亚声速气流在扩张段又进一步压缩，最后排出扩压器，按如此简化后的流动模型进行气动启动计算就方便多了。

基本运算方由状态方程,动量方程,过程方程和连续方程是进行气动计算,确定各特征截面的气动参数和最小启动压强比的基本方程和理论依据。下面分别加以讨论。

(1)状态方程

状态方程是理想气体热力学性质的数学表达式,即理想气体的压强 p,温度 T,密度 ρ(或比容 U)和气体常数 R 符合如下关系式,即

$$p = \rho R T$$

或
$$p \nu = R T \tag{2-1}$$

(2)动量方程

动量方程是把牛顿第二运动定律应用于运动流体的数学表达式。例如在图 2-22 中,取 e—e 和 st1—st1 两截面所包围的空间流体为控制体,并把 e—e 视为出口截面,作用于 e—e 截面上的合力为

$$F_1 = A_e p_e + m v_e + p_o (A_d - A_e)$$

式中　　v_e——喷管口截面流体速(m/s);

$\quad\quad p_o$——试验能压力(Pa);

$\quad\quad A_d$——扩压器入口截面面积(m^2);

$\quad\quad A_e$——喷管出口截面面积(m^2)。

应用于 st1—st1 截面的合力为

$$F_2 = A_{st} p_{st1} + m v_{st1}$$

式中　　A_{st}——二次喉道截面面积(m^2);

$\quad\quad p_{st1}$——二次喉道入口截面压强(Pa);

$\quad\quad v_{st1}$——二次喉道入口截面速度(m/s)。

二者之差为

$$F_1 - F_2 = \int_{r_{st}}^{r_d} p_R 2\pi r \mathrm{d}r$$

代入 F_1 和 F_2 的表达式并加以改写即得

$$A_e p_e + m v_e + p_o (A_d - A_e) - \int_{r_{st}}^{r_d} p_R 2\pi r \mathrm{d}r = A_{st} p_{st1} + m v_{st1} \tag{2-2}$$

式中,p_R 为斜激波后压强(Pa);$\int_{r_{st}}^{r_d} p_R 2\pi r \mathrm{d}r$ 是个积分项,其数值与 p_R 沿斜面的分布情况有关,但要确定 p_R 沿斜面的分布是很困难的。为简化计算,同时又不失精度,可认为 p_R 是个常数,这样,积分项便可简化为

$$\int_{r_{st}}^{r_d} p_R 2\pi r \mathrm{d}r = p_R (\pi r_d^2 - \pi r_{st}^2) = p_R (A_d - A_{st})$$

于是式(2-2)便可改写为

$$A_e p_e + m v_e + p_o (A_d - A_e) - p_R (A_d - A_{st}) = A_{st} p_{st1} + m v_{st1} \tag{2-3}$$

式(2-3)即为 e—e 和 st1—st1 两截面间流体的动量方程。

(3)过程方程

前面已经假设,从喷管喉部到扩压器壁面为自由等熵膨胀过程,在扩压器内部的流动为绝热流动过程,因此,气流在流动过程中的压强 p,温度 T 和密度 ρ(或比容 U)应满足绝热过程方

程,任一截面的气流参数与滞止参数之间应满足下列关系式,即

$$\frac{p^*}{p} = \left(\frac{T^*}{T}\right)^{\frac{\gamma}{\gamma-1}} = \left(\frac{\rho^*}{\rho}\right)^{\gamma} = \left(\frac{U^*}{U}\right)^{-\gamma} \tag{2-4}$$

式中,γ 为气流比热比。

由于 $\dfrac{T^*}{T} = 1 + \dfrac{\gamma-1}{2}Ma^2$,代入式(2-4)后可得

$$\frac{p^*}{p} = \left(1 + \frac{\gamma-1}{2}Ma^2\right)^{\frac{\gamma}{\gamma-1}} \tag{2-5}$$

$$\frac{\rho^*}{\rho} = \left(1 + \frac{\gamma-1}{2}Ma^2\right)^{\frac{1}{\gamma-1}} = \left(\frac{p^*}{p}\right)^{\frac{1}{\gamma}} \tag{2-6}$$

其中,p^*,T^*,ρ^* 为滞止参数;而 p,T,ρ 为任一截面的参数。

(4)连续方程

连续方程亦称质量守恒方程,它是把质量守恒定律应用于运动流体的数学表达式。对于任一截面,其质量流量的表达式为

$$m = \rho A U \tag{2-7}$$

其中,ρ 为流体密度;A 为横截面积;U 为流速。

对于喷管喉部(此为临界状态),其质量流量的表达式为

$$m_t = \rho_t A_t U_t \tag{2-8}$$

式中　　ρ_t——临界状态时喉部气流密度(kg/m^3);

A_t——喉部面积(m^2);

U_t——临界状态时喉部气流速度(m/s)。

引入状态方程和过程方程,并注意到此处的气流马赫数为 $Ma = 1$,可得

$$\rho_t = \frac{p_t}{RT_t} = \frac{\left(\frac{2}{\gamma+1}\right)^{\frac{\gamma}{\gamma-1}} p^*}{\left(\frac{2}{\gamma+1}\right) RT^*} \tag{2-9}$$

$$U_t = \sqrt{\gamma R T_t} = \sqrt{\gamma\left(\frac{2}{\gamma+1}\right)\gamma R T^*} \tag{2-10}$$

将式(2-9)和式(2-10)代入式(2-7),得

$$m_t = \frac{p^* A_t}{\sqrt{RT^*}} \sqrt{\gamma\left(\frac{2}{\gamma+1}\right)^{\frac{\gamma+1}{\gamma-1}}}$$

对于扩压器喉部入口截面,其质量流量的表达式为

$$m_{st} = \rho_{st1} A_{st} U_{st1} \tag{2-11}$$

引入状态方程和过程方程并注意到此处的气流马赫数为 $Ma = Ma_{st1}$,可得

$$\rho_{st1} = \frac{p_{st1}}{RT_{st1}} = \frac{\left(1 + \frac{\gamma-1}{2}Ma_{st1}^2\right) p_{st1}}{RT^*} \tag{2-12}$$

$$U_{st1} = Ma_{st1}\sqrt{\gamma R T_{st1}} = Ma_{st1}\sqrt{\frac{\gamma R T^*}{1 + \frac{\gamma-1}{2}Ma_{st1}^2}} \tag{2-13}$$

将式(2-12)、式(2-13)代入式(2-11),可得

$$m_{st1} = \frac{p_{st1} A_{st} Ma_{st1}}{\sqrt{RT^*}} \sqrt{\gamma \left(1 + \frac{\gamma - 1}{2} Ma_{st1}^2\right)}$$

根据质量守恒定律 $m_t = m_{st}$ 并消掉共有项 $\sqrt{RT^*}$ 后可得

$$p^* A_t \sqrt{\gamma \left(\frac{2}{\gamma + 1}\right)^{\frac{\gamma+1}{\gamma-1}}} = m_{st1} = p_{st1} A_{st} Ma_{st1} \sqrt{\gamma \left(1 + \frac{\gamma - 1}{2} Ma_{st1}^2\right)} \tag{2-14}$$

式(2-14)即为喷管喉部与扩压器喉部入口两截面间的连续方程的最终表达式,这个公式对后面的气动计算很有帮助。

直筒扩压器的气动计算比较简单,其入口端参数与下面将要介绍的二次喉道式扩压器相同,其出口参数主要应用正激波关系式计算,此不赘述。

3. 二次喉道扩压器气动计算

(1) 入口端面气流参数的计算

1) 入口马赫数 Ma_d。在给定入口压强 p_d(即膨胀点压强);并且已知燃烧室压强 p_c 和燃气总温 T_c 的情况下,用下式计算:

$$T_d = T_c \left(\frac{p_d}{p_c}\right)^{\frac{\gamma-1}{\gamma}} \tag{2-15}$$

$$Ma_d = \frac{\sqrt{\frac{2}{\gamma - 1} \gamma R (T_c - T_d)}}{\sqrt{\gamma R T_d}} = \sqrt{\frac{2}{\gamma - 1}\left[\left(\frac{p_c}{p_d}\right)^{\frac{\gamma-1}{\gamma}} - 1\right]} \tag{2-16}$$

式中,T_d 为扩压器入口静温(K)。

在已确定扩压器入口直径 D_d 的情况下,用面积比公式计算,即

$$\frac{A_d}{A_t} = \frac{1}{Ma_d}\left[\frac{2}{\gamma + 1}\left(1 + \frac{\gamma - 1}{2} Ma_d^2\right)\right]^{\frac{\gamma+1}{2(\gamma-1)}} \tag{2-17}$$

2) 入口压强比 p_d/p_c。按绝热过程方程,入口压强 p_d 与燃烧室压强 p_c 入口马赫数 Ma_d 之间有如下关系,即

$$\frac{p_d}{p^*} = \left(1 + \frac{\gamma - 1}{2} Ma_d^2\right)^{-\frac{\gamma}{\gamma-1}} \tag{2-18}$$

(2) 收敛段斜面参数的计算

燃气流撞击到扩压器收敛段斜面后发生气流转折并产生斜激波,激波强弱取决于气流马赫数和气流折角和由此而决定的激波角,如设气流转角 δ 为喷管出口半锥角 θ_e 和扩压器收敛半角 α_1 之和,即 $\delta = \theta_e + \alpha_1$,这样,可按斜激波关系式进行下列计算。

1) 激波角 β。激波角 β 与气流转角 δ 及入口马赫数 Ma_d 之间的关系为

$$tg\delta = \frac{Ma_d^2 \sin^2\beta - 1}{\left[Ma_d^2\left(\frac{\gamma + 1}{2} - \sin^2\beta\right) + 1\right] tg\beta} \tag{2-19}$$

2) 斜激波后的马赫数 Ma_R。斜激波后的马赫数 Ma_R 与激波前的马赫数 Ma_d 及激波角的关系为

$$Ma_R^2 = \frac{Ma_d^2 + \frac{2}{\gamma - 1}}{\frac{2\gamma}{\gamma - 1} Ma_d^2 \sin^2\beta - 1} + \frac{Ma_d^2 \cos 2\beta}{\frac{\gamma - 1}{2} Ma_d^2 \sin^2\beta + 1} \tag{2-20}$$

斜激波前后的压强比

$$\frac{p_R}{p_d} = \frac{2\gamma}{\gamma+1} Ma_d^2 \sin^2\beta - \frac{\gamma-1}{\gamma+1} \tag{2-21}$$

3）第二喉道入口面参数计算。

a. 喉部入口马赫数 Ma_{st1}。计算第二喉道入口参数时,需引入动量方程和连续方程。为了便于计算,对式（2-2）加以变换。在图 2-9 中,根据力的平衡关系,列出 e—e 和 d—d 两截面间的动量方程为

$$A_e p_e (1 + \gamma Ma_e^2) + p_o (A_d + A_e) = A_d p_d (1 + \gamma Ma_d^2) \tag{2-22}$$

把此式代入（2-3）式后即得

$$A_d p_d (1 + \gamma Ma_d^2) - p_R (A_d - A_{st}) = A_{st} p_{st1} (1 + \gamma Ma_{st1}^2) \tag{2-23}$$

用式（2-14）去除式（2-23）可得

$$\frac{1}{\sqrt{\gamma \left(\frac{2}{\gamma+1}\right)^{\frac{\gamma+1}{\gamma-1}}}} \left[\frac{A_d p_d}{A_t p^*} (1 + \gamma Ma_d^2) - \frac{p_R}{p^*} \left(\frac{A_d - A_{st}}{A_t} \right) \right] = \frac{1 + \gamma Ma_{st1}^2}{Ma_{st1} \sqrt{\gamma \left(1 + \frac{\gamma-1}{2} Ma_{st1}^2\right)}} \tag{2-24}$$

在式（2-24）中,令

$$Z = \frac{1}{\Gamma} \left[\overline{A}_d \, \overline{p}_d (1 + \gamma Ma_d^2) - \overline{p}_R (\overline{A}_d - \overline{A}_{st1}) \right] = Z \tag{2-25}$$

式中　$\Gamma = \sqrt{\gamma \left(\frac{2}{\gamma+1}\right)^{\frac{\gamma+1}{\gamma-1}}}$（称为 Γ 函数）;

$\overline{p}_d = \dfrac{p_d}{p^*}$（入口静压与总压之比）;

$\overline{p}_R = \dfrac{p_R}{p^*}$（斜激波后静压与总压之比）;

$\overline{A}_d = \dfrac{A_d}{A_t}$（入口截面与喷管喉部截面之比）;

$\overline{A}_{st} = \dfrac{A_{st}}{A_T}$（二次喉道横截面积与喷管喉部截面积之比）。

将式（2-24）代入式（2-25）,得

$$Z = \frac{1 + \gamma Ma_{st1}^2}{Ma_{st1} \sqrt{\gamma \left(1 + \frac{\gamma-1}{2} Ma_{st1}^2\right)}} \tag{2-26}$$

为便于计算,对式（2-26）做进一步处理。两边取二次方后,得

$$1 + 2\gamma Ma_{st1}^2 + \gamma^2 Ma_{st1}^4 = Z^2 Ma_{st1}^2 \gamma \left(1 + \frac{\gamma-1}{2} Ma_{st1}^2\right)$$

展开并合并同类项,得

$$\left[\gamma^2 - \frac{\gamma(\gamma-1) Z^2}{2} \right] Ma_{st1}^4 + (2\gamma - \gamma Z^2) Ma_{st1}^2 + 1 = 0$$

解此方程得喉部入口马赫数:

$$Ma_{st1}^2 = \frac{(\gamma Z^2 - 2\gamma) \pm \sqrt{\gamma^2 Z^4 - 2\gamma^2 Z^2} - 2\gamma Z^2}{2\gamma^2 - \gamma^2 Z^2 + \gamma Z^2} \tag{2-27}$$

在式（2-25）中，$\bar{p}_d$，$\bar{p}_R$，$\bar{A}_d$，$\bar{A}_{st}$ 及 Γ 都是已知的或通过前面的计算获得的，因此可用此式求 Z 值，求得 Z 值后再利用式（2-27）求 Ma_{st1}。用式（2-27）求得的 Ma_{st1} 可有两个数值，一个是大于 1 的，另一个是小于 1 的，采用大于 1 的数值，这意味着此处的气流是超声速的。

b. 喉部入口压强与总压之比 $\dfrac{p_{st1}}{p^*}$。由式（2-14）可得喉部入口压强 p_{st1} 与总压之比为

$$\frac{p_{st1}}{p^*} = \frac{A_t}{A_{st}} \cdot \frac{\sqrt{\gamma \left(\dfrac{2}{\gamma+1}\right)^{\frac{\gamma+1}{\gamma-1}}}}{Ma_{st1} \sqrt{\gamma \left(1 + \dfrac{\gamma-1}{2} Ma_{st1}^2\right)}} = \frac{A_t \tau}{A_{st} Ma_{st1} \sqrt{\gamma \left(1 + \dfrac{\gamma-1}{2} Ma_{st1}^2\right)}} \quad (2-28)$$

4）喉部出口面参数。喉部出口面参数用正激波关系式计算，其中喉部入口参数为正激波前的参数，喉部出口参数为正激波后的参数，具体公式为

$$Ma_{st1}^2 = \frac{(\gamma-1) Ma_{st1}^2 + 2}{2\gamma Ma_{st1}^2 - (\gamma-1)} \quad (2-29)$$

$$\frac{p_{st2}}{p_{st1}} = \frac{2\gamma}{\gamma+1} Ma_{st1}^2 - \frac{\gamma-1}{\gamma+1} = \frac{2\gamma Ma_{st1}^2 - \gamma + 1}{\gamma+1} \quad (2-30)$$

5）扩张段出口参数计算。可先假设一个临界截面，该截面的气流马赫数为 1，该截面的面积用 A_{st}^* 表示，如图 2-23 所示。

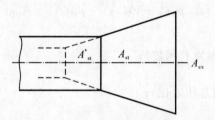

图 2-23　扩压器亚声速扩张段结构示意图

出口面参数可用下述方法计算。

a. 出口马赫数 Ma_{ex}。扩张段出口截面积 A_{ex} 临界截面积 A_{st}^* 和与出口马赫数 Ma_{ex} 之间的关系符合面积比公式，即

$$\frac{A_{ex}}{A_{st}^*} = \frac{A_{ex}}{A_{st}} \frac{A_{st}}{A_{st}^*} = \frac{1}{Ma_{ex}} \left[\frac{2}{\gamma+1} \left(1 + \frac{\gamma-1}{2} Ma_{ex}^2\right)\right]^{\frac{\gamma+1}{2(\gamma-1)}} \quad (2-31)$$

式中　　$\dfrac{A_{ex}}{A_{st}}$——由扩压器结构参数确定的已知量；

　　　　$\dfrac{A_{st}}{A_{st}^*}$——由喉部出口马赫数确定的面积比，在已求得喉部出口马赫数 Ma_{st2} 的情况下，

　　　　可用下式计算：

$$\frac{A_{st}}{A_{st}^*} = \frac{1}{Ma_{st2}} \left[\frac{2}{\gamma+1} \left(1 + \frac{\gamma-1}{2} Ma_{st2}^2\right)\right]^{\frac{\gamma+1}{2(\gamma-1)}} \quad (2-32)$$

把用式（2-32）求得的 $\dfrac{A_{st}}{A_{st}^*}$ 代入式（2-31），求得 $\dfrac{A_{ex}}{A_{st}^*}$，进而可以求得 Ma_{ex}。

b. 扩张段出口压强比 $\dfrac{p_{ex}}{p_{st2}^*}$。该压强比可用以下两种方法计算。

a) 按过程方程计算。由过程方程得

$$\frac{p_{ex}}{p^*} = \left(1 + \frac{\gamma-1}{2}Ma_{ex}^2\right)^{-\frac{\gamma}{\gamma-1}}$$

$$\frac{p_{st2}}{p^*} = \left(1 + \frac{\gamma-1}{2}Ma_{st2}^2\right)^{-\frac{\gamma}{\gamma-1}}$$

二者相除即可得

$$\frac{p_{ex}}{p_{st2}} = \left(\frac{1 + \dfrac{\gamma-1}{2}Ma_{ex}^2}{1 + \dfrac{\gamma-1}{2}Ma_{st2}^2}\right)^{-\frac{\gamma}{\gamma-1}} = \left[\frac{2 + (\gamma-1)Ma_{st2}^2}{2 + (\gamma-1)Ma_{ex2}^2}\right]^{\frac{\gamma}{\gamma-1}} \tag{2-33}$$

b) 用连续方程计算。由喷管喉部与扩压器喉部出口两截面的连续方程可得

$$\frac{p_{st2}}{p^*} = \frac{A_t}{A_{st}Ma_{st2}}\sqrt{\frac{\gamma\left(\dfrac{2}{\gamma+1}\right)^{\frac{\gamma+1}{\gamma-1}}}{\gamma\left(1 + \dfrac{\gamma-1}{2}Ma_{st2}^2\right)}}$$

由喷管喉部与扩压器出口两截面间得连续方程可得

$$\frac{p_{ex}}{p^*} = \frac{A_t}{A_{ex}Ma_{ex}}\sqrt{\frac{\gamma\left(\dfrac{2}{\gamma+1}\right)^{\frac{\gamma+1}{\gamma-1}}}{\gamma\left(1 + \dfrac{\gamma-1}{2}Ma_{ex}^2\right)}}$$

二者相除即得

$$\frac{p_{ex}}{p_{st2}} = \frac{A_{st}Ma_{st2}}{A_{ex}Ma_{ex}}\sqrt{\frac{1 + \dfrac{\gamma+1}{2}Ma_{st2}^2}{1 + \dfrac{\gamma-1}{2}Ma_{ex}^2}} = \frac{A_{st}Ma_{st2}}{A_{ex}Ma_{ex}}\sqrt{\frac{2 + (\gamma-1)Ma_{st2}^2}{2 + (\gamma-1)Ma_{ex}^2}} \tag{2-34}$$

4. 扩压器最小启动压强比的计算

扩压器最小启动压强比可用不同的方法,计算结果是一致的。

(1) 用连续方程计算

根据喷管喉部和扩压器出口两截面间的连续方程可得

$$\frac{p_{c,min}}{p_{ex}} = \frac{A_{ex}Ma_{ex}\sqrt{\gamma\left(1 + \dfrac{\gamma-1}{2}Ma_{ex}^2\right)}}{A_t\Gamma} \tag{2-35}$$

式中,$\Gamma = \sqrt{\gamma\left(\dfrac{2}{\gamma+1}\right)^{\frac{\gamma+1}{\gamma-1}}}$。

该式对直筒式和二次喉道式都适用。

(2) 用迭代法计算

对于直筒式扩压器,有

$$\frac{p_{c,min}}{p_{ex}} = \left(\frac{p_d}{p^*}\right)^{-1}\left(\frac{p_{ex}}{p_d}\right)^{-1} = \frac{(\gamma+1)\left(1 + \dfrac{\gamma-1}{2}Ma_d^2\right)^{\frac{\gamma}{\gamma-1}}}{2\gamma Ma_d^2 - \gamma + 1} \tag{2-36}$$

对于二次喉道式扩压器,有

$$\frac{p_{\text{c,min}}}{p_{\text{ex}}} = \left(\frac{p_{\text{st1}}}{p^*}\right)^{-1} \left(\frac{p_{\text{st2}}}{p_{\text{st1}}}\right)^{-1} \left(\frac{p_{\text{ex}}}{p_{\text{st2}}}\right)^{-1} \tag{2-37}$$

上两式中，$\frac{p_{\text{st1}}}{p^*}$ 由式(2-28)确定，$\frac{p_{\text{st2}}}{p_{\text{st1}}}$ 由式(2-31)确定，$\frac{p_{\text{ex}}}{p_{\text{st2}}}$ 由式(2-33)或式(2-34)确定。

应当指出的是，理论计算的最小启动压强总是要比实际的启动压强小，有限的试验表明，理论计算值要比实际值低 13% ～ 18%。

2.3.4.3 抗热性能计算和分析

对于固体火箭发动机，特别是大流量的固体火箭发动机，扩压器的抗热性能不容忽视，如果设计中只注意了扩压器的气动性能而忽视了它的抗热性能，则可能会导致扩压器的损坏，甚至可能会导致整个试验的失败。大量的试验结果表明，扩压器的损坏多发生在冲刷区(即与喷管出口面对应的区域)，损坏的原因是由于燃气高速膨胀到扩压器壁面时，与扩压器壁发生碰撞导致热流过大所造成的。

燃气在扩压器内流动过程中，与壁面之间可产生三种形式的热交换：其一是对流换热，其二是辐射换热，其三是气流与粒子冲击换热。计算和试验结果表明，当扩压器工作时，对流换热和辐射换热产生的热流比较小，对扩压器的破坏作用较弱，而由气流和粒子的冲击作用所产生的热流却是相当大的。气流和粒子的冲击热负荷与下列因素有关：

- 燃气的流量密度(由发动机流量和扩压器横通面积决定)；
- 燃气的流速；
- 燃气的温度；
- 燃气中粒子的含量；
- 冲刷的角度。

传热计算是定量研究扩压器抗热的一种方法，但目前所进行的传热计算与实际之间尚有较大的差距，因此，还不能用它来做判断扩压器能否被烧坏的直接依据。但它可用于多种扩压器平行计算结果的分析对比。

为防止或减轻扩压器的损坏，必须对它进行热防护。在诸多热防护措施中，夹套通水强迫冷却是简单可行且行之有效的方法之一。在这种热防护情况下，冷却水通过扩压器与燃气进行热交换，该换热过程属于复合换热过程，其换热流取决于冷流体与热流体之间的温差和复合换热的总热阻，用公式表示为

$$Q = \frac{T_{\text{g}} - T_{\text{L}}}{\dfrac{1}{\pi d_1\, lh_{\text{g}}} + \dfrac{1}{2\pi\lambda}\ln\dfrac{d_2}{d_1} + \dfrac{1}{\pi d_2\, lh_{\text{L}}}}$$

该式中的分子项，即 $T_{\text{g}} - T_{\text{L}}$ 不是一个确定值，而是沿扩压器轴向位置而变化的，在计算上可用平均传热温差 Δt_{m} 来代替，Δt_{m} 的计算公式为

$$\Delta t_{\text{m}} = \frac{(\Delta t_1 - \Delta t_2)}{\ln\dfrac{\Delta t_1}{\Delta t_2}}$$

式中，Δt_1 为进口端冷热流体的温差；Δt_2 为出口端冷热流体的温差。

热流公式中，分母中的第一项为燃气与扩压器间的换热热阻，第二项为扩压器壁的导热热阻，第三项为壁与冷却水之间的换热热阻。在使用条件下，后两项的热阻通常是很小的，可以忽略不计。燃气与壁之间的换热，对于大部分的平流区而言，则主要靠对流和辐射两种换热方

式,这两种换热的系数通常都很小,因此热阻很大,这说明,燃气流过扩压器时热量损坏很小。而对于冲刷区,情况完全不同,在这里由于气流和粒子的撞击作用,会产生很大的冲击热流而使扩压器壁产生局部过热,这种局部过热不能完全依赖冷却的方法解决,可以借助于喷涂或粘贴高温涂层的办法来解决,但这种办法实施起来难度较大,而且如果高温涂层的性能不佳,防护效果也不好。例如,过去在做某发动机高模试验时,曾在扩压器内表面喷涂 Al_2O_3 涂层做保护层,但其使用效果不理想,究其原因:一是 Al_2O_3 的导热性太差,二是 Al_2O_3 的火熔点低(2 050℃)。如果能改成喷钨,其效果可能会好得多。

2.4　离心过载试验设施与试验设备

2.4.1　概述

固体火箭发动机具有结构简单、工作可靠性较高、快速反应能力强、火力急袭性强、使用方便以及便于储存和运输等显著优点而得到广泛运用。但它在工作过程中发生的物理化学过程却十分复杂,每一种新的发动机的研制,都必须经过反复的试验,固体火箭发动机的发展过程与试验密不可分。

当前先进在役防空导弹多兼有反导能力,推进系统采用高速高加速强机动固体火箭发动机。该类固体火箭发动机的主要技术特点是:发动机在工作过程中出现高过载情形,尤其对高加速地空反导导弹,在大机动飞行过程中产生侧向高过载。这种过载会引起燃烧室流场中的两相粒子局部聚集,对发动机内流动和装药燃烧产生很大的影响,并恶化了发动机绝热层的工作环境,严重时甚至会导致内绝热防护失效,发动机烧穿爆炸。研究分析过载条件下凝相粒子的流动规律,掌握其对绝热层烧蚀的影响,对研究高过载固体火箭发动机具有重要意义。但鉴于目前对高过载发动机的流场和热结构理论分析和数值模拟的复杂性,过载考核试验成了主要的研究手段。目前,国内外主要采用离心旋转试验模拟发动机在飞行过载环境下所承受的载荷。用于进行离心过载试验的平台是离心过载试验设备。

离心过载试验时,发动机在旋转平面内做公转,在旋转过程中产生离心加速度,该离心加速度即为所要模拟的过载量,试验设备给发动机提供旋转力矩和可靠支撑,要求转速可调,并能在转动中测量压强、转速及温度等参数。

2.4.2　试验原理与工作过程

2.4.2.1　试验原理

导弹在起飞阶段,主要为轴向过载,当导弹作大机动飞行时,由于其飞行速度很高,将产生很大的横向过载。其关系式为

$$a_y = \frac{v^2}{\rho} \qquad (2-38)$$

式中　a_y——横向加速度;

　　　v——导弹飞行速度;

　　　ρ——转弯半径或导弹在某时刻的曲率半径。

在地面模拟中,要产生同样大小的加速度,一般采用定轴旋转方式,利用离心加速度来模

拟,如图 2-24 所示,公式可表示为

$$a = \frac{v^2}{r} = \omega^2 r \qquad (2-39)$$

式中　a —— 离心加速度;

　　　v —— 旋转体上某点的线速度;

　　　r —— 旋转体上某点的旋转半径;

　　　ω —— 旋转体转速。

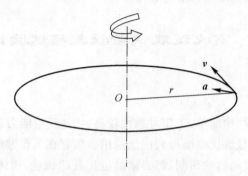

图 2-24　发动机离心运动原理图

当模拟发动机轴向过载时,试验发动机轴线与旋转轴垂直,如图 2-25 所示;当模拟发动机横向过载时,试验发动机轴线与旋转轴平行,如图 2-26 所示。

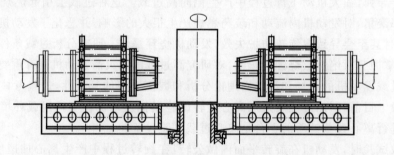

图 2-25　发动机轴向过载试验安装示意图

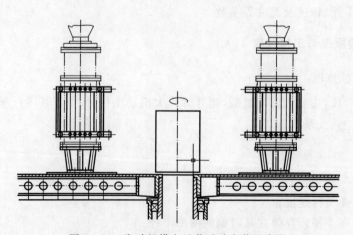

图 2-26　发动机横向过载试验安装示意图

当发动机需要同时模拟横向和轴向过载(综合过载)时,试验发动机轴线必须与旋转轴成一定夹角,如图 2-27 所示。

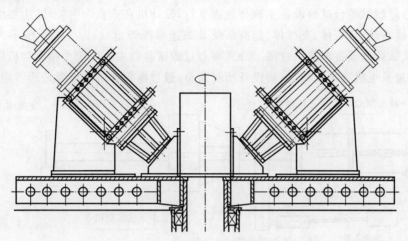

图 2-27   发动机综合过载试验安装示意图

2.4.2.2   工作过程

典型的离心过载试验设备如图 2-28 所示。电机经联轴器 2 驱动减速机,减速机换向后,其轴上端通过联轴器 1 带动主轴转动,继而转臂系统跟随主轴做圆周运动,轴下端连接集流环。在发动机处于工作状态后,启动离心过载试验设备,使之达到试验值所要求的旋转速度,然后保持稳定旋转速度到规定时间,试验完成后关闭离心过载试验设备。

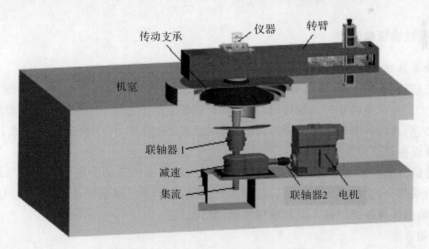

图 2-28   离心过载试验设备组成示意图

2.4.3   试验台的类型与特点

固体火箭发动机的地面离心过载试验是在专门建造的试验台架上进行的。试验台架均应具备实现发动机安全点火、使发动机安全工作、在工作过程中进行参数精确测量的功能和条件,满足离心过载试验要求。按试验设备主轴的安装姿态,试验台可分为卧式离心过载试验台和立式离心过载试验台。

1. 卧式离心过载试验台

卧式离心过载试验台试验设备主轴与地面平行,发动机在垂直面内旋转,主要由推力测试系统、信号传输系统、旋转体、支撑体、起旋系统及调速系统等组成,图 2 - 29 所示为在垂直面内旋转的卧式试验台设备组成示意图。卧式离心过载试验台主要用于小型发动机的过载考核试验,设备容量及电机功率较小,试验设备相对简单,通过电机和两级皮带传递转矩。

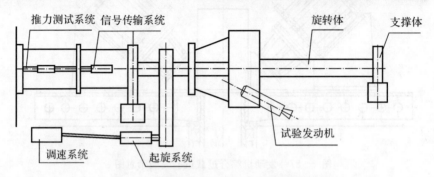

图 2 - 29 卧式离心过载试验台组成示意图

2. 立式离心过载试验台

立式离心过载试验台试验设备主轴与地面垂直,发动机在水平面内旋转,主要由转臂、传动支承、联轴器、减速机、电机和辅助系统等组成,如图 2 - 28 所示,主要用于大型发动机的过载考核试验,设备容量及电机功率较大,试验设备相对复杂,通过电机和减速机传递转矩等情况。

2.4.4 试验设备设计

1. 试验设备作用

离心过载试验设备是一类具有巨大转子的旋转设备,发动机装在臂端,转子看起来头重脚轻、惯量巨大。当驱动转臂匀速旋转时,即可在发动机上形成稳态加速度场,用于模拟给定过载值下的转速;当以一定角加速度转动,又可模拟加速度变化率,用于模拟变过载值下的转速。

2. 试验设备组成和原理

离心过载试验设备主要由转动系统、传动系统和辅助系统等部分组成。转动系统是离心机的重要组成部分,直接影响离心机容量和运行性能;传动系统根据转动系统结构和所需动力进行设计;辅助系统根据设备工况和使用要求进行设计。

(1)转动系统

转动系统主要包括转臂、平衡配重、发动机及工装和其他辅助设备等,如图 2 - 30 所示。它是传递扭矩、带动发动机旋转达到试验离心场要求的关键部件,在运转中承载动、静载荷。其结构形式、截面形状直接影响离心机风阻功率、惯性功率及离心机运行的稳定性。在转臂结构设计时,除了要满足刚度、强度要求外,还要尽量改善其自身固有频率,以避免发生共振而造成设备损坏。

转臂与传动系统的主轴通过圆锥面进行定位,并采用胀套与主轴连接。工作时,主轴产生的扭矩通过锥面和胀套传到转臂,从而带动转动系统旋转。

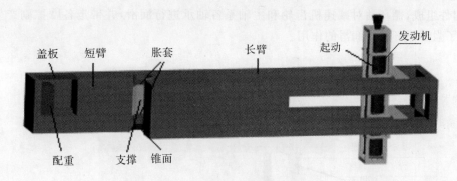

图 2-30　转动系统示意图

（2）传动系统

传动系统由主轴、机座、轴承系、电机、减速机和联轴器等部分组成，如图 2-31 所示。

传动系统承载着转动系统并将其产生的力传递到地面，通过主轴的旋转把减速机输出的动力传递到转臂以实现整机运行。

发动机对转臂瞬时产生的巨大不平衡力，它与弯矩和振动冲击一起传递给传动系统，并由传动系统内主轴、轴承系以及其他零部件进行承载；同时，传递给传动系统的不平衡力、弯矩和振动冲击将通过传动系统的机座传递给安装基面，不平衡力也将以弯矩的形式叠加在机座上。

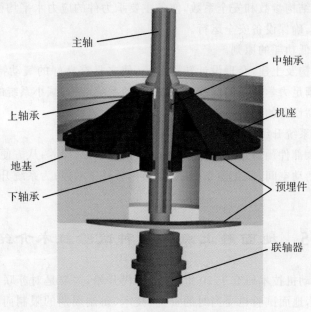

图 2-31　传动系统示意图

（3）辅助系统

辅助系统包括集流环、摄像系统和稀油润滑系统等。

集流环用于为试件供电、传输信号，建立动静两个坐标系间强弱电联系，这个系统包括接口、缆线系统、终端电源及信号输入/输出处理系统；摄像系统主要用于监视发动机试验工况和离心过载试验设备工作情况；稀油润滑系统主要由稀油站、稀油站控制柜、仪表盘、供油指示器和管路附件组成,循环油对减速机齿轮和主轴系各轴承进行润滑,并带走各摩擦副产生的热量,起到了强制循环冷却润滑的作用。

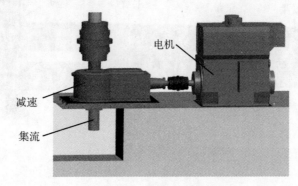

电机

减速

集流

图 2-32　辅助系统示意图

3.试验设备的设计原则

在满足设备性能指标的前提下,综合考虑操作、维修及保养等诸多方面因素,进行优化设计,使设计出的离心过载试验设备性能可靠、结构合理。

(1)质量可靠、安全第一的原则

结构设计时,尽量采用同类设备已成功运用技术;根据载荷对各关键件受力情况进行分析计算,合理选择材料、结构参数和安全系数,使各主要承力件的应力水平均衡;对重要部位的运行状态进行实时监测,确保设备安全运行。

(2)优化结构、降低功耗的原则

综合考虑总体结构及土建,合理设计转臂系统,使之具有良好的气动特性,以降低系统运行时的风阻功率;在满足力学要求的前提下,优化转动系统结构,减小系统的转动惯量,以降低设备的惯性功率,提高设备的动态特性。

(3)使用、维护和系统升级方便的原则

需经常更换的零、部件预留足够的操作空间,以便于维护、保养;从方便操作者使用角度设计相关尺寸、位置及活动空间,简化操作程序,使操作者易于掌握;为系统升级设备的安装预留空间和接口。

2.5　地面静止点火特种试验技术介绍

我国固体火箭发动机技术研究于 20 世纪 50 年代开始,主要是对苏联提供的有限的固体火箭发动机进行仿制,地面试验也受当时的资金、技术、研制周期的限制而采用卧式试车。虽然改革开放后,我国固体火箭发动机事业得到了飞速发展,但研制重点仍着力于解决有无问题,试验也仍沿用卧式试车。所以,已广泛应用于美国、俄罗斯和欧洲等航天国家的固体火箭发动机立式试验、多分力、动态测量等试验设施和试验方式在我国尚处于研究阶段,还需进一步的研究和发展。

2.5.1 固体火箭发动机正立式试验技术

1. 试验技术概述

在火箭发动机从地面发射的工作过程中,发动机必须克服自身的重力向上飞行,然而随着发动机推进剂的不断燃烧,影响发动机飞行状态的发动机重力不断减小,是一个可变参数。另外,发动机点火瞬间向下喷射到地面的火焰反射回来,对发动机冲量和热环境都构成一定的影响。这些都是我们目前所采用的卧式试验设备和倒立式试验设备无法真实体现和获得的。同时,在卧式试验中,发动机内流场中产生的大量金属粒子在重力和火焰冲力的联合作用下可能会冲刷和腐蚀发动机壳体内部,然而在实际工作中,重力和火焰冲力的联合作用可能会使这些热金属粒子直接随燃气流出。因此,在很多情况下,卧式试验不能更好地模拟火箭发动机的真实工作环境。

发动机正立式试验相对于卧式试验能够更好地模拟固体火箭发动机的真实工作环境,所获得的试验数据更真实可靠,可以很好地考核重力对固体火箭发动机工作的影响,以及发动机工作时的热环境、发动机工作时的压力环境、金属粒子对流场对发动机结构的影响,并实现温度场等试验参数的测量。

2. 试验方法

固体火箭发动机正立式试验采用发动机垂直安装、喷管向下进行地面点火试验,满足发动机地面结构考核、性能考核、推力向量控制及各型号导弹仪器舱联合试验条件。正立式试验在结构上与卧式试验存在本质区别,且要复杂得多。大型发动机正立式试车台剖面示意图如图 2-33 所示。

3. 设备组成

试验台主要由台体基础、塔身、工作平台、吊车、燃气导流通道、喷雾冷却系统、消防系统、试验装置、试验数据采集与控制系统、数据处理与分析系统等组成。

2.5.2 固体火箭发动机地面试验多分力测量技术

2.5.2.1 试验技术概述

固体发动机一般为轴对称体。理论上,推力合力与喷管轴线、发动机轴线重合,实际上在工作中可能由于横向过载、喷管摆动、烧蚀的不对称性等因素,使得推力的合力偏离理论估计。一方面,偏离程度的定量获得可为飞行控制提供参数,另一方面,偏离程度也能衡量发动机的工作性能。多分力试验技术就是通过试验获得主推力的大小、方向、作用点位置随时间的变化。

准确掌握和控制发动机的推力偏心,提高目标命中精度。在火箭发动机工作过程中产生的推力向量是一个空间力向量,其大小和方向不断变化,在产生发动机主推力的同时,还存在发动机实际推力偏斜和偏移,这个随时变化的推力偏心会直接影响飞行控制精度和目标命中精度。为提高目标命中精度,必须严格掌握和控制发动机的推力偏心。由于推力偏心是变化的,具有随机性,很难进行准确计算,只能通过多分力试验设备来进行测试。

推力矢量喷管的作用是使导弹在高速飞行中可及时改变航向,具有操纵偏航、俯仰、横滚等能力,甚至可越过通常所说的失速极限操纵导弹。推力矢量喷管这一划时代的高新技术为航空航天技术带来了又一次革命,使导弹的性能有大幅度的提高。研制推力矢量喷管这样的高新技术,需要进行大量的基础研究和基础试验,以弄清工作机理,积累经验。由于传统的试验技术只能测试轴向主推力,无法精确给出发动机在空间各方向、各角度的推力矢量,不能全面展现发动机的机动性能和空间姿态,在这种情况下多分力测试技术成为地面试验中最为重要的一个环节。

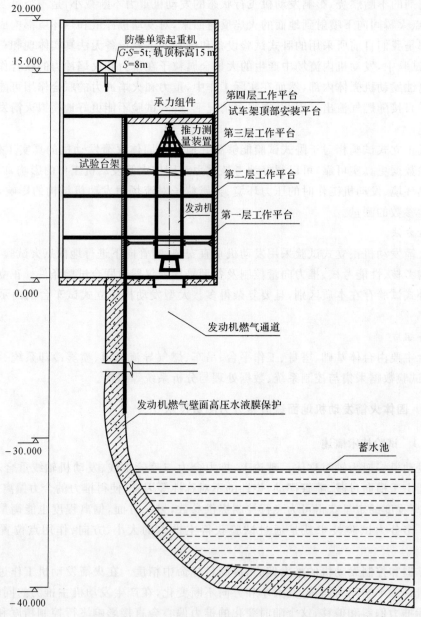

图 2-33 大型发动机正立式试车台剖面示意图

2.5.2.2 国内外差距对比分析

迄今为止,关于多分力试验技术,国内外主要有多分力传感器计、多分力试验台、高自由度试验台和推力矢量测试转台等方案。

1. 多分力传感器

国内外研究六维力传感器是从研究六维腕力传感器开始的。早在 20 世纪 70 年代初,瑞士联邦工学院就开始了这方面的研究,并设计了一种以电阻应变片为敏感元件的六维力传感器,从理论上探索了解决这个问题的可能性。随后,日本、美国、德国、法国、比利时和以色列等国也相继进行了探索和研究,先后设计了适用于多种工作场合的六维力传感器。

国内也对多分量测力技术投入了大量的研究,如南航的用于风洞空气动力试验的六分力传感器,力值均为几十牛,三个力矩均为牛·米级,精度为 0.5;中国计量科学院研制的柱式兆牛级六分量测力计,在大量程多分量测力计的研究方面,提供了有力的先导;航天科技集团一〇一所在九五期间开展了固体火箭发动机多分量测力系统的研究工作,重点在多分量测力计、六分量校准系统和试验技术等方面做了大量的工作,为固体火箭发动机推力的多分量测试在技术及系统条件保障上做好了充分的先期准备工作。

2. 多分力试验台

固体火箭发动机多分力测试方法依发动机安装方式可分为卧式多分力测试和立式多分力测试法。

国内外在该领域均进行了大量研究,并大量应用于固体火箭发动机地面试验中,可以说其是一项成熟的技术。在美国,很多固体火箭发动机试验台上都采用六分力试验台架进行推力测试,如阿诺德空军基地的高空模拟试验舱内就有多分力试验台。日本某公司就通过购买奥蒙德公司生产的 MCT3055-44K 六分力试车台进行 JCR 型固体火箭发动机的地面试车,取得了良好的结果。

在国内,南京理工大学进行过大吨位六分力试验台架的设计、大连理工学院等也进行过多分力试验台架的研制工作,并取得了一定成果。航天科技集团四〇一所也进行过三分力、六分力试验架的研制。

试验架通常采用整体式结构,它由定架、动架、六组测力组件、五组原位校准组件、保险架、承力墩等组成。定架主要承受主推力及各侧向力。动架上有各种设计和安装基准,还有与发动机相配合的基准面,以确保发动机准确定位并与各测力组件及原位校准组件的安装定位面。并采用测力组件进行测力,动架、定架之间由六组测力组件进行连接。

六分力试验台架属应变式,其调整精度很大程度上取决于各测力传感器挠性件之间的相互牵连影响程度。为了降低振动的影响,六分力台架采用了多个测力传感器通过挠性件连接,同时对测试装置的多个方位进行接触测试的结构方式。由于各测力传感器挠性件的存在,六分力台架的系统频响较低。此外,这种测试模式难以采取相应的动态补偿技术,对于惯性力的影响缺乏考虑,实测推力具有一定的失真性。因此,采用这种测试方案,难以满足轨控发动机推力偏心测试在精度和动态性能方面的要求。

3. 高自由度试验台

当发动机被完全固定在试验台上,那么试验台的自由度就决定了发动机偏心力的测试。目前国内外高自由度试验台主要有气悬浮、液悬浮和磁悬浮试验台。

电磁悬浮技术是一种先进的无接触支撑技术,其应用领域日益广泛,如磁轴承、磁悬浮列车、磁悬浮加工平台等。应用磁悬浮技术测试时火箭发动机在磁力的作用下稳定地悬浮,轴向不受任何约束,径向上的刚度可调,不仅使试验台在横向上可以有很高的固有频率,还可以通过测量电磁悬浮力从而测出火箭发动机的侧向力。

航天科技集团四〇一所已经设计了磁悬浮试验台。该试验台利用成熟的磁轴承技术将发动机无接触地悬浮起来。该试验台由底座、承力墩、推力传感器、过渡架、电磁轴承、火箭发动机、电涡流传感器、电磁轴承控制器和功率放大器这几部分组成。火箭发动机采用两端支承的方式，支承系统采用典型的磁轴承结构，每个磁轴承均由多极电磁铁组成。两个磁轴承通过轴承座固定在试验台底座上。试验前，将发动机装入磁轴承固定好，悬浮起来后发动机只能在磁轴承气隙限定的空间内运动，其姿态最终由控制器的设定值确定。系统工作时，传感器检测出发动机偏离设定值的位移，将检测信号送给电磁轴承控制器，控制器将检测的位移变换成控制信号，然后由功率放大器将这一控制信号放大，并转换成控制电流在电磁轴承中产生磁力，使发动机回到设定位置，从而使火箭发动机维持其悬浮位置不变。火箭发动机在电磁轴承的作用下稳定地悬浮，轴向不受任何约束，克服了原柔性试验架板簧带来的弹阻力，从而可以准确测量出发动机的推力。火箭发动机在空间共有 6 个自由度，试验台径向 4 个自由度由电磁轴承控制，另外 1 个轴向运动和绕自身轴线旋转的自由度由于测试的关系不作控制。

4. 推力矢量测试转台

推力矢量测试转台也可实现火箭发动机推力偏心测试，目前国内航天科技集团一〇一所拥有推力矢量测试转台，主要用于双组元姿控发动机推力偏心试验的测试装置。

利用该装置进行液体轨姿控发动机推力偏心参数测试，可信度较高，已成功用于"东三"卫星平台系列 490 N 远地点发动机推力偏心测试试验。其缺点是该装置须进行多次脉冲推力偏心测试，属于精密机电设备，结构复杂，成本较高。

近年来，利用六分力推力偏心测试系统测试有关火箭推力偏心特性的实验研究已经取得了重大进展。

其中，压电式三维测力平台具有高刚度、高灵敏度、高固有频率、频率响应范围宽、线性好等优良特性，可及时而准确地测出三向静、动态力，所以已广泛地应用于切削基础理论的研究及自动检测和控制中。从目前国内外同类产品的生产和研究中可以看出，测力平台的结构形式以组合压电式三维测力平台为主要发展趋势，组合压电式三维测力平台主要由工作台、底座和 4 个三维压电石英力传感器组成，用螺栓连接。

2.5.3 固体火箭发动机地面试验动态测试技术

2.5.3.1 试验技术概述

固体火箭发动机工作工程中，喷管喉部由于烧蚀，喉径会变大，目前只是发动机工作前、工作结束后测量喷管的喉径变化，完全不了解喉径随发动机工作时间的实时变化规律。喉径变化是一个过程，通过特定的测试方法，定量获得这个变化的实时数据，可以有助于更加准确的计算燃烧室内压、喷管出口压，同时可能也能更准确地计算喉衬材料的烧蚀特性。

固体火箭发动机喷管的性能和可靠性直接关系到发动机飞行的成败。喷管除承受高温、高速、两相流燃气的冲蚀外，还承受强烈的力学冲击、振动和热应力，在发动机工作过程中实际呈动态变化，若以固定的测量值来计算会影响发动机的内弹道特性，甚至可能导致严重的后果。目前对粒子冲刷条件下喉衬烧蚀机理、热结构破坏模式的认识还不足，抑制喷管烧蚀的理论与方法欠缺。主要原因之一是缺乏有效的试验手段，因此非常有必要研究喉衬动态测试技术，了解其动态变化过程，为导弹控制提供更多的参数，提高导弹的命中率。拟通过 X 射线实时荧屏分析技术(RTR)和超声波技术在固体火箭发动机燃面、喉衬动态烧蚀和绝热层烧蚀实时测量方面的应用研究,探索和尝试 RTR 技术应用于固体发动机燃面、喉衬、绝热层烧蚀过程动态测试的可行性,获得用 RTR 测试烧蚀的观测方法,为完善和优化发动机设计提供参考。

2.5.3.2　国内外差距对比分析

国外对于绝热层烧蚀的研究很多,研究手段主要包括理论模型研究、烧蚀试验和数值计算 3 种。

目前针对烧蚀试验研究的方法主要有 3 类:一类是研究材料在受热情况下的烧蚀特性,出现了氧-乙炔焰流烧蚀法、电弧等离子法、热辐射法等,这种方法仅能对材料进行定性研究,主要用于绝热层配方的前期筛选;第二类是发动机烧蚀试验方法,这种方法根据绝热层的工作环境特性建立能模拟发动机真实环境的试验系统进行烧蚀试验,对绝热层性能参数定量测量和建立烧蚀模型非常有帮助;第三类是真实发动机飞行验证试验,利用遥测数据或对回收后的发动机进行检查以最终确定发动机的热结构设计的合理性。

国外在喷管喉衬、绝热层烧蚀的实时测试方面进行的探索主要有烧蚀电位计法、内置热电偶法、超声波法等。还有文献提到用基于 X 射线的实时荧屏分析技术(RTR)对圆柱形 X 射线固液发动机的燃面瞬时退移速率进行了测量,试验成功地获得了固体燃面退移的图像序列。国内目前尚没有开展这方面的研究。

2.6　地面静止试验技术发展与展望

固体火箭发动机试验与测量技术是根据火箭发动机技术发展的需要,随着科学技术水平的提高而发展起来的。由于现代科学技术的发展,发动机技术的快速发展,新型的高强度、低密度材料、新型试验装备及测试仪器的应用,新的设计理念的突破,计算机辅助设计的应用等等,对发动机的试验技术提出了更高的要求。试验技术将会呈现以下发展趋势:

1)随着发动机技术的不断向“高能化”“实战化”“组合化”方向发展,试验技术向着集成化、系统化方向发展,要求具备多工况、复合环境方面的试验能力,以满足各种不同的测试项目和测试精度要求。

2)试验技术的发展与测试技术的进步密切相关,随着新型的测量设备、测试装备,如自动化超声检测系统、高性能超声波传感器技术以及嵌入式传感技术的应用等,使得发动机试验过程具有了实时显像和监测能力,从“黑箱状态”向“透明化”方向发展。

3)随着大型计算机技术的发展,模拟仿真能力也愈来愈强,可以用仿真来代替一部分试验,节省试验经费。

第 3 章 固体火箭冲压发动机地面模拟试验技术

3.1 概 述

3.1.1 冲压发动机

冲压发动机的工作原理是由法国科学家勒内·洛兰于 1913 年提出的。冲压发动机是利用迎面气流进入发动机后减速,使空气提高静压的一种空气喷气发动机。它通常由进气道、燃烧室、推进喷管三部分组成。冲压发动机没有压气机,所以又称为不带压气机的空气喷气发动机。这种发动机压缩空气的方法是靠飞行器高速飞行时的相对气流进入发动机进气道中减速,将动能转变成压力能。与涡轮喷气发动机或火箭发动机相比较,冲压发动机的构造简单、重量轻、成本低、比冲高、航程远。

冲压发动机作为一种新型动力装置,特别适用于高空高速飞行的飞行器,目前已经应用于超声速飞机、洲际飞航导弹、中程近程导弹、靶机和无人侦察机中。

3.1.2 固体火箭冲压发动机

冲压发动机维持工作的一个重要条件就是高速气流源源不断地从前方进入发动机,因此冲压发动机无法在低速或者是静止条件下工作,只能在一定的速度($Ma > 2$)以上才可以产生推力。因此需要其他的辅助动力系统自静止或低速下提高飞行速度,使冲压发动机工作。

由于冲压发动机不适宜于低马赫数飞行且不能自行飞行,于是产生了设计组合发动机的想法。确实,冲压发动机必须与其他发动机组合在一起使用。无论固体火箭发动机还是液体火箭发动机,都可以与冲压发动机有机地组合在一起。在最简单的组合式动力装置中,作为主发动机的冲压发动机与作为助推器的其他动力装置,无论在结构上或工作过程方面都是互不相干的,是两套独立的动力装置,仅仅是共同使用于同一飞行器,能够协调地工作而已。但是近年来,组合技术有了很大的发展,例如一体化的固体火箭-冲压组合发动机,不仅已将固体火箭助推器与主发动机从结构上有机地结合在一起,而且主发动机本身也不是单纯的冲压发动机,而是在结构上以及工作过程方面把固体火箭发动机与冲压发动机有机地结合在一起的新型动力装置。

由图 3-1 和图 3-2 可以看出,所谓一体化固体火箭冲压发动机由两大部分组成,一是固体火箭助推器(booster),它有自己专用的尾喷管,助推器药柱就储存在共用的燃烧室中。助推器工作后,助推器药柱燃烧完毕,腾出了燃烧室的空间,并且助推器的专用尾喷管脱落,进气道出口的堵盖打开,这时就成为固体火箭冲压发动机了,这是一体化固体火箭冲压发动机的第二个组成部分。

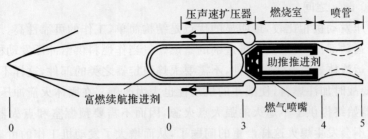

图 3-1 固体火箭冲压发动机(侧面后部进气)

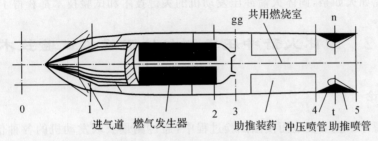

图 3-2 固体火箭冲压发动机(轴对称头部进气)

固体火箭冲压发动机一般由以下几个主要组成部分构成。

1)进气道(intake):这是实现冲压发动机压缩过程的部件。

2)燃气发生器(gas generator 或 primary combustion chamber):它也是一个固体火箭发动机,只是通常采用贫氧固体推进剂。推进剂在火箭室中进行初次燃烧,因为推进剂是贫氧的,所以初次燃烧为不完全燃烧。初次燃烧的产物从火箭发动机的喷管排出,进入冲压发动机的燃烧室中,这股具有很高温度和动能的火箭发动机射流与经过进气道进入的空气进行引射掺混,并进行补充燃烧(补燃)。

3)引射掺混补燃室(ram combustor 或 secondary combustion chamber):也就是冲压发动机的燃烧室,在这里实现引射增压过程和二次燃烧过程及补燃过程。在有的发动机方案中,引射增压室与补燃室是分开的。

4)尾喷管:实现燃气膨胀过程的部件。

5)自动调节系统:根据飞行马赫数、飞行高度等变化,调节进气温度、压力和流量等参数。如果发动机不进行调节,则不需要自动调节系统。

固体火箭冲压组合发动机的工作过程,显然与冲压发动机一样也包括了压缩过程、燃烧过程及膨胀过程这样三个基本过程,然而它的压缩过程和燃烧过程有着自己独特的特点。组合发动机的压缩过程不仅包含了普通的速度冲压作用,而且还包括了火箭发动机高温高速射流的引射增压作用。组合发动机的燃烧过程通常包含两个部分,即贫氧推进剂在火箭燃烧室中的初次燃烧过程和在冲压发动机燃烧室中的二次燃烧过程。上述这些特点与一般的冲压发动机或火箭发动机不同。

将火箭发动机与冲压发动机组合成为火箭-冲压组合发动机以后,充分发挥了火箭喷出的高能射流对低能空气流的引射增压作用,在性能上兼备了两种发动机的优点。

1)与火箭发动机相比较,组合发动机可得到高得多的比冲。固体火箭冲压发动机的比冲在 6 000～12 000 m/s 之间。

2）与喷气冲压发动机相比较，最明显的优点是结构简单，工作的可靠性高。因为固体火箭冲压发动机没有运动部件，且把贫氧推进剂的富燃燃气当作燃料供给冲压发动机的燃烧室，所以也就没有与输运液体燃料有关的部件，不需要火焰稳定器之类的部件，这样不仅使其结构简单了，而且不需要战时加注燃料，使战斗的机动性也大为改善。在固体火箭冲压发动机工作过程中，燃气发生器始终提供了不熄灭的强大点火源，因而不需要预燃室和点火器之类的部件，这样发动机也就不会发生熄火这样严重的问题了，从而增大了发动机工作的可靠性。

自从 SA－6 导弹于 1967 年投入使用，固体火箭冲压发动机在不同国家得到了发展。目前该领域的研究如火如荼，固体火箭冲压发动机的关键技术和试验技术都获得了重大突破。

3.2 固体火箭冲压发动机地面模拟试验技术

3.2.1 概论

在固体火箭冲压发动机地面模拟试验过程中，通过测量获取发动机的各种信息。试验参数测量的任务是尽可能全面、准确、及时地测取各种数据，以便证实原设计的正确与否，提供改进不合理设计的依据，从而在最短的周期内以最低的费用研制出合格的发动机。

发动机设计性能只有经过试验，达到其预定结果时，才能证实设计的正确。发动机理论的检验和发展应紧密地依赖于发动机的试验。只有经过试验，才能认证其规律性，并据此提出正确的设计理论。一台发动机从设计到试制成功，需要经过一系列的试验、修正、再试验、再修正的过程。

由于固体火箭冲压发动机是两级组合动力装置，有助推工作、主级工作和转级过程，试验技术比较复杂。此外进气道和导弹流场的相互影响，缩比尺寸对燃烧室性能的影响比较复杂，这均给试验模拟增加许多困难。

固体火箭冲压发动机地面模拟试验技术除了基本原则与一般冲压发动机试验相同外，还有以下特殊问题。

1）采用一体化结构的组合发动机，在试验工况转换时，存在有喷管脱落和进气道口盖脱落等问题；在试验设备设计时要考虑脱落物体损伤排气系统内的设备，通常可采用加强结构的网络装置或利用气流拐弯时的离心力分离脱落的物体。

2）一体化组合发动机有助推器工作和组合发动机接力工作两阶段。在助推器工作阶段发动机外溢流很大，进气道进气流量等于零，台架推力和助推器排气量均较冲压发动机工作时大，在设备设计时要考虑到这方面的情况。

3）组合发动机在弹体上的布局通常采用后置侧向多个进气道，这与一般的正面进气道不同，给自由射流模拟技术带来了新的问题。

试验项目的确定一般是依据客观需要。这里介绍的主要是科研试制性的试验项目。

1）发动机的冷吹风、测定其内部参数；

2）发动机的点火性能试验；

3）发动机设计点工况性能试验，其中包括速度特性、高度特性和迎角特性等；

4）发动机的过渡状态试验，了解其动态过渡过程下的性能变化规律。

根据固体火箭冲压发动机的试验类型不同,其各自的试验项目和能力也有所区别,以下详细介绍。

3.2.2　固体火箭冲压发动机试验类型

按照研制的阶段性和试验空间环境,可以把试验分成两大类,即发动机地面模拟试验和飞行试验(见图 3 - 3)。

飞行试验与地面模拟试验相比较,有许多不利的因素。

1)飞行试验时参数测量的精度较低,一般为 5% 左右,而地面模拟试验的精度可达 1% 左右;

2)飞行试验时测量的参数数目受限制,地面模拟试验通常可测量 300~500 个稳定参数、100 个左右的过渡动态参数,可以较为全面地了解发动机的内部过程;

3)飞行试验所需的费用较高,据国外资料统计,每小时的试验费用,飞行试验比地面模拟试验贵 10~15 倍;

4)飞行试验的工作范围受飞行器的飞行包线所限制,而地面模拟试验则不受这方面的限制,仅取决于地面试验设备的能力;

5)飞行试验中对组合发动机的工况进行调节和操纵较困难;

6)飞行试验的周期长,试验次数受限制。

因此,固体火箭冲压发动机均需要进行大量的地面模拟试验,但飞行试验在研制过程中是必需的。由于其真实地反映实际飞行情况,所以常用来校核地面模拟试验的结果和作为最后鉴定用。

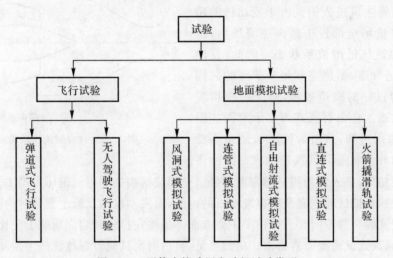

图 3 - 3　固体火箭冲压发动机试验类型

地面模拟试验大致分为以下几种类型。

(1)推进风洞式模拟试验

这种方法是将发动机置于大型超声速风洞(见图 3 - 4)中进行试验,在模拟效果上是最好的一种,能完全模拟发动机的内流和外流。要求发动机头部激波在风洞壁上的反射波反射于发动机之后,因此,所需的动力设备和气源系统等均很大,从建立设备的周期上和经济上看都是较不容易的。

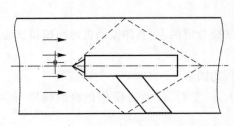

图 3-4　推进风洞式试验方案

（2）连接管道式进气模拟试验

连接管道式模拟试验是模拟发动机的亚声速内流，发动机进气通过一个亚声速进气管路直接连接于发动机的进气道出口，所以其所需流量即为发动机的工作流量，流量上较为节省。因为是亚声速进口，仅模拟组合发动机补燃室内的气流温度、压力和速度，故进气所需的总压也较低（无进气道激波损失），这种试验不反映燃烧室与前方进气道的共同工作，没有模拟进气道的超临界和亚临界等工况，虽然是地面模拟试验中最为简单而经济的，但在模拟效果上是较差的。这种模拟试验方案适用于组合发动机发展的初期阶段，主要是研究补燃室的燃烧。

（3）自由射流式进气模拟试验

自由射流式模拟试验中，发动机的进气是由自由射流喷管吹风进入的。由于发动机的超声速进气道口流场全部置于超声速流场内，所以能完全模拟进气道的波系状态。因此，发动机各部件，如进气道、燃烧室和尾喷管等的共同工作方面有着良好的模拟效果，是完全模拟发动机的内流状态。自由射流式方案示意图如图3-5所示。由图可知，自由射流试验还是不能模拟发动机的外流状态。供气总压应与实际飞

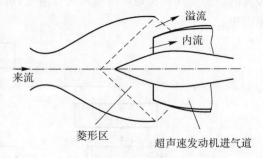

图 3-5　自由射流式试验方案

行时气流总压相等，进入发动机补燃室前将经过全部波系损失和进气道压力损失。

自由射流式模拟试验能完全模拟发动机的内流，而发动机的试验主要是对内流进行研究，所以自由射流试验在模拟问题上抓住了主要方面。虽然在投资和建立周期上要比连接管道式高，但比推进风洞式试验要节省得多。由此可见，自由射流试验较好地统一了发动机试验方案中模拟效果和经济性的矛盾；在发动机研制中，自由射流式试验得到了较广泛的应用。

（4）直连式进气模拟试验

直连式进气模拟试验方案中发动机的进气是通过与收敛扩散型的超声速喷管相连而输送的，如图3-6所示。进气喷管中最小截面处为临界截面，最小截面处的流速为临界声速，因此发动机的进气为超声速的。由于是连接进气，设备气流量与发动机的工作流量是相同的，但超声流进气过程中有激波损失，所以进气总压较连接管道式方案更高。

这种试验方法的模拟效果较连接管道式好，可以模拟发动机的超临界工况，若能控制模拟

超声进气道的出口流场,则可以模拟超临界条件下燃烧室、尾喷管和进气道的共同工作;因此直连式基本上模拟发动机的内流问题,而设备功率、建立周期等方面和连接管道式方案相差不多。由上面分析可知,这种方案在兼顾模拟效果和经济性方面是较好的,所以通常研制组合发动机时,将直连式设备作为开展科研试验的基本设备。

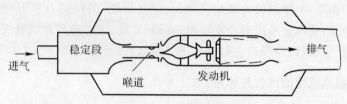

图 3-6　直连模拟示意图

(5)火箭橇滑轨试验

火箭橇滑轨试验(rocket-propelled-sled track)是将试验件置于滑轨上的滑橇上,通过滑橇尾部固体火箭发动机对滑橇的推进,模拟试验件高速运行的工作特性及空中姿态,从而考核试验件的工作性能,并通过遥测、光测等测试系统测试试验的有关参数,测量、记录和分析试验件的运行轨迹和工作过程。该方案是将整体动力放在火箭橇上,以火箭推进在轨道上滑行,可模拟高度 $H=0$ km,飞行马赫数 $Ma_H=2\sim3$ 的工作状况,其试验如图 3-7 所示。

图 3-7　火箭橇试验

由于滑行速度很高,铁轨需要冷却系统。在试验方案布局中,应注意导弹头部波系从地面的反射,不应使反射波系对后置进气道产生干扰,以致破坏模拟流场。另外,由于工作时间较短,而试验件的位置变化却很大,所以在测试技术上需要有特殊的要求,如利用遥测、车载自动记录系统等设备。火箭橇方案可以进行攻角条件下的试验。

火箭橇滑轨试验的突出优点:试验件可以是全尺寸、大质量及完全真实的样机,根据试验件速度及加速度的要求,比较精确地模拟试验样机的空中飞行情况,完成性能考核,并借助于遥测系统、光测系统、车载速度、过载、影像测量记录系统,准确地收集和记录有关试验数据。试验样件可以投放或者发射,通过火箭橇刹车系统或降落伞系统可以完好无损地对试验件进行回收,因此,火箭橇滑轨试验能够完成一些真实飞行试验不能完成的测试项目。

美国曾对研制中的组合发动机进行了一系列的火箭橇试验。试验表明:利用火箭橇试验弥补地面试验与飞行试验之间的数据差距是有效的。试验的发动机是全尺寸的,速度达到马赫数 2.52,试验时使用固体火箭发动机 8~12 台,分二级推进,总推力为 1.8~2.8 MN,试验时间为 3~4 s,试验攻角约为 ±4°。

中国最大的火箭橇滑轨试验基地占地 1.55 km²,由中国航空救生研究所承建,主要用于弹射救生座椅的各项动态模拟试验,也可以承担航空、航天和兵器系统的有关高速试验,目前该滑轨长 3.13 km,双轨,采用世界上唯一对重型钢轨逐一进行精密机械加工后连续焊接锚固而成的滑轨,轨道直线性精度属世界一流,基准线相对精度处于国际先进水平,双轨能进行马赫数1～2的动态试验,单轨能进行接近马赫数3的模拟飞行试验,该火箭橇滑轨以其大规模、高精度、高速度等特点享有"亚洲第一轨"的美称。目前准备将滑轨延长至6.13 km,该火箭橇滑轨试验基地将能够承担几乎所有的高速动态模拟试验。

以上几种试验类型,由于试验设备建设规模、建立周期、试验能力等不同而各有优劣。至于采取哪种试验类型,要综合考虑组合发动机的研制阶段、试验项目和试验成本等因素。现在着重介绍直连式进气模拟试验和自由射流式进气模拟试验两种类型。

3.2.3 地面模拟试验的地位与作用

在固体火箭冲压发动机研制过程中,地面试验是重要的一环。顾名思义,地面模拟试验就是通过地面试验设备模拟生成飞行器或者固体火箭冲压发动机真实飞行状态下的大气环境和进气参数。只有通过地面试验,才能发现和解决研制中出现的关键技术问题,最后调出满足技术指标的发动机结构。飞行试验时所用发动机的结构设计,主要是采用地面模拟试验调定的发动机结构。飞行试验的成败也与地面模拟试验的成功与否息息相关。因此,在固体火箭冲压发动机研制中,像其他火箭动力装置一样,试验设备和试验技术是研制工作的基础。有没有相应的试验设备和试验技术,决定了能否研制相应的发动机,而试验设备的优劣,在很大程度上决定了发动机的研制水平。

固体火箭冲压发动机作为一种新型的动力装置,把火箭发动机与冲压发动机有机地组合在一起,具有足够大的比冲,产生了一些新的特点,目前在该领域的研究进行得如火如荼,得到了各主要发达国家的重视。而在一种新的动力装置的研制过程中,理论分析、数值计算和试验(包括地面模拟试验和飞行试验)是其中三个密不可分、相辅相成的环节。地面模拟试验作为对流场的直接物理模拟,其作用是其他方法无法取代的,是飞行器或者动力装置研制的决定性手段。通过地面模拟试验可以验证理论分析和数值计算的准确性和可靠性;相比于飞行试验,又具有经济、简单、周期短、可测参数多和所受限制少等特点。因此,在固体火箭冲压发动机这样的新型动力装置研制过程中,地面模拟试验是主要研究手段,对于发动机研制的成败具有举足轻重的作用。

3.2.4 地面模拟试验的特点

地面模拟试验的特点是由固体火箭冲压发动机本身的特点决定的。由于固体火箭冲压发动机是火箭发动机与冲压发动机的组合体,因此具有吸气式的特点。地面模拟试验与飞行试验原理相同,但是工作过程相反。飞行试验时,飞行器(动力装置)是"动"的,周围大气环境是相对"静止"的;而地面模拟试验时是让发动机静止,让来流空气"动"起来。

固体火箭冲压发动机在某一高度、以某一速度工作,并以此作为地面试验模拟生成来流参数的依据。地面模拟试验的特点归纳如下:

1)具有模拟来流温度、压力、马赫数和流量等参数的功能;

2)由于飞行高度的变化,地面模拟试验应该具有来流参数随设计弹道可调节的功能;

3)可模拟飞行姿态角的功能;

4)配备引射或抽气机的高空模拟系统,可模拟固体火箭冲压发动机的高空低压环境。

3.2.5　地面模拟试验设备的组成

地面模拟试验设备的组成根据试验类型的划分不尽相同,大致总括如下:

1)空气供应系统:用于为加热器、混合整流器和引射系统提供工作用空气;

2)燃料供应系统:用于为加热器提供燃料;

3)氧气供应系统:用于向氧气/酒精加热器中按比例提供氧气,以保证生成的高温燃气中的含氧量和空气接近;

4)氮气供应系统:用于为燃料供应系统提供挤压氮气,向加热器提供吹除用氮气,以及向消防系统提供灭火用氮气;

5)指令空气系统:指令空气系统是所有气动阀的驱动指令机构,用于向气动调节装置提供动力空气。指令空气系统与控制系统、测量系统协同工作;

6)空气加热系统:用于产生高温来流空气;

7)引射系统:其目的是模拟固体火箭冲压发动机高空试验时的环境压力,确保发动机试验产生的燃气能够顺利排出;

8)旁路排气系统:在固体火箭冲压发动机点火试验前将模拟来流空气从旁路排气装置排出,使这一阶段设备产生的模拟空气不进入试验产品,待试验产品转换工作模式后再将模拟空气导入试验产品;

9)消音废气处理系统:用于减小排气产生的噪声;

10)控制系统:与测量系统、指令空气系统协同工作,根据测量数据向试验系统发出各种控制指令,指挥试验过程,控制试车程序;

11)推力测量装置:实现固体火箭冲压发动机与推力测量装置的固定与连接;获得试验过程中固体火箭冲压发动机工作的推力曲线;

12)攻角调节机构:用于调节发动机攻角和侧滑角;

13)数据采集测量系统:用于发动机试验时试验系统参数采集,同控制系统协调作用,承担试验数据实时监测、报警和视频监控任务,在试验发生异常或危险时,及时提醒试验指挥员发出急停指令,保护试验产品及试验系统;

14)语音指挥系统:用于试验过程指挥人员向参试人员下达试验指令,保障试验有序开展;

15)视频监控系统:承担试验现场各个部位的视频检测任务,具有录像保存功能,将试验录像同步保留,为试验研究提供有力判据;

16)冷却系统:用于为高温组件(如加热器、引射器)提供冷却用水,保证试验系统安全工作;向消防系统提供灭火用水;

17)消防系统:消防系统用于试验系统过火组件(加热器、混合整流器、转接段和引射器)及试验产品发生漏火故障时,通过控制系统发出指令提供灭火。

3.2.6　两种典型的地面模拟试验类型

3.2.6.1　直连式进气模拟试验

1.直连模拟原理

飞行中的吸气式发动机,从大气中吸取空气作为工质,它的内流和外流工作状况由一定飞行高度的大气参数——静压、静温和飞行速度决定,它的独立模拟参数是总压、总温和飞行马赫数。对于直连模拟,不模拟进气道超声部分的工作状况,模拟进气平均参数是从进气道进口或喉道(指有内压的进气道)截面开始的。利用堵塞原理,在发动机进气前设一最小截面,试验时该截面达到临界状态,由临界截面的约束条件可知,在内流过程中,独立的模拟参数只有两个,即在流量、总压和总温三个模拟参数中,只要模拟了其中的两个参数,另一个参数必然自动得到模拟。在直连模拟技术中,就是利用这个基本道理,通过对来流加温(或降温)达到要模拟的总温,通过对来流节流调压达到要模拟的总压值,使在发动机进口有效通道面积 A_j 处的总压达到发动机飞行状态的 p_{t1} 值。这样,进入发动机的流量及其他所有气动平均参数必然都得到了满足。

图 3-8 所示为直连进气道示意图。图中实线表示发动机进气道,虚线表示直连模拟时附加的模拟管道,并在发动机进口前方形成临界截面,其截面面积为 A_t。

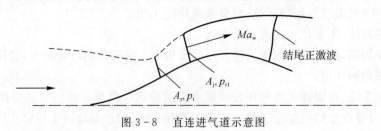

图 3-8　直连进气道示意图

在某一飞行工况下,发动机进口有效截面处的速度系数 λ_1 和总压 p_{t1} 均已知,因此,模拟喉道的截面积 A_t 和总压 p_t 有如下关系式,即

$$A_t = \sigma_1 A_j q(\lambda_1) \tag{3-1}$$

和

$$p_t = \frac{p_{t1}}{\sigma_1} \tag{3-2}$$

式中　　σ_1——模拟喉道至进口有效截面的总压恢复系数;

$q(\lambda_1)$——气体动力学函数。

实际的模拟喉道截面积 A_t 与按式(3-1)得到的计算值有偏差,但并不重要,只要 A_t 与 p_t 匹配,使来流流量达到模拟值即可满足模拟要求,即

$$A_t p_t = \varphi_{in} A_1 p_{t\infty} q(Ma_\infty) \tag{3-3}$$

或

$$A_t p_t = \varphi_{in} A_1 p_\infty y(Ma_\infty) \tag{3-4}$$

式中　　　φ_{in}——进气道的流量系数;

A_1——进气道进口截面积;

$p_{t\infty}$——未干扰来流总压;

p_∞——未干扰来流静压(某飞行高度的大气压力);

$q(Ma_\infty), y(Ma_\infty)$——气体动力学函数。

由上述分析可知,直连模拟原理是基于一元流得来的。实际发动机是超声速进气,超声流经激波系压缩进入进气道,而后视燃烧室反压大小,在进气道亚声通道内以结尾正激波(实际也是个激波系)形式,使超声流转化为亚声流。而直连模拟是亚声流进气,通过模拟喉道直接转化为进气道进口处的超声流,没有飞行中的超声进气和相应的斜激波系对超声流的压缩。

试验证明,对于正常设计的进气道,直连模拟的进气流场虽与自由射流激波压缩后形成的流场有些差异,由于亚声通道内的结尾正激波系类似,亚声进气道几何形状相同,因此,进入燃烧室的流场,对于直连模拟,已与真实燃烧室的流场十分接近,这种流场的差异对冲压发动机冷却通道流量分配、对燃烧室浓度场的影响、进而对发动机性能的影响都是很小的,直连模拟所得的发动机性能参数可以不加修正地直接作为真实飞行条件的实际参数。

2. 试验项目

对于固体火箭冲压发动机来说,直连式进气模拟试验可进行的试验项目:

· 直连式定点试验(包括起动试验);

· 直连式变弹道过程试验;

· 发动机工况转换试验;

· 部件结构匹配性试验;

· 冲压发动机联合动力试验。

3. 实施方案

直连式试验的特点,是用连接管道将模拟气流引入发动机进气道。进气道头部的超声速流场不能真实模拟,但进入燃烧室的空气流的总压、总温、速度和流量是模拟实际飞行状态的。图 3 - 9 给出了固体火箭冲压发动机直连式试验设备原理简图。空气来自中压贮气罐,由主输气管引入,经电动闸阀,在调压阀控制下进入气流稳定段。其中一部分空气通过直接加热器提高总温,另一部分作为掺混冷空气使用。在稳定段后部的压力、温度和流速趋于均匀。

发动机和进气装置一起安装在板簧式测力台架上,进气装置前端有迷宫式或其他密封装置与空气导管相连,保证管道热膨胀与测力等不受干扰。进气装置后盖可根据发动机进气道数量和位置要求进行更换。进气道前还应装有空气流量测量喷管(声速文丘利管),发动机排气经净化装置(喷水降温并分离粉尘)处理后排向高空,整个设备的主体部分应安装在防爆厂房内。

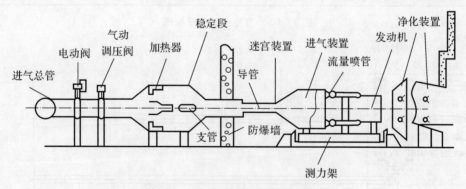

图 3 - 9　直连式试验设备原理简图

以上介绍的是一种典型的、较简单的直连式试验设备。为了提高试验质量,特别是扩展工作能力,设备的先进性和工程可实现性显得非常重要。

下面介绍一种试验技术先进、具有工程应用背景的直连式进气模拟试验方案。图 3 - 10 为直连式试验系统图,图 3 - 11 为直连式试验系统台体结构示意图。

(1) 主要组成

1) 试验台体:包括加热器、掺混稳压器、测量段设备、引射器、模型软连接和支撑装置、高温换向阀、旁路排气管、台体支撑设备等。

2）供应系统：主要由加热器空气供应系统、加热器氧气供应系统、加热器燃料供应系统、氮气增压和吹除系统及引射供气系统组成。

3）测试与控制系统：由指令空气系统、控制系统及软件、试验测量系统及发动机测量系统组成。

4）气源及贮箱：主要由空气气源、氧气气源、氮气气源、空气压缩机以及燃料贮箱组成。

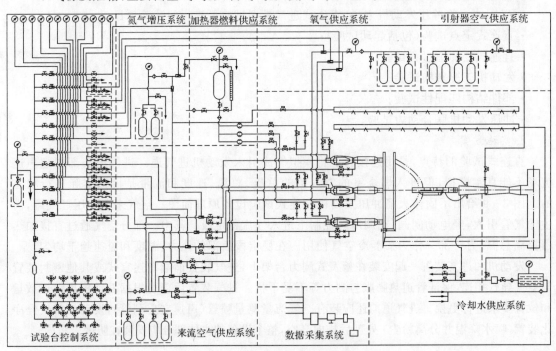

图 3-10　直连式试验系统图

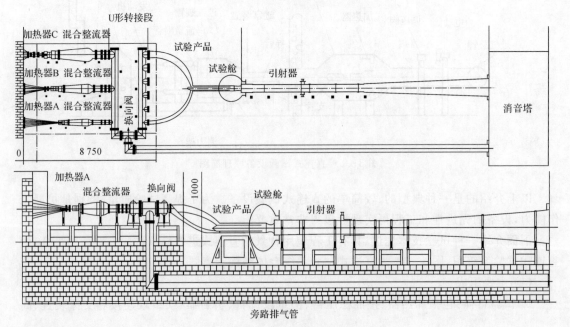

图 3-11　直连式试验系统台体结构示意图

（2）基本工作原理

固体火箭冲压发动机直连试验系统功能框图如图3-12所示,下面介绍其基本工作原理。

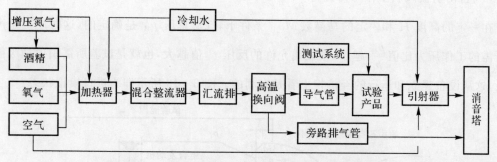

图 3-12　固体火箭冲压发动机直连试验系统功能框图

酒精和氧气在加热器中燃烧生成高温富氧燃气,高温富氧燃气对进入加热器起冷却作用的空气进行加热,加热器内的高温高压混合气流入混合整流器,与进入混合整流器的空气掺混,掺混整流后的混合气进入汇流排通过高温换向阀导流。在试验系统工作的开始阶段,作为模拟来流空气的混合气通过高温换向阀导入旁路排气管排出,混合气不流经试验产品;在试验系统工作一段时间后,按照试验要求动作高温换向阀,此后混合气由高温换向阀导入导气管后进入试验产品,试验产品进行地面模拟试验,试验产品的燃气通过引射器排气管排出。

在进行模拟高度 10 km 以上的试验时,需要起动引射器,以高压冷空气作为引射流,形成相应的模拟高度环境,使试验产品排出的燃气能够顺利排出试验设备;在进行模拟高度 10 km 以下的试验时,引射器的排气管路仅作为普通的排气管使用。

（3）特点

1）直连式进气模拟试验方案有如下特点:具有来流空气的温度、流量随设计弹道实时调节功能。采用多台加热器并联方式,针对每台加热器的工作范围,分段承担固体火箭冲压发动机典型弹道工况点的动态过程模拟试验;在每段工作范围内,试验系统实现动态连续调节。

2）混合整流器的下游采用"U"形转接段结构方案,以解决试验台热补偿和热胀影响,方便固体火箭冲压发动机推力测量。

采用一级冷空气环形优化等压引射,可进行高空低压环境试验。

3）采用电爆管式高温换向阀控制模拟来流气体的流向,实现旁路排气管与试验件之间的气流转换,响应时间控制在 0.1 s 内。

3.2.6.2　自由射流式进气模拟试验

自由射流试验技术包括进口模拟和出口模拟,现分述如下。

1.进口模拟

进口模拟问题也就是如何建立一定的气流速度、压力和温度,以模拟实际飞行状态下的进口情况,其中包括进口波系的租住状况。气流总压根据飞行高度和飞行马赫数确定,由设备气源和调节系统保证提供,气流总温由上游加热器加热得到,气流马赫数由超声速风洞喷管（射流喷管）产生;产生超声流的条件是一定的风洞喷管出口面积与最小临界截面面积之比,以及气流总压 p_H^* 与自由射流喷管出口反压 p_a 之比,后者称之为工作压力比,工作压力比如何确定是进口模拟技术问题。另外,一定的发动机条件下,超声风洞出口面积该多大呢? 这也是自由射流试验的进口模拟技术问题。现分述如下。

（1）自由射流风洞工作压力比为 $\dfrac{p_{H}^{*}}{p_{a}}$

在一定的高度 H 和一定的马赫数 Ma_{H} 条件下，气流总压 p_{H}^{*} 是确定的，这时产生超声气流所需的工作压力比值 $\dfrac{p_{H}^{*}}{p_{a}}$ 越小，则表明允许的反压 p_{a} 值越大，也就是试验所需引射抽吸能力越低，这从设备建立和运行的经济性上看是有利的。图 3-13 所示即为进口模拟状态。

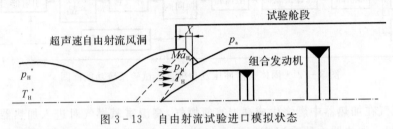

图 3-13　自由射流试验进口模拟状态

由图知：气流总压及总温 p_{H}^{*} 及 T_{H}^{*} 由试验所需模拟状态确定，即

$$p_{H}^{*} = p_{H}/\pi(\lambda_{H}) \tag{3-5}$$
$$T_{H}^{*} = T_{H}/\tau(\lambda_{H}) \tag{3-6}$$

其中，$\pi(\lambda) = p/p^{*} = \left(1 - \dfrac{k-1}{k+2}\lambda^{2}\right)^{\frac{k}{k-1}}$，$\tau(\lambda) = T/T^{*} = 1 - \dfrac{k-1}{k+1}\lambda^{2}$。

工作压力比 $\dfrac{p_{H}^{*}}{p_{a}}$ 表示式为

$$\frac{p_{H}^{*}}{p_{a}} = \frac{p_{H}^{*}}{p_{H}} \cdot \frac{p_{H}}{p_{a}} \tag{3-7}$$

当 $p_{H} = p_{a}$ 时，自由射流风洞为完全膨胀状态，在这种情况下，工作压力比等于 $\dfrac{p_{H}^{*}}{p_{H}}$。当 $p_{a} > p_{H}$ 时，风洞出口为过度膨胀状态下的喷口出口将形成封口压缩波，在图 3-14 上 Ma_{H} 及 $\dfrac{p_{H}}{p_{a}}$ 即可见封口压缩波的情况。在理论上可根据气流马赫数 Ma_{H} 及 $\dfrac{p_{H}}{p_{a}}$ 比值确定封口波的波角，也即工作压力比的大小与封口波的强度有关，封口波越强则 $\dfrac{p_{H}}{p_{a}}$ 越小，工作压力比越小。一般希望封口波处于斜波状态，不能过强，封口波过强将破坏发动机进口流场的模拟。因此，相应于一定的模拟状态，有一个最小的 $\dfrac{p_{H}^{*}}{p_{a}}$ 值。相较一般情况，使用的工作压力将略大于 $\dfrac{p_{H}^{*}}{p_{a}}$ 的最小值，对工作压力比的影响因素有下列几点。

第一，发动机进气口离风洞出口的距离 x（见图 3-13）。x 距离大的情况下，允许的封口斜波较弱，也即 $\dfrac{p_{H}}{p_{a}}$ 值较大，使工作压力比增大，因为封口斜波强的情况下，封口波将进入发动机进气道的流场，破坏模拟效果；所以一般希望 x 距离尽可能地小些。但 x 距离过小也是不行的，因为风洞中有一个等 Ma_{H} 区（菱形马赫区），前移发动机使进口流场不能维持在等 Ma_{H} 区内是不允许的；发动机进口前锥产生斜锥波，当发动机前移过大时，锥波将遇洞壁反射，破坏发动机进口流场的模拟。

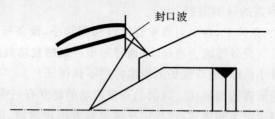

图 3-14　风洞尺寸对允许的封口波斜波强度的影响

第二,自由射流风洞尺寸大小也将影响工作压力比 p_H^*/p_a 值的大小。如图 3-15 所示,风洞越大,允许的封口斜波强度越强,也就使工作压力比越小。

第三,风洞壁面边界层分离限制了工作压力比 $\dfrac{p_H^*}{p_a}$ 的减小。在有封口压缩波的情况下,$p_a > p_H$,也即表明存在有逆压梯度;在一定的 $\dfrac{p_a}{p_H}$ 比值下,壁面边界层将产生分离,分离区引起叉形斜波,干扰发动机进口流场。图 3-15 所示为风洞壁面边界层分离的情况。

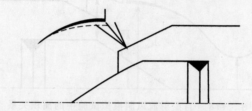

图 3-15　风洞壁面边界层分离对进口流场的影响

湍流附面在逆压梯度作用下产生分离的准则,通常可取为

$$\frac{p_a}{p_H} \leqslant Ma_H \qquad\qquad (3-8)$$

即封口波前后静压比应小于风洞气流马赫数。因此,自由射流风洞工作压力比可由下式计算:

$$\frac{p_H^*}{p_a} = \frac{p_H^*}{p_H} \cdot \frac{p_H}{p_a} = \frac{1}{\pi(Ma_H)} \frac{1}{Ma_H} \qquad\qquad (3-9)$$

第四,为了进一步减小 p_H/p_a 值,可以采用溢流扩压器,通过外溢流的扩压,使 $p_a' < p_a$(见图 3-16)。这样,就可适当地提高试验舱反压 p_a 值,使风洞工作压力比 p_H^*/p_a 可以减小。图 3-17 所示即为有、无溢流扩压器条件下工作压力比的比较。不同的溢流扩压器,其溢流扩压比不同,因而工作压力比也不同。

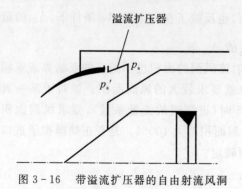

图 3-16　带溢流扩压器的自由射流风洞　　　图 3-17　溢流扩压器对工作压力比的影响

（2）建立模拟条件所需的风洞面积

满足模拟试验要求的条件下，自由射流喷管出口面积越小，设备所耗气流量越少，相应的气源设备、加热设备和排气设备等能力也越少；通常对于一定的发动机进口尺寸有一个最小的风洞面积；当面积小于最小值时，进口流场的模拟将得不到保证。

第一，保证风洞启动所需的面积比。风洞的正常流动的建立有一个启动过程，气源逐步提高压力，气流流速从亚声速增至超声速；过程中在喉道后方出现激波，沿风洞流向从上游向下游推进，移出出口外即建立起正常的超声速流动。由图 3-18 可知，在风洞后安置试验发动机后，即相当于具有第二喉道的作用，第一喉道为风洞本身的最小截面 A_T，第二喉道由发动机中心锥锥体与溢流扩压器壁面形成。起动过程中，通过第一喉道 A_T 的流量应能全部从后方通路中流过去。其中特别是要能通过第二喉道 A_{di}。根据流量连续定律，即

$$\frac{A_{di} p_{di}^*}{\sqrt{T_{di}^*}} q(\lambda_{di}) = \frac{A_T p_H^*}{\sqrt{T_H^*}} q(\lambda_H) \tag{3-10}$$

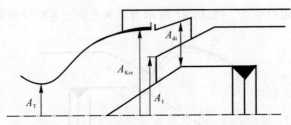

图 3-18　自由射流风洞模拟试验中的面积关系

由于绝热流动 $T_{di}^* = T_H^*$；考虑起动过程中风洞出口处产生正激波时，第二喉道处气流总压损失最大，也就是起动过程中流动能力最受限制的情况；这时，$p_{di}^* = p_H^* \sigma_{b正}(Ma = Ma_H)$；如第二喉道处为堵塞截面，即 $q(\lambda_{di}) = 1.0$，这是一种极限情况，如第二喉道再缩小，则风洞将不能起动，不能建立起所需的模拟条件。因此，第二喉道最小的 A_{di} 表示为

$$A_{di} = \frac{A_T q(\lambda_H)}{\sigma_{b正(Ma = Ma_H)}} \tag{3-11}$$

用面积比 $\dfrac{A_T}{A_{di}}$ 表示，则

$$\frac{A_T}{A_{di}} = \frac{\sigma_{b正(Ma = Ma_H)}}{q(\lambda_H)} \tag{3-12}$$

图 3-19 所示为建立超声流所需的 $\dfrac{A_T}{A_{di}}$ 最大值，也反映了在一定的 A_T 条件下，A_{di} 的最小值。试验点较理论值低，表明实际使用时应取较大的 A_{di} 值。

第二，波系情况及进气道工况不同，要求自由射流风洞的面积也不同。如亚临界或亚额定工况下波系干扰容易进入发动机进口流场，这时也就要求较大的风洞面积。如对于某一具体进气道条件下，$Ma_H = 2.0$ 的亚临界工况 $\phi_H = 0.8$ 时（进气道的流量系数），要求风洞面积较 $\phi_H = 1.0$ 时增大 50%，而当 $\phi_H = 0.8$ 时，则要求风洞面积增大 100%。是否正确模拟了进口波系，一般需要用光学仪器进行模型试验测定波系而确定。

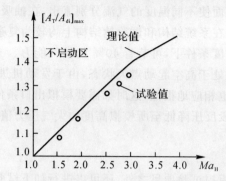

图 3-19　建立风洞超声流所需的 $\left(\dfrac{A_{\mathrm{T}}}{A_{\mathrm{di}}}\right)$ 最大值

2. 出口模拟

为了保证发动机出口状态达到模拟条件,要求反压不能影响发动机的内流,使发动机喷管内的流动状态符合实际飞行下的情况;因此发动机尾喷管气流总压 p_5^* 与出口反压 p_{e} 之间应有一定的比值。当 p_5^*/p_{e} 比值小于一定值时,出口反压将影响喷管内流,会破坏发动机的模拟状态。

在一定的 p_5^* 条件下,反压 p_{e} 值越低则 p_5^*/p_{e} 越大。这就要求抽排气系统能力越大,所以从节省出口段抽排气设备的功率和投资出发,希望在保证喷管流动符合模拟条件的情况下,p_5^*/p_{e} 越小越好。下面讨论 p_5^*/p_{e} 比值确定的原则。

如发动机试验时,采用收敛喷管,则通常取

$$\left(\frac{p_5^*}{p_{\mathrm{e}}}\right)_{\min}=2.0 \tag{3-13}$$

这是根据收敛喷管出口截面处达到声速的条件得出的,按喷管堵塞条件计算,所需压力比约为 1.8;但由于存在边界层影响,为避免逆压干扰,在实际使用中,常采用 p_5^*/p_{e} 值为 2.0。

如当发动机试验时,采用收敛扩张喷管,则为了减小喷管压力比,可以与自由射流风洞相同,使喷口外形成封口波。但由于存在有边界层,逆压梯度过大会形成口内边界层分离,破坏喷管的气流模拟条件,所以通常应考虑边界层分离压比的准则,使

$$\frac{p_{\mathrm{e}}}{p_5}\leqslant Ma_5 \tag{3-14}$$

在这种情况下,喷管压力比 p_5^*/p_{e} 表示式为

$$\frac{p_5^*}{p_{\mathrm{e}}}=\frac{p_5^*}{p_5}\frac{p_5}{p_{\mathrm{e}}} \tag{3-15}$$

$$\frac{p_5^*}{p_{\mathrm{e}}}=\frac{1}{\pi(Ma_5)}\frac{1}{Ma_5} \tag{3-16}$$

综合上述关于试验舱压力的讨论可知,由进口模拟条件考虑,试验舱压力不应高于 p_{a} 值,而由出口模拟条件考虑,试验舱压力不应高于 p_{e} 值,p_{a} 和 p_{e} 的要求是不同的,一般情况下,$p_{\mathrm{e}}>p_{\mathrm{a}}$,即表明:如发动机进出口安置在同一个试验舱内,则应按照进口模拟条件 p_{a} 值确定抽排气系统的要求。在有些自由射流试验系统中,将试验舱分成进口模拟舱和出口模拟舱二部分,进口模拟舱的抽排气系统仅抽吸自由射流风洞的溢流部分,保持舱内 p_{a} 压力值;出口模拟舱抽排气系统抽吸发动机排气,保持舱内压力 p_{e} 值;进口出口舱段分开的做法,一方面使不同

压力的气流分别抽吸,另一方面使不同温度的气流分别流出,在抽吸系统能力和冷却设备通过能力上均可以得到节省;当然在系统结构和试验舱结构上均较为复杂。有一设备实例,采用了分路排气的方案,模拟同一高度条件下,可节省 40% 的抽气能力。

最后应指出的,如发动机处于高空起动点火状态,由于发动机进气道为大超临界状态,发动机总压恢复系数很低,p_5^* 也相应地很低,这时如需要模拟出口条件,反压 p_e 值将大大降低,甚至于可能要求试验舱出口段反压降低至所模拟高度的大气压力值。在设计计算抽排气系统时要考虑到这方面的情况。

3. 试验项目

除了可进行直连式进气模拟试验项目之外,还可以进行如下试验项目。

1) 固体火箭冲压发动机进气道起动及性能试验;

2) 攻角对发动机性能的影响研究试验;

3) 固体火箭冲压发动机整机考核试验。

4. 实施方案

自由射流式进气模拟试验系统的工作原理:利用加热器、气动减压器、射流喷管等装置,将存储在气罐中的高压空气转变为具有一定总温、总压和马赫数的超声速均匀自由流流场,以模拟固冲发动机在飞行时的实际状态和内部流动。试验时,固冲发动机固定安装在推力测量和调节系统上,将固冲发动机超声速进气道置于射流喷管之后的超声速流场菱形区内;推力测量和调节系统置于试验真空舱中,真空舱中的真空环境由引射系统来实现。

自由射流式进气模拟试验能完全模拟进气道的波系状态,真实反映发动机部件协同工作情况、进气道工作状态(超临界、临界、亚临界或喘震)和发动机性能,在固体火箭冲压发动机研制过程中得到了较广泛的应用。图 3-20 所示为冲压发动机自由射流试验系统原理图。

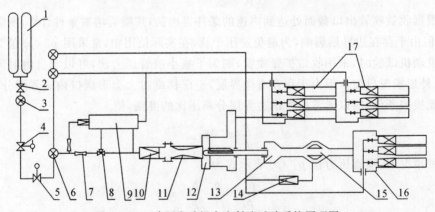

图 3-20   冲压发动机自由射流试验系统原理图

1—气罐; 2—气源站截断开关; 3—气源站调节阀; 4—高压电动闸阀; 5—快速阀;
6—空气调压阀; 7—流量管; 8—分配阀; 9—换热器; 10—稳定段和直接加热器;
11—超声速射流喷管; 12—试验舱; 13—尾室; 14—尾室Ⅰ级引射器加热器;
15—尾室Ⅰ级引射器; 16—尾室Ⅱ级引射器; 17—高空室Ⅰ、Ⅱ级引射器

自由射流式进气模拟试验系统组成如图 3-21 所示,系统主要组成包括以下几部分。

(1) 空气来流模拟系统

提供固体火箭冲压发动机实际飞行时进气道入口的大气环境参数,包括氧气含量、环境压力、温度以及来流速度。该系统包括加热器、掺混整流器、射流喷管、空气来流供应系统、加热器氧气供应系统、加热器燃料供应系统、氮气增压系统、加热器点火等系统。

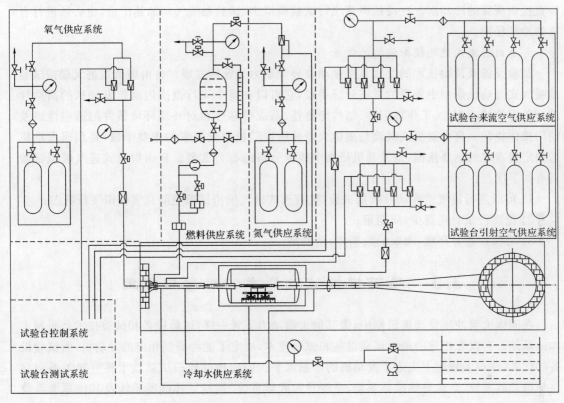

图 3-21　自由射流式进气模拟试验系统组成简图

（2）推力测量和调节系统

对自由射流式进气模拟试验设备来说，测量推力、阻力和力矩是一项主要的功能。发动机常采用两点支撑，支撑架为菱形或刀架型结构，推力装置还具备调节发动机攻角和侧滑角能力，在高马赫数状态，测力和调节机构要承受高温气流作用，气流滞止总温高达 900 K 以上，推力装置还需要考虑冷却和热防护等问题。

（3）引射排气系统

该系统的目的是在固体火箭冲压发动机自由射流试验时模拟发动机尾喷管之后的排气反压，保证发动机工作时燃气顺利排出，保证发动机工作时外界环境的压力。引射排气系统包括试验舱、超扩段、引射系统、亚扩段、引射器供气系统等。

（4）测试和控制系统

测试和控制系统由三个分系统组成。

1）指令空气调节系统：通过小流量的手动减压器，控制空气、氧气、氮气系统的大流量气动减压器，实现供气系统的压力调节。

2）控制系统：控制所有双向电磁阀和点火器的工作，实现所有气动截止阀的工作，具有手动和自动控制能力。

3）测量系统：主要用于发动机试验参数采集，对供气系统中各节点参数的监控和检测。

（5）冷却系统

冷却系统为自由射流式进气模拟试验系统承受高温的加热器、引射器扩压器和高温测量装置提供所需的冷却水。在高超声速飞行试验模拟中，试验系统气动加热严重，也必须进行有效的冷却保护。

5. 自由射流式进气模拟试验的优点

试验设备及试验技术的发展直接推动着导弹动力装置的发展。自由射流式进气模拟试验是吸气式发动机研制中重要的考核验证手段，它可以在整个飞行范围内确定发动机的高空性能和各部件的匹配性、工作稳定性、结构完整性、系统可靠性和对外部环境条件的适应性以及使用操作特性。自由射流式试验是固体火箭冲压发动机研究探索的重要手段，是预研发动机走向定型鉴定的主要依据，是发动机研制中故障分析的有力武器。自由射流式进气模拟试验具有如下优点：

1）可以进行进气道起动及性能试验，比直连式进气模拟试验更能真实模拟飞行状态；

2）比飞行试验耗资少，周期短；

3）可模拟恶劣环境，测取的数据多，精度高。

3.3　地面模拟试验技术的发展与展望

在固体火箭冲压发动机研制中，像其他火箭动力装置一样，试验设备和试验技术是研制工作的基础。有没有相应的地面试验设备和试验技术，决定了能否研制相应的发动机，而试验设备的优劣，在很大程度上决定了发动机的研制水平。因此地面模拟试验技术将直接关系到空空导弹武器系统、空地导弹武器系统、空舰导弹武器系统、巡航导弹武器系统及其他军事系统的发展水平，是经济、社会发展和国家安全的战略需求。同时，促进地面模拟试验技术的研究将提升国家科学技术的整体水平，有利于解决重大科技问题并支撑开展重大科技活动。从微观来讲，地面模拟试验设备的建设也将促进空气动力学领域、气动内流场领域、燃烧领域、气动控制领域、计算机与测试领域等的实际应用。

固体火箭冲压发动机地面模拟试验类型有多种，至于采取哪种试验类型取决于发动机研制阶段、试验项目和试验成本的不同。无论哪种试验类型，模拟试验流场品质优劣和试验测试精度高低是面临的共同问题。

直连式进气模拟试验和自由射流式进气模拟试验作为固体火箭冲压发动机的两种主要试验类型，应着重开展以下研究。

（1）温度模拟技术研究

加热器是实现温度模拟的关键组件。采用燃烧的方案应该具有污染小、加热能力高、点火可靠性高、启动过程迅速等特点。

（2）速度模拟技术研究

射流喷管是自由射流式试验系统实现速度模拟的关键组件。射流喷管的结构和型面设计直接决定了所模拟的飞行马赫数和试验舱内气流的品质。通过开展射流喷管设计技术研究，保证在射流喷管出口截面获得所要求的马赫数和均匀流场。气流通过喷管进行等熵加速膨胀，由低亚声速均匀加速到声速，从喷管喉道开始继续加速膨胀，至喷管出口处达到所要求的马赫数，在试验舱入口形成菱形区均匀超声速流场。

（3）高空条件模拟技术研究

试验舱、引射器是实现高空条件模拟的关键组件。试验舱包括推力测量台架、校准装置、攻角机构。根据不同进气道布局设计相应的推力测量台架和校准装置。由于中远程空空导弹对固体火箭冲压发动机提出大攻角工作要求，需要进行大攻角试验考核大攻角条件下进气道与燃烧室匹配情况，开展攻角机构设计研究。

（4）测试技术研究

由于中远程空空导弹工作包线宽广，地面试验模拟的飞行高度、速度范围变化较大，因此模拟压力、温度变化幅度非常大，难以用同一量程、同一种形式的传感器兼顾所有试验测试条件；此外，测试通道、测试参数类型众多，测试难度很大。此外，还要对推力测量以及高速模拟时的防热问题开展技术攻关。

（5）大流量大空域试验一体化设计技术

随着固体火箭冲压发动机工作空域拓宽，在试验模型尺度一定的情况下，发动机进气道捕获空气流量范围增加，在低空工作状态，空气流量增大，这就要求发动机自由射流式试验系统相应提供更大流量和变化范围的高温空气，在生成高温空气时，为了减少热空气管道的散热损失，提高流场品质，就需要对自由射流式试验系统来流掺混、整流、加热、冷却和排气过程进行整体优化设计。

（6）大流量大范围变化空气加热技术

如何对空气在大流量、大范围状态下组织燃烧，解决热防护和稳定可靠燃烧也是自由射流式试验系统一项非常关键的技术。

加热器大流量、大范围变化时，点火技术也是其本身设计时面临的一项关键技术，为了使加热器多次、可靠、稳定和廉价的点火起动，传统的电火花点火已不能使用，而要选用其他大功率的点火方式。

第4章　固体火箭发动机强度与环境试验技术

4.1　结构静力试验

4.1.1　概述

固体火箭发动机结构静力试验,是用试验的方法模拟载荷和边界条件,观察和研究固体火箭发动机结构或其零部件在(准)静载荷作用下的强度、刚度、稳定性、应力以及变形分布情况的一种基础试验。结构静力试验主要包括轴拉、轴压、扭转、弯剪联合、外压、内压等试验内容。

固体火箭发动机研制过程中和交付使用前,必须经历一系列结构静力试验,判断结构的实际工作性能,估计结构的承载能力,确定结构对使用要求的符合程度,并验证结构形式的合理性和结构计算方法的正确性,为研制新型号固体火箭发动机累积设计资料,在改进结构设计、减小结构质量、提高可靠性等方面均起着重要的作用。

4.1.1.1　结构静力试验的特点和任务

试验与理论分析是解决结构强度问题的两个不同途径,理论必须以试验为基础和前提;理论计算结果又需通过试验加以验证。同时,试验必须以理论为指导,在制定试验方案和分析试验结果时,必须以理论为依据。结构静力试验的特点如下。

1) 固体火箭发动机结构既要求有足够的强度、刚度和稳定性,也要求结构质量小,以利于提高质量比。设计时所选用的安全系数比一般工程结构的小,从而突出了其强度问题,必须通过试验对设计结果进行考核。

2) 由于新型号的不断研制,形状、边界条件、载荷条件复杂的结构,使经典力学中进行结构强度计算时,采用的各种简化和假设、把未知量尽可能减少的方法无法准确进行,从而使经典结构力学的计算分析精确度大大降低,必须通过试验加以验证。

3) 新结构、新材料、新工艺的不断出现,也使得强度分析计算日趋复杂、困难,往往需要在理论计算之前即进行强度试验,以提供计算假设和拟定计算模型所需的参数;而在强度计算之后,又需要进行强度试验加以验证。尤其是某些火箭发动机特殊部位,结构形式复杂、形状不规则、材料力学参数不确定,难以进行理论计算分析,只有通过静力试验结果的分析,才能决定结构的形式及尺寸。

4) 从安全与经济角度考虑,总体要求火箭要经过一系列的结构强度试验,才允许进行飞行试验。

因此,结构静力试验技术,在解决强度问题方面,有其独特的作用。它不仅对理论分析做出贡献,而且能有效地解决许多理论分析所不能解决的实际工程问题,因而不能被理论分析所代替。

总之,结构静力试验主要解决下列问题。

　　1) 确定固体火箭发动机燃烧室及壳体结构的应力状态,评定产品结构的可靠性,掌握产品实际承载能力,为分析产品的承载能力提供科学依据。

　　2) 对理论计算进行校核,从试验中探索规律,为创造型的理论计算方法提供试验依据。

　　3) 通过缩比产品结构强度试验,对新工艺、新材料、新结构的应用进行考核、分析。

　　4) 阶段定型、产品交飞考核验收试验及批产品抽检。

4.1.1.2　结构静力试验技术国内外发展现状

　　国内固体发动机结构静力试验技术的发展,与固体发动机研制发展紧密相连。固体发动机结构静力试验技术随着导弹与运载火箭技术的发展而发展,而结构静力试验技术的应用和发展又加快了导弹与运载火箭的研制过程。

　　随着固体发动机技术的发展,我国相应地开展了壳体强度、药柱强度、喷管强度以及发动机动强度等方面的研究,试验方法也从单一的发动机壳体内压、外压、轴压、轴拉等试验发展为将多种试验类型相互叠加的多样化试验。

　　新技术的出现促进了试验设备的更新换代、试验工装的改进。多点加载时,采用计算机控制协调加载新技术代替手动人工协调加载,极大提高了载荷协调精确度。目前使用的加力帽、梁组合与最初的环形加力帽相比,可以实现载荷的均匀分布,使得加载和支持边界条件得以改善。因此,新的试验方法更趋于合理,更接近固体火箭发动机真实的飞行环境。

　　从发展趋势来看,结构静力试验测试技术向高精度、自动化方向发展。在应变测试方面,目前国内主要采用应变传感器测试,该方法测试精度高、测试技术成熟。位移测量设备也从原始的百分表发展为位移传感器,提高了效率和测量精度。计算机的应用使多参数、多变量数据采集、处理分析及试验结果的实时显示集为一体,以便试验人员对试验情况做出及时、正确的判断,对改进静力试验技术起到了明显的作用。

　　目前,我国的固体发动机结构静力试验技术基本能满足现有型号研制要求,但与美国、法国、德国、俄罗斯等航天技术发达国家相比,在试验能力及技术水平都还有明显的差距。

　　国外固体发动机结构静力试验技术的研究已经有五六十年的历史,其试验台、试验舱达到了集成化和系统化,试验能力和种类已非常完善。其主要特点是集测试技术、试验工艺、试验过程实施、数据分析处理以及试验故障分析技术等于一身,而且根据发动机的类型和考核内容分成不同种类的硬件设施及相应的软件系统,形成一套科学的、规范化的、综合的试验管理模式。国外固体发动机结构静力试验技术已发展到较高水平,并达到较为成熟的阶段,尤其在载荷和边界条件的模拟方面,基本上做到了同真实飞行情况一致,如土星 V -阿波罗宇宙飞船联合载荷试验。国外固体发动机结构静力试验测试采用较先进的技术,突出的表现为大量采用光纤通信技术,增大了试验数据的测试容量和测试速度。如美国朗迅公司用 100 信道的光学波分复用和 10 Gb/s 单通道速率实现了 400 km,1 Tb/s 的大容量通信。其中,应用分布式光纤传感器,可以从整体上对被测对象的有关物理量变化的时间、位置进行监控。将分布式光纤传感器、传输系统、信号处理系统相结合,从而形成大容量试验数据采集系统是国外测试系统的明显特征。

4.1.2　结构静力试验的原理

　　固体火箭发动机结构主要是燃烧室(即装药壳体),基本上是薄壁圆柱壳体,一般有金属圆柱壳体和纤维缠绕壳体两种。它在飞行过程中的工作环境恶劣,例如某发动机在弹射过程中,出筒时要承受轴压、弯矩、剪力及外压等复杂载荷的作用。为了减小质量,通常结构设计的强度和刚度余量较小,安全系数也不大。为了保证产品的可靠性,必须对设计计算方法和工艺质量进行验证和检验,因此,对产品进行结构静力试验必不可少。

结构静力试验涉及的基础知识和专业技术比较广泛,如理论力学、材料力学、弹性理论、稳定性理论、实验应力分析以及数据处理和误差分析理论等。为便于应用,下面对常用基础知识做简要介绍。

4.1.2.1 应力

一任意受力物体,在外力作用下处于平衡状态(见图 4-1(a))。

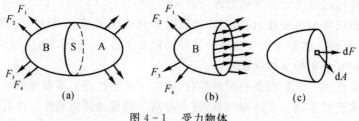

图 4-1 受力物体

设想任一截面 S 将物体截为 A 和 B 两部分,如果去掉 A 部分,为了完成 B 部分的平衡,在截面 S 上必须有力作用,称为内力(见图 4-1(b))。为了确定内力在截面上的分布情况,进而分析构件的强度,需引入应力的概念。在截面 S 上取一小面积 ΔA(见图 4-1(c)),设 ΔA 上的作用力为 ΔF,则比值可表示为

$$p_m = \frac{\Delta F}{\Delta A} \tag{4-1}$$

式中,p_m 称为 ΔA 上的平均应力。当 ΔA 取得足够小时,$\Delta F / \Delta A$ 可看成一点上的应力,可表示为

$$\boldsymbol{p} = \lim_{\Delta A \to 0} \frac{\Delta \boldsymbol{F}}{\Delta A} = \frac{d\boldsymbol{F}}{dA} \tag{4-2}$$

式中,$\boldsymbol{p}$ 称为总应力,它是一个矢量,其方向为 $\Delta \boldsymbol{F}$ 的极限方向。习惯上将 $\boldsymbol{p}$ 分解为该截面的法向分量 $\boldsymbol{\sigma}$ 和切向分量 $\boldsymbol{\tau}$,$\boldsymbol{\sigma}$ 称为正应力,$\boldsymbol{\tau}$ 称为切应力。显然,应力不但与位置有关,而且还与截面的方位有关。为了全面地描述受力物体内某点处的应力状态,一般都在该点附近按坐标轴的方向取一微小正六面体,边长分别为 dx, dy, dz,并标出每个面上的应力分量,如图 4-2 所示。

图中各应力符号的脚标表示应力分量的作用面及其方向。如在与 x 轴垂直的面上,其正应力分量记作 σ_x;而该面上的剪应力分量又按坐标轴分解成两个分量,记作 τ_{xy} 和 τ_{xz},第一个脚标表示作用面外法线的方向,第二个脚标表示应力方向。

如果把外法线方向与坐标轴正向一致的微元面定义为正面,则外法线方向与坐标轴负向一致者为负面。应力分量的正负号规定:在正面上应力分量与坐标轴一致时为正,反向时为负;在负面上应力分量与坐标轴反向时为正,同向时为负。

设 M 和 H 为六面体的两个对角点,M 点的坐标为 $M(x, y, z)$,H 点的坐标为 $H(x+dx, y+dy, z+dz)$。并设单位体积力为 f,它作用在六面体的中心,其在 x, y, z 轴上的分力为 f_x, f_y, f_z。由力和力矩平衡条件可得下列微分方程式,即

$$\left.\begin{array}{l}\dfrac{\partial \sigma_x}{\partial x}+\dfrac{\partial \tau_{yx}}{\partial y}+\dfrac{\partial \tau_{zx}}{\partial z}+f_x=0\\[2mm]\dfrac{\partial \tau_{xy}}{\partial x}+\dfrac{\partial \sigma_y}{\partial y}+\dfrac{\partial \tau_{zy}}{\partial z}+f_y=0\\[2mm]\dfrac{\partial \tau_{xz}}{\partial x}+\dfrac{\partial \tau_{yz}}{\partial y}+\dfrac{\partial \sigma_z}{\partial z}+f_z=0\end{array}\right\} \tag{4-3}$$

$$\left.\begin{array}{l}\tau_{yz}=\tau_{zy}\\[1mm]\tau_{zx}=\tau_{xz}\\[1mm]\tau_{xy}=\tau_{yx}\end{array}\right\} \tag{4-4}$$

其中式(4-4)就是剪应力互等定理。因此,受力物体内一点处的单元体上只有六个应力分量是独立的。这六个独立应力分量被确定后,该点处任意方位的截面上的应力均可用它们来表示,即该点处的应力状态完全确定。

剪应力等于零截面上的正应力称为主应力,该截面称为主平面。可以证明三个主平面互相垂直。

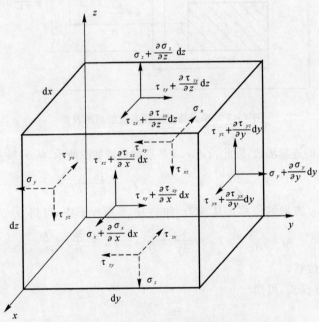

图 4-2　矩形截体各面的应力分量

4.1.2.2　应变

物体受力后,对一个微小单元来说,其几何变形有两种基本变形,一是边长的改变,一是两相交面之间夹角的改变。边长的相对改变量称为正应变,即

$$\varepsilon_x=\frac{\Delta\,\mathrm{d}x}{\mathrm{d}x} \tag{4-5}$$

两相交面之间夹角(直角)的改变(用弧度表示)称为剪应变,即

$$\gamma_{xy}=\alpha+\beta \tag{4-6}$$

正应变以伸长为正,压缩为负;剪应变以单元上与正向坐标面平行的两个正交面的夹角减小为正,反之为负。

与应力类似,一点某方向上的线段不发生剪应力,则该方向上的正应变即为该点的主应变,其方向为主方向。

下面讨论应变与位移的关系。

在变形前物体内任一点附近截取一微小单元体,取 x,y,z 坐标轴与单元体各边平行,单元体各边长为 dx,dy,dz,在变形后单元体有 6 个应变分量 $\varepsilon_x,\varepsilon_y,\varepsilon_z,\gamma_{xy},\gamma_{yz},\gamma_{zx}$。

为了便于分析,将单元体分成 (xOy)、(yOz)、(zOx) 这 3 个投影面来研究,图 4-3 是表示所研究单元体在 xOy 平面上变形前和变形后的投影。

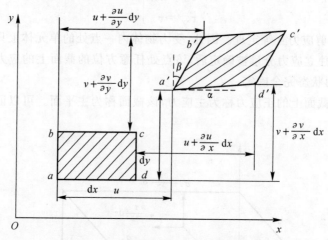

图 4-3　单元体变形在各投影面的投影

由于位移是坐标的连续函数,因此,a,b,c,d 各点的位置如图所示,从 xOy 平面投影面中可得

$$\varepsilon_x = \frac{\partial u}{\partial x}, \quad \varepsilon_y = \frac{\partial v}{\partial y}, \quad \gamma_{xy} = \frac{\partial v}{\partial x} + \frac{\partial u}{\partial y}$$

式中,u,v 分别为 x,y 方向的位移。从 yOx 和 zOx 平面投影中,可得

$$\varepsilon_z = \frac{\partial w}{\partial z}, \quad \gamma_{yz} = \frac{\partial w}{\partial y} + \frac{\partial v}{\partial z}, \quad \gamma_{zx} = \frac{\partial u}{\partial z} + \frac{\partial w}{\partial x}$$

式中,w 为 z 方向的位移。

综合以上 6 个方程式,可得

$$\left.\begin{aligned}
\varepsilon_x &= \frac{\partial u}{\partial x} \\
\varepsilon_y &= \frac{\partial v}{\partial y} \\
\varepsilon_z &= \frac{\partial w}{\partial z} \\
\gamma_{xy} &= \frac{\partial v}{\partial x} + \frac{\partial u}{\partial y} \\
\gamma_{yz} &= \frac{\partial w}{\partial y} + \frac{\partial v}{\partial z} \\
\gamma_{zx} &= \frac{\partial u}{\partial z} + \frac{\partial w}{\partial x}
\end{aligned}\right\} \tag{4-7}$$

4.1.2.3　应力与应变的关系

假设所研究的物体是各向同性的,而且只限于考虑微小变形,在这种情况下,可以认为正应力不产生剪应力,而剪应力不产生沿其作用方向的伸长。

由材料力学可知,在单向应力状态时的胡克定律为

$$\sigma_x = E\varepsilon_x \tag{4-8}$$

式中,E 为弹性模量。

胡克定律可叙述为:当应力不超过某一极限时,应力与应变成正比。

当物体受拉伸时,沿受力方向引起伸长,同时在垂直于作用线的方向引起缩短。实验得知,在弹性极限内,横向相对缩短(ε_y)和纵向相对伸长(ε_x)成正比,因缩短的符号与伸长的相反,故有

$$\varepsilon_y = -\mu\varepsilon_x \tag{4-9}$$

式中,μ 为泊松比。

取一单元体,设各边为单位长度,作用在单元体上的应力如图 4-4 所示。

先研究在各正应力作用下沿 x 轴的相对伸长 ε_x,由三部分组成,即

$$\varepsilon_x = \varepsilon'_x + \varepsilon''_x + \varepsilon'''_x$$

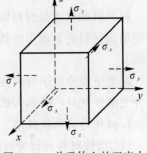

图 4-4　单元体上的正应力

式中　ε'_x——由于 σ_x 作用产生的相对伸长,即 $\varepsilon'_x = \dfrac{\sigma_x}{E}$;

ε''_x——由于 σ_y 作用产生的相对缩短,即 $\varepsilon''_x = -\mu\dfrac{\sigma_y}{E}$;

ε'''_x——由于 σ_z 作用产生的相对缩短,即 $\varepsilon'''_x = -\mu\dfrac{\sigma_z}{E}$。

应用叠加原理,将这三个应变相加,即得在 $\sigma_x,\sigma_y,\sigma_z$ 同时作用下在 x 轴方向的应变为

$$\varepsilon_x = \frac{1}{E}\left[\sigma_x - \mu(\sigma_y + \sigma_z)\right]$$

同理可得在 y 轴和 z 轴方向的应变为

$$\varepsilon_y = \frac{1}{E}\left[\sigma_y - \mu(\sigma_z + \sigma_x)\right]$$

$$\varepsilon_z = \frac{1}{E}\left[\sigma_z - \mu(\sigma_x + \sigma_y)\right]$$

根据实验得知,τ_{xy} 只引起 xy 坐标面的剪应变 γ_{xy},而不引起 γ_{yz},γ_{zx},这样就可得

$$\gamma_{xy} = \frac{\tau_{xy}}{G}$$

式中,G 为切变模量。

同理可得

$$\gamma_{yz} = \frac{\tau_{yz}}{G}, \quad \gamma_{zx} = \frac{\tau_{zx}}{G}$$

将上述 6 个等式写在一起,有

$$\varepsilon_x = \frac{1}{E}\left[\sigma_x - \mu(\sigma_y + \sigma_z)\right]$$

$$\varepsilon_y = \frac{1}{E}\left[\sigma_y - \mu(\sigma_z + \sigma_x)\right]$$

$$\varepsilon_z = \frac{1}{E}\left[\sigma_z - \mu(\sigma_x + \sigma_y)\right]$$

$$\gamma_{xy} = \frac{\tau_{xy}}{G}$$

$$\gamma_{yz} = \frac{\tau_{yz}}{G}$$

$$\gamma_{zx} = \frac{\tau_{zx}}{G}$$

$$(4-10)$$

式(4-10)就是各向同性材料在空间应力状态下的应力与应变间的关系式,即广义胡克定律。

4.1.2.4 拉伸、压缩时材料的机械性质

材料机械性质是材料固有的特性,它表明材料抵抗外力的能力。在设计及强度计算时,经常要用到材料的某些力学性质,如弹性模量 E、泊松比 μ 及破坏应力等,这些都必须通过试验得到。

这里主要介绍下材料在常温、静载条件下的机械性质。在常温、静载条件下,材料大致可以分为塑性材料(A3 钢为代表)和脆性材料(灰铸铁为代表)两类。

1. 拉伸时的机械性质

(1)塑性材料在拉伸时的机械性质

拉伸试验时,将材料做成一定形状、尺寸和光洁度的标准试件,然后将试件两端夹在材料试验机上,使试件受到从零开始缓慢递增的拉力 F,绘制试件标距 l 的变形 Δl 和拉力 F 的曲线——$F-\Delta l$ 曲线。为了消除试件尺寸的影响,通常将横、纵坐标除以原来的横截面和长度,得到材料的应力 σ 与应变 ε 曲线。

图 4-5 所示为塑性材料(A3 钢)拉伸时的应力与应变之间关系,故称为 A3 钢的 σ-ε 曲线。

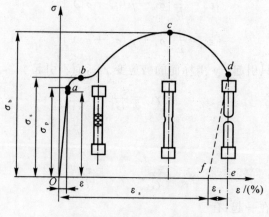

图 4-5 A3 钢的 σ-ε 曲线

1) 弹性阶段。在 σ-ε 曲线上,Oa 为直线,应力 σ 与应变 ε 成正比关系,即胡克定律 $\sigma=E\varepsilon$ 成立。a 点过后,应力和应变不再保持正比关系。因此,a 点对应的应力 σ_p 称为比例极限,是应力与应变保持正比时的最大应力。A3 钢的比例极限是 $\sigma_p=200$ MPa。

图 4-5 中直线 Oa 的斜率为

$$\tan\alpha=\frac{\sigma}{\varepsilon}=E \tag{4-11}$$

式中,E 为拉压弹性模量。

2) 屈服阶段。当应力超过 a 点以后增加到 b 点时,曲线上出现一段接近水平线的微小波动,变形显著增长而应力几乎不变,材料暂时失去抵抗变形的能力,这种现象称为材料的屈服,相应于 b 点的应力称为屈服极限,以 σ_s 表示。A3 钢的屈服极限是 $\sigma_s=240$ MPa。

材料达到屈服时,试件内的晶体发生滑移,在十分光滑的试件表面上,出现与轴线成 $45°$ 角的条纹线(见图 4-5),切应力值最大。一般在工程上认为屈服极限时材料发生较大的塑性变形,就不能正常工作。因此,屈服极限通常作为此类构件是否破坏的强度指标。

3) 强化阶段。超过屈服阶段后,材料抵抗变形的能力略有增加。要使它继续变形,必须增加拉力。达到 c 点时,试件所受的载荷为最大,对应于 c 点的应力称为强度极限,以 σ_b 表示。A3 钢的强度极限是 $\sigma_b=440$ MPa。

4) 局部变形阶段。当应力达到强度极限时,试件某一部分截面发生显著的收缩,即所谓的颈缩现象。过了 c 点以后,因颈缩处截面已显著减小,所以这时即使载荷减小变形还是继续增加,达到 d 点时试件发生断裂。

在图 4-5 中,试件将要断裂时,它的总应变为 Oe,在试件断裂后,弹性应变 $\varepsilon_t=ef$ 立即消失,而塑性应变 $\varepsilon_s=Of$ 遗留在试件上。

(2) 脆性材料在拉伸时的机械性质

灰铸铁拉伸实验得到的 σ-ε 曲线如图 4-6 所示。由图中可以看出,σ-ε 曲线中无直线部分,但是,应力在较小的范围内的一段曲线,很接近于直线,故胡克定律还可适用。

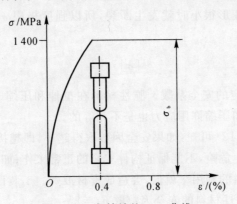

图 4-6　灰铸铁的 σ-ε 曲线

铸铁拉伸时无屈服现象和颈缩现象,强度极限较低,不宜用来制作受拉构件。试件在断裂时塑性变形很小。

2. 压缩时的机械性质

A3 钢和灰铸铁的实验 σ-ε 曲线如图 4-7 所示。结果表明 A3 钢压缩时的 σ-ε 曲线,在屈服极限以前与拉伸时相同,即压缩时的比例极限、屈服极限、弹性模量都与拉伸时相同。由于

A3 钢的塑性好,在屈服阶段后,试件越压越扁,不会出现断裂,因此不存在抗压强度极限。

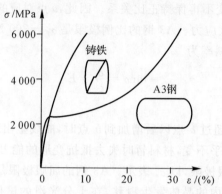

图 4-7　A3 钢和铸铁的实验 $\sigma-\varepsilon$ 曲线

灰铸铁在压缩时的 $\sigma-\varepsilon$ 曲线和拉伸时相似。图中没有直线部分,也没有屈服现象,在变形很小时发生断裂。灰铸铁压缩时有强度极限,它的数值约为拉伸时强度极限的 4 倍,是良好的耐压、减震材料,通常用来制造承受压缩的构件,例如标准立柱就是用铸铁制成的。

3. 许用应力和安全因数

为保证结构中的构件能正常工作,不允许构件断裂,也不允许发生显著的塑性变形。通常将强度极限与屈服极限称为材料的极限应力。

材料的极限应力除以大于 1 的因数 n,就得到许用应力 $[\sigma]$,n 称为安全因数。对于塑性材料,在屈服时就要产生过大的塑性变形,所以屈服极限 σ_s 就是极限应力,其许用应力为

$$[\sigma] = \frac{\sigma_s}{n_s} \tag{4-12}$$

式中,n_s 是按屈服极限规定的安全系数。塑性材料在拉伸和压缩时的屈服极限是相等的,所以,它的拉压许用应力是相等的。

对于脆性材料,它在变形很小时就发生断裂,所以强度极限 σ_b 就是极限应力,其许用应力为

$$[\sigma] = \frac{\sigma_b}{n_b} \tag{4-13}$$

式中,n_b 是按强度极限规定的安全系数。脆性材料在拉伸和压缩时的强度极限是不相等的,所以,它的拉伸许用应力和压缩许用应力也是不相等的。

从式(4-12)和式(4-13)可知:如果安全因数取得越小,即越接近 1,则许用应力就越接近极限应力,构件就容易发生危险,不能保证构件安全的正常工作;如果安全因数取得过大,则许用应力就会过小,但是材料的利用率就低,会造成资材浪费。工装设计中一般塑性材料的安全因数取 $n_s = 1.4 \sim 1.7$,脆性材料的安全因数取 $n_b = 2 \sim 3$。

4.1.2.5　强度理论

在轴向拉伸或压缩问题中,构件各点均处于单向应力状态,这时的强度条件为 $\sigma = F/A \leqslant [\sigma]$,其中许用应力 $[\sigma] = \sigma_j/n$,即通过试验找出的极限应力除以安全因数。这种方法是强度计算中最简单的方法。

复杂应力状态(即已知 $\sigma_1, \sigma_2, \sigma_3$ 时),需建立强度条件。即分析破坏形式,把引起破坏的主

要因素提出各种假设,并根据假设建立强度条件,通常把这些假设称为强度理论。

(1) 第一强度理论(最大拉应力理论)

假设最大拉应力 σ_1 是引起材料断裂破坏的因素,也就是认为不论在什么样的应力状态下,只要在构件内一点处的 3 个主应力中最大的拉应力 σ_1 达到材料的极限值 σ_{jx},就会引起材料的断裂破坏。强度条件为 $\sigma \leqslant [\sigma]$。

此理论适用于脆性材料的强度计算,不适用于三向压缩的情况。

(2) 第二强度理论(最大伸长线应变理论)

假设最大伸长线应变 ε_1 是引起材料断裂破坏的因素,也就是认为不论在什么样的应力状态下,只要在构件内一点处最大伸长线应变 ε_1 达到材料的极限值,就会引起材料的断裂破坏。则有

$$\varepsilon_1 = \varepsilon_{jx} = \frac{\sigma_{jx}}{E} = \frac{1}{E}\left[\sigma_1 - \mu(\sigma_2 + \sigma_3)\right]$$

即

$$\left[\sigma_1 - \mu(\sigma_2 + \sigma_3)\right] = \varepsilon_{jx}$$

强度条件为 $\left[\sigma_1 - \mu(\sigma_2 + \sigma_3)\right] \leqslant [\sigma]$。

此理论认为材料直到发生断裂破坏时都服从胡克定律,很少应用。

(3) 第三强度理论(最大剪应力理论)

假设最大剪应力 τ_{max} 是引起材料流动破坏的因素,也就是认为不论在什么样的应力状态下,只要在构件内一点处的最大的剪应力 τ_{max} 达到材料的极限值就会引起材料的塑性破坏。破坏条件为 $\tau_{max} = \tau_{jx} = \frac{\sigma_{jx}}{2}$,复杂应力状态下 $\tau_{max} = \frac{1}{2}(\sigma_1 - \sigma_3)$,因

$$\frac{1}{2}(\sigma_1 - \sigma_3) = \frac{\sigma_{jx}}{2} \Rightarrow \sigma_1 - \sigma_3 = \sigma_{jx}$$

所以强度条件为 $\sigma_1 - \sigma_3 \leqslant [\sigma]$。

该理论应用于塑性材料的屈曲及剪断破坏的强度计算(压力容器设计用)。

(4) 第四强度理论(形状改变比能理论)

假设形状改变比能 $\mu_形$ 是引起材料流动破坏的因素,也就是认为不论在什么样的应力状态下,只要构件内一点处的形状改变比能 $\mu_形$ 达到材料的极限值就会引起材料的塑性屈服。破坏条件为 $\mu_形 \leqslant [\mu_形]$,因为

$$\mu_形 = \frac{1+\mu}{6E}\left[(\sigma_1 - \sigma_2)^2 + (\sigma_2 - \sigma_3)^2 + (\sigma_3 - \sigma_1)^2\right] \Rightarrow$$

$$\frac{1+\mu}{6E}\left[(\sigma_1 - \sigma_2)^2 + (\sigma_2 - \sigma_3)^2 + (\sigma_3 - \sigma_1)^2\right] = \frac{1+\mu}{6E}(2\sigma_{jx}^2)$$

所以强度条件为

$$\sqrt{\frac{1}{2}\left[(\sigma_1 - \sigma_2)^2 + (\sigma_2 - \sigma_3)^2 + (\sigma_3 - \sigma_1)^2\right]} \leqslant [\sigma]$$

4.1.2.6　试验应力计算公式

1. 弹性区应力计算

(1) 单向应力

单向应力为 σ,则有

$$\sigma = E\varepsilon \tag{4-14}$$

（2）双向应力（主应力方向已知）

双向应力中，当主应力方向已知时，σ 如下：

$$\left.\begin{aligned} \sigma_x &= \frac{E}{1-\mu^2}(\varepsilon_x + \mu\varepsilon_y) \\ \sigma_y &= \frac{E}{1-\mu^2}(\varepsilon_y + \mu\varepsilon_x) \end{aligned}\right\} \tag{4-15}$$

（3）双向应力（主应力方向未知）

1）45° 应变花如图 4-8 所示。则有

$$\left.\begin{aligned} \sigma_x &= \frac{E}{2(1-\mu)}(\varepsilon_0 + \varepsilon_{90}) + \frac{E}{\sqrt{2}(1+\mu)}\sqrt{(\varepsilon_0 - \varepsilon_{45})^2 + (\varepsilon_{45} - \varepsilon_{90})^2} \\ \sigma_y &= \frac{E}{2(1-\mu)}(\varepsilon_0 + \varepsilon_{90}) - \frac{E}{\sqrt{2}(1+\mu)}\sqrt{(\varepsilon_0 - \varepsilon_{45})^2 + (\varepsilon_{45} - \varepsilon_{90})^2} \\ \tau_{\max} &= \frac{E}{\sqrt{2}(1+\mu)}\sqrt{(\varepsilon_0 - \varepsilon_{45})^2 + (\varepsilon_{45} - \varepsilon_{90})^2} \\ \phi_0 &= \frac{1}{2}\arctan\frac{(\varepsilon_{45} - \varepsilon_{90}) - (\varepsilon_0 - \varepsilon_{45})}{(\varepsilon_{45} - \varepsilon_{90}) + (\varepsilon_0 - \varepsilon_{45})} \end{aligned}\right\} \tag{4-16}$$

式中，ϕ_0 为 0° 片方向与正应力方向的夹角。

2）60° 应变花如图 4-9 所示。则有

$$\left.\begin{aligned} \sigma_x &= \frac{E}{3(1-\mu)}(\varepsilon_0 + \varepsilon_{60} + \varepsilon_{120}) + \frac{\sqrt{2}E}{3(1+\mu)}\sqrt{(\varepsilon_0 - \varepsilon_{60})^2 + (\varepsilon_{60} - \varepsilon_{120})^2 + (\varepsilon_{120} - \varepsilon_0)^2} \\ \sigma_y &= \frac{E}{3(1-\mu)}(\varepsilon_0 + \varepsilon_{60} + \varepsilon_{120}) - \frac{\sqrt{2}E}{3(1+\mu)}\sqrt{(\varepsilon_0 - \varepsilon_{60})^2 + (\varepsilon_{60} - \varepsilon_{120})^2 + (\varepsilon_{120} - \varepsilon_0)^2} \\ \tau_{\max} &= \frac{\sqrt{2}E}{3(1+\mu)}\sqrt{(\varepsilon_0 - \varepsilon_{60})^2 + (\varepsilon_{60} - \varepsilon_{120})^2 + (\varepsilon_{120} - \varepsilon_0)^2} \\ \phi_0 &= \frac{1}{2}\arctan\left[\sqrt{3}\,\frac{(\varepsilon_0 - \varepsilon_{120}) - (\varepsilon_0 - \varepsilon_{60})}{(\varepsilon_0 - \varepsilon_{120}) + (\varepsilon_0 - \varepsilon_{60})}\right] \end{aligned}\right\}$$

$$\tag{4-17}$$

式中，ϕ_0 为 0° 片方向与正应力方向的夹角。

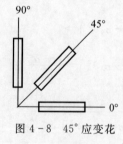

图 4-8 45° 应变花

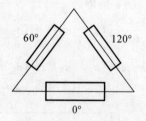

图 4-9 60° 应变花

2. 塑性区应力计算

（1）单向应力

$$\sigma = E_\nu\varepsilon \tag{4-18}$$

式中，E_ν 为割线模量。

（2）双向应力（主应力方向已知）

根据弹塑性变形理论，与弹性平面应力状态相似，在塑性状态下，由应变计算应力的方程式为

$$\left.\begin{aligned}\sigma_x &= \frac{E_\nu}{1-\mu^2}(\varepsilon_x + \nu\varepsilon_y)\\\sigma_y &= \frac{E_\nu}{1-\mu^2}(\varepsilon_y + \nu\varepsilon_x)\end{aligned}\right\} \tag{4-19}$$

式中　E_ν——割线模量，$E_\nu = \dfrac{\sigma_i}{\varepsilon_i}$；

μ——泊松比；

σ_i——应力强度；

ε_i——应变强度；

ν——弹塑性区材料的泊松比。

金属材料的泊松比，由弹性阶段变化到塑性阶段后，可按下式计算：

$$\nu = \frac{1}{2} - \frac{E_\nu}{2E}(1 - 2\mu)$$

平面应力状态下的米赛斯（Mises）屈服条件为

$$\sigma_i = \sqrt{\sigma_1 + \sigma_2^2 - \sigma_1\sigma_2}$$

由弹塑性理论知，应变强度为

$$\varepsilon_i = \frac{\sqrt{2}}{2(1+\nu)}\sqrt{(\varepsilon_1 - \varepsilon_2)^2 + (\varepsilon_2 - \varepsilon_3)^2 + (\varepsilon_3 - \varepsilon_1)^2}$$

对于平面应力状态，在简单加载的小弹塑性变形阶段有

$$\varepsilon_g = -\frac{\nu}{E_\nu}(\sigma_1 + \sigma_2) = -\frac{\nu}{1-\nu}(\varepsilon_1 + \varepsilon_2)$$

因此

$$\varepsilon_i = \frac{1}{1+\nu}\sqrt{(\varepsilon_1 + \varepsilon_2)^2\left[1 + \frac{\nu}{(1-\nu)^2}\right] - 3\varepsilon_1\varepsilon_2} \tag{4-20}$$

一般金属材料在弹性变形阶段的泊松比为 0.3，在大的塑性变形阶段为 0.5，故在小塑性变形阶段泊松比为 0.3～0.5。

计算中，ν 在 0.3～0.5 之间取值，计算 ε_i，由 ε_i 根据材料拉伸曲线 σ_i-ε_i 关系查得相应的 σ_i 和 E_ν，计算 ν。如计算的 ν 值同选取的 ν 值相比在允许的误差范围之内，则可将计算的 ν 值代入 σ_1 和 σ_2 的表达式算得应力 σ_1 和 σ_2，否则重新选取 ν 值，重复上述计算步骤，直到得到满意的 ν 值计算出应力 σ_1 和 σ_2 为止。

3. 正交各向异性体应力计算

物体中任一微单元体在不同方向的物理性质不尽相同，则称为各向异性体。各向异性体在小变形时，力的独立作用原理仍然有效，不同应力所产生的应变仍然可以叠加。正交各向异性体通过每一点有三个互相垂直的主方向，均匀的并且在每一点都有三个互相垂直的弹性对称面，其应力应变关系如下：

$$\left.\begin{aligned}
\varepsilon_x &= \frac{1}{E_1}\sigma_x - \frac{\mu_{21}}{E_2}\sigma_y - \frac{\mu_{31}}{E_3}\sigma_z \\[1mm]
\varepsilon_y &= \frac{1}{E_2}\sigma_y - \frac{\mu_{12}}{E_1}\sigma_x - \frac{\mu_{32}}{E_3}\sigma_z \\[1mm]
\varepsilon_z &= \frac{1}{E_3}\sigma_z - \frac{\mu_{13}}{E_1}\sigma_y - \frac{\mu_{23}}{E_3}\sigma_y \\[1mm]
\gamma_{yz} &= \frac{1}{G_{23}}\tau_{yz} \\[1mm]
\gamma_{zx} &= \frac{1}{G_{31}}\tau_{zx} \\[1mm]
\gamma_{xy} &= \frac{1}{G_{12}}\tau_{xy}
\end{aligned}\right\} \qquad (4-21)$$

式中　　E_1,E_2,E_3——沿弹性主方向 x,y,z 的拉压弹性模量；

$\quad\quad\quad \mu_{12},\mu_{13}$——在 x 方向拉伸时决定 y,z 方向收缩的泊松比；

$\quad\quad\quad \mu_{21},\mu_{23}$——在 y 方向拉伸时决定 x,z 方向收缩的泊松比；

$\quad\quad\quad \mu_{31},\mu_{32}$——在 z 方向拉伸时决定 x,y 方向收缩的泊松比；

G_{23},G_{13},G_{12}——规定主方向 y 和 z，x 和 z，x 和 y 之间夹角变化的切变模量。

上述拉压弹性模量和泊松比间有下列关系：

$$E_1\mu_{21} = E_2\mu_{12}$$
$$E_2\mu_{32} = E_3\mu_{23}$$
$$E_3\mu_{13} = E_1\mu_{31}$$

4.1.2.7　圣维南原理

圣维南原理：如果作用在弹性体某一微小表面上的力系由作用在同一微小表面上的另一静力等效力系（即两力系具有相同的合力和合力矩）来代替，则载荷的重新分布只在离载荷作用处很近的地方使应力产生本质的变化，而在离载荷作用处较远的地方（其距离大于载荷作用发生变化的那块表面的线性尺寸），应力并没有本质的变化。

在结构静力试验中，常遇到两种情况，一是试验件边界上外力的真实分布情况是已知的，但因分布复杂，试验无法模拟；二是只知道试验件边界上所受力的合力，而这个力的分布方式并不明确，因而无从考虑这部分边界上的应力边界条件。由于静力试验等效载荷是容易确定的，应用圣维南原理，可适当简化边界条件，实现在检验部位给出与实际情况本质上相同的应力分布。

圣维南原理对实心物体特别适用，对于薄壁结构，需要具体分析，应用时要谨慎小心。

4.1.2.8　叠加原理

叠加原理（即力作用的独立性原理）：作用在物体上的两组外力的总和在物体内部所引起的效果（应力、应变和位移）等于此两组外力分别作用效果的总和。

在结构静力试验中，试验件要求施加载荷常常是各式各样的，如轴压和内压（或外压）；轴压和弯矩；轴压、剪力和内压等。这些两个以上的组合载荷，在理论上要求同时施加，而在试验时，有的是同时加两个载荷，有的是先加一个载荷后，再加另一个载荷。当载荷都到达后，才进行应变、位移测量，其测量结果被认为是与两个载荷同时施加的结果一样。此外，根据叠加原理，两个（或多个）载荷的组合试验（如轴压和弯矩组合试验），还可以将两个（或多个）载荷分别进行试验（如分成纯轴压试验和纯弯矩试验），将两个（或多个）单一载荷试验的结果叠加作为两个(或多个)组合载荷试验的结果。

需要指出,叠加原理只适用于弹性问题(小挠度、材料遵循胡克定律),即试验件的受载变形不能超出线弹性的范围,否则不能应用。此外,当某力产生的变形能使其他力产生一种效应,而单独作用就不会产生这种效应时,叠加原理也不能用。如承受横向载荷和轴向载荷的梁就是一个例子,横向载荷产生的挠度能使轴向载荷产生弯曲效应,而轴向载荷单独作用,就不会产生这些效应。如变形很大,以致系统中各部分的几何关系大大改变,叠加原理也不能用。

圣维南原理与叠加原理是载荷、边界条件简化的理论基础。

4.1.3 结构静力试验类型

4.1.3.1 结构静力试验的分类方法

结构静力试验可从不同的角度进行分类。

(1)依据设计的强度原则分类

1)使用载荷试验。最大试验载荷为使用载荷。试验卸载后,试件结构不产生残余变形,试件可反复承受使用载荷。

2)设计载荷试验。最大试验载荷为设计载荷。用于考核结构在设计载荷作用下强度是否满足设计要求,并通过性能测量分析其实际受载情况。

3)破坏载荷试验。通过试验确定结构临界失稳载荷、最大破坏载荷。

(2)按试验对象的类型分类

1)全尺寸试验(也称为1:1试验)。以真实固体发动机结构的零、部件或组合件作为试验对象。可对结构设计的合理性、强度计算的准确性进行考核;对制造工艺质量给予评价;在完全或部分模拟产品实际受力状态的情况下,考核产品的稳定性。

2)模型(或缩比)试验。运用相似理论,选取适当的几何尺寸、典型化的结构形式,进行试验,摸索规律,为真实固体发动机结构零、部件或组合件的研究积累经验。它具有经济、周期短等优点。

(3)按产品研制工作的阶段性分类

1)研究性试验。在方案设计和初步设计阶段进行。目的是测定结构的承载特性(强度、刚度、稳定性),为建立和验证理论假设、计算方法提供必要的依据,并从强度的角度对结构形式、工艺水平等给予评价。

2)鉴定性试验。在技术设计和样件生产阶段进行。通过对正在研制的新产品进行结构静力试验,研究其设计可行性,验证强度计算方法是否正确,以便改进计算方法,修改不合理的设计方案。

3)验收性试验。在批生产阶段进行,主要用于弹(箭)批生产的抽样试验,对结构材料、工艺、生产技术水平等因素作全面考核,以控制产品质量。

(4)按试验载荷的类型分类

1)分布载荷试验。

2)单一载荷试验。

3)组合载荷试验。

4.1.3.2 轴压试验

轴压试验是指加载方向与试验件轴线一致的压缩试验。轴压载荷由弹体重力、惯性力、发动机推力和气动阻力等引起。轴压试验载荷一般要求在试验件端部沿周向均匀分布。根据不同的试验对象,实现轴压载荷的方法也不同。

（1）直径较小的圆筒壳、截锥壳等的轴压试验

由于这类试验件尺寸小、轴压载荷低（小于 500 kN），可以在如图 4-10 所示的试验小平台上进行,将拉杆与作动筒连接后从试验件中心穿过,并用压板和螺母固定,作动筒回缩即可实现对试验件施加轴压载荷,安装方法简单。也可以利用材料试验机对试验件施加轴压载荷,将试验件的轴心与加载平台中心对准,试验示意图如图 4-11 所示。这种方法保证轴压载荷沿试验件周向均匀分布,试验精度更高,并且可以提高效率。

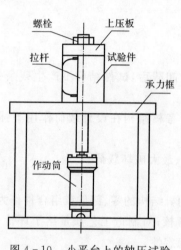

图 4-10　小平台上的轴压试验

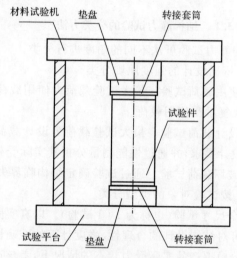

图 4-11　材料试验机轴压试验

（2）大尺寸轴压试验

此类试验轴压载荷需要通过加力帽上的加载梁,用对称的两套集中力加载系统实现。试验时试验件下端通过支持设备（过渡框、试验平台）固定,上端通过上过渡框与加力帽连接,两个作动筒分别通过控制拉杆系统将轴压载荷施加在试验件直筒段,如图 4-12 所示。

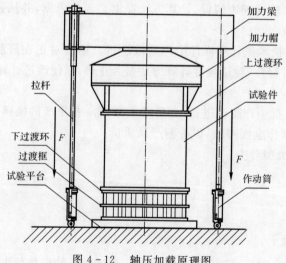

图 4-12　轴压加载原理图

当加力帽为球头、球窝配合形式时,也用对称的两套集中力加载系统实现,其合力通过加力帽中心,从而使试验的轴向压缩载荷沿周向均匀分布,如图 4 - 13 所示。

作动筒加载的轴压载荷计算方法:假设轴压为 F,加力帽和加力梁的质量为 m,则两个加载系统的载荷为

$$F_1 = F_2 = \frac{F - mg}{2} \tag{4-22}$$

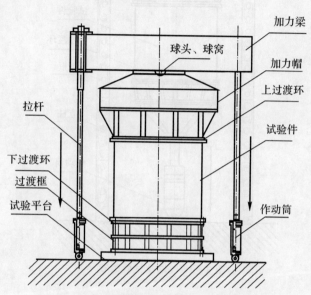

图 4 - 13　球头、球窝配合加力帽轴压加载原理图

需要注意的是:试验安装时,要求安装试验件支承设备的轴线与加载系统两个承力点连线的垂直平分线应保证一定的同轴度,以尽可能地减小不均匀及偏心问题。

4.1.3.3　轴拉试验

轴拉试验是指加载方向与试验件轴线一致的拉伸试验,模拟弹(箭)部段在某种工作状态下轴拉载荷最大时的设计情况。

首先在地坑内的承力点固定作动筒。将试验件一端与下过渡环连接,再将下过渡环与锥框固定,并用螺栓与作动筒连接;试验件另一端与上过渡环连接,然后与加力帽连接。作动筒向下拉伸即可对试验件施加轴拉载荷。轴拉试验安装示意图如图 4 - 14 所示。

4.1.3.4　弯矩试验

弯矩试验是指载荷使试验件轴线弯曲的纯弯试验,模拟弹(箭)部段在某种工作状态下弯矩载荷最大时的设计情况。

(1)试验件呈垂直状态的弯矩试验

下端通过下过渡框与试验平台固定于承力地轨上;上端依次连接上过渡框、加力帽和梁。在加力梁两侧的对称孔上分别连接大小相等、方向相反的加载系统,向下的加载系统与承力点连接;向上的加载系统与龙门架的横梁连接(见图 4 - 15)。

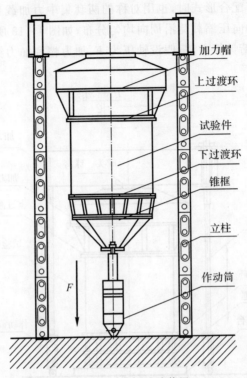

图 4 - 14 轴拉试验装置

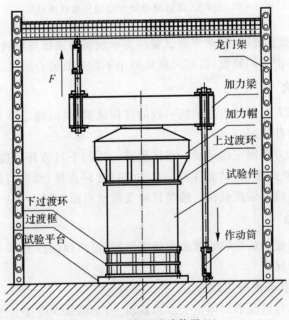

图 4 - 15 弯矩试验装置(1)

(2) 试验件呈水平状态的弯矩试验

试验件一端通过连接板固定在承力墙(或承力柱)上,另一端连接加载环,在加载环的对称位置上,一边连拉力系统,另一边连压力系统或大小相等、反向相反的拉力系统(见图4-16)。

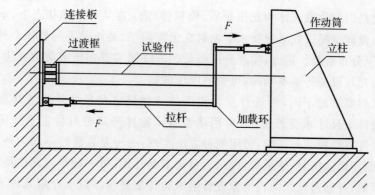

图 4-16　弯矩试验装置(2)

4.1.3.5　内压试验

内压试验是以气体或液体为充压介质,模拟弹(箭)结构的内部压力,研究其结构的变形历程、破坏历程的经历试验。如给试验件内部注水,并用能源系统增压,使其内压达到最高额度压力。

内压试验中一般用液体作为充压介质,特别是在试验件尺寸较大或内压值较大的试验中。内压试验最常用的液体充压介质是水,其优点有:可以满足试验压力及其精确度要求;存取方便、价格便宜;使用安全,可以避免气体充压破坏时的爆破现象。另外,硅油也是比较常用的液体充压介质。与水相比,硅油的最高温度可达 400℃ 左右,在高温内压试验中作为充压介质可以满足温度的要求。此外,在加热时硅油不会产生烟雾,可以保证有很好的监控条件。

内压试验设备设计主要有液压泵、压力传感器、内压堵盖、密封结构及孔口设计。

(1)液压泵

液压泵要根据试验件尺寸及压力值大小来选择。对于尺寸较小的试验件,加压时补充的加压介质少,当试验压力大时,宜选用流量小、压力大的电动式压泵;对于大试验件,需要加注的加压介质多,且一般试验压力较小,宜选用流量大、压力小的大液压泵。

(2)压力传感器

压力传感器要根据试验件的最大压力值选择。由于试验过程中可能会出现压力的冲击或过载,因此压力传感器的最大工作压力不得超过其额定压力的70%。

(3)内压堵盖

内压堵盖的设计根据试验件的最大压强及几何尺寸大小来定。其详细设计见 4.1.5.4。

(4)密封结构及孔口

常用的密封结构有 O 形密封圈、硅橡胶板制成的密封圈、紫铜平垫,与内压堵盖配合使用。对密封结构进行内压试验时,要有加注孔(作填充加压介质用)、排气孔、加压孔、测压孔、排水孔等。

对于小试验件,一般可在试验厂房的地面上进行。对于大型试验件,因试验后要排出大量的加压介质,试验应在厂房设有排泄通道的地坑内进行。当进行内压破坏试验时,可能有充压介质喷出、零件飞出,考虑到试验人员和仪器、设备的安全,试验应在有防爆功能的厂房进行,并且最好有防爆容器将试验件与试验平台固定,防止试验件倾倒。

4.1.3.6 外压试验

外压试验就是以气体或液体为充压介质,模拟弹(箭)在某种工作状态下,承受的外部压力达到最大时的设计情况。如某导弹水下发射在出筒前、后要承受不同外压。外压载荷同内压载荷一样,属于分布载荷。因此,实现外压载荷的方法同实现内压载荷的方法,其充压介质的选择及所用的充压设备等基本相同,可参照内压试验。

依据具体试验要求的不同,可进行发动机壳体或燃烧室全尺寸外压及其直筒段外压两种。当要求试验件全尺寸承受外压时,可用堵盖将试验件开口密封后置于外压容器内来实现。当要求试验件直筒段受外压时,可用两种方法实现:一种是直筒段不均匀外压,它是将试验件前、后裙端面用堵盖密封,使试验件前、后封头不受外压;另一种是直筒段均匀外压,是在筒段外设置承压筒,并通过承压筒内的橡皮囊给试验件加外压。以下介绍几种不同的外压形式的具体实现方法。

(1)试验件全尺寸外压试验

某型号壳体外压试验是试验件全尺寸外压试验的一个实例,试验件小端通过外压容器顶盖固定,大端自由,置于外压容器中,如图 4-17 所示。给外压容器加充压介质(水),试验件便获得外压载荷。

为了监测试验失稳波形,可以在发动机直筒段中部圆周上粘贴密集分布的环向应变计,并用引线管测量的导线引出。 环向应变计的粘贴密度依据试验件大小及试件外压失稳时的理论屈曲波数 n_p 来确定,圆筒壳体在外压载荷作用下失稳时屈曲波周向全波数按下式计算:

$$n_p = 3.12 b_p \left(\frac{l}{R_c}\right)^{-\frac{1}{2}} \left(\frac{R_c}{t}\right)^{\frac{1}{4}} \tag{4-23}$$

式中　b_p —— 修正系数,一般取 $0.9 \sim 1.1$;

　　　t —— 试验件壁厚;

　　　l —— 圆筒段长度;

　　　R_c —— 圆筒半径。

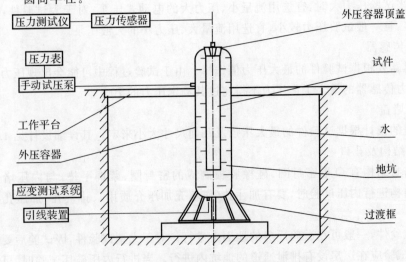

图 4-17　试验件全尺寸外压试验原理图

一般粘贴的应变片数 n 应大于两倍的理论屈曲波数,并越密集越好,但过分密集将造成浪费也没有必要。因此,应变计的粘贴密度要视具体情况而定,试件越大,n_p 数的粘贴密度应越大,即试件尺寸大时应 $n \gg 2n_p$。

（2）试验件筒段不均匀外压试验

筒段不均匀外压试验是将试验件前、后裙端面用堵盖密封,使试验件前、后封头不受外压。将密封后的试验件与过渡框连接后垂直置于外压容器中,通过能源系统给试验件充内压,给外压容器充内压,外压容器中的试件便可获得不同的内、外压载荷。图 4 - 18 展示了某发动机燃烧室外压试验原理。

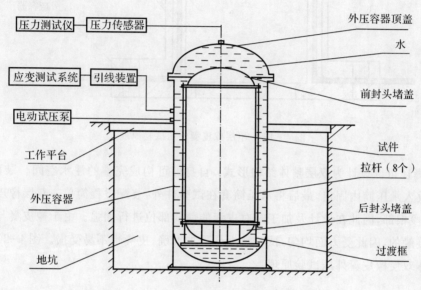

图 4 - 18　试验件筒段外压试验(容器)原理图

此方法在掌握了水下应变测量技术和大量数据线引线技术的情况下,能实现在一个外压容器可进行多个不同尺寸(小于外压容器开口)试验件外压及其他试验的优点,即一罐多用。但用此方法进行筒段外压试验需要注意:用液体介质加压时,由于液体介质自重的影响,筒段轴向不同部位获得的外压载荷不同;当试验件几何尺寸较大时,外压压强在试验件上产生的轴压载荷较大,其值不可忽视。

（3）试验件筒段均匀外压试验

依据试验件的形状和试验压力的大小设计一个承压筒,在筒内放置一个内径略大于试验件外径的橡皮囊,通过给橡皮囊加压,来获得试验件外压载荷。这里橡皮囊承受压力小,主要起传递压力的作用。

橡皮囊可以设计为带上、下翻边的单层结构,用上、下压环将橡皮囊上、下翻边压紧于承压筒上,用螺栓固定,使橡皮囊与承压筒之间形成一个封闭的空间,然后将承压筒套在试验件筒段外,当向承压筒与橡皮囊构成的空间注水加压时,利用橡皮囊将液体压强传递给试验件,实现外压载荷。由于发动机壳体前、后裙与橡皮囊的间隔空间较大,必须分别在试验件上、下裙端处环绕粘贴胶皮。如果试验件侧表面有孔、大的缝隙、凸凹尖角等,应用油灰、泥或橡胶板等填平,防止将橡皮筒割破或加压时因局部拉伸而破坏,如图 4 - 19 所示。

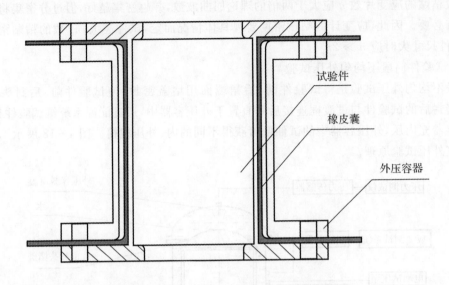

图 4-19　单层橡皮囊外压试验原理

　　橡皮囊还可以设计为双层整体结构形式，自身即可构成完整的注水空间。装配时，只需将橡皮囊放入承压筒内固定，最后将承压筒套在试验件外，装配过程简单。双层橡皮囊的薄弱处在上、下段根部，因此在设计及加工时对皮囊的薄弱部位进行加强。由于橡皮囊与发动机壳体是整体接触的，因此受力面均匀，试验数据会更加准确，皮囊也不易受损。图 4-20 展示了某发动机壳体双层橡皮囊外压试验原理。

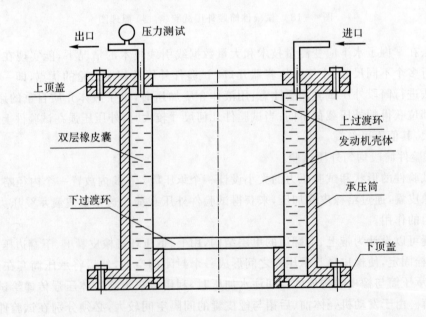

图 4-20　双层橡皮囊外压试验原理

掌握试验临界载荷对验证理论计算、了解加工工艺、节约经费（避免试验件失稳破坏）有很重要的作用。正常情况下,外压试验临界载荷要参考理论计算值、以试验的应变测量数据和载荷变化情况进行综合判断。

金属非加筋薄壁圆筒壳的外压临界载荷 p_{ij} 的理论计算方法比较成熟,可依据壳体巴特多夫参数 z 及壳体圆筒长度 l,分为短壳、中长壳和长圆筒壳来计算。

1）当 $z < 100$ 时为短壳;

2）当 $100 \leqslant z \leqslant 5(1-\mu^2)\left(\dfrac{R_c}{t}\right)^2$ 时为中长壳;

3）当 $l < 1.17 \times 2 \times R_c \sqrt{\dfrac{2R_c}{t}}$ 时为长圆壳;其中 $z = \sqrt{1-\mu^2}\left(\dfrac{l}{R_c}\right)^2 \dfrac{R_c}{t}$ 。

短壳、中长壳采用帕普科维奇公式计算:

$$p_{ij} = k\varphi E \left(\frac{t}{R_c}\right)^{2.5} \frac{R_c}{l} \tag{4-24}$$

长圆筒采用勃莱斯公式计算:

$$p_{ij} = \frac{2E}{l-\mu^2} \left(\frac{t}{2R_c}\right)^3 \tag{4-25}$$

式中　p_{ij}——外压临界载荷;

　　　k——结构系数,短壳取 0.65,中长壳取 0.92;

　　　φ——试验修正系数,一般取 $0.8 \sim 1$;

　　　E——壳体材料弹性模量;

　　　t——壳体筒段壁厚;

　　　μ——泊松比,取 0.3;

　　　R_c——壳体筒段半径;

　　　l——壳体筒段长度。

非金属材料壳体及发动机燃烧室的外压临界载荷理论计算方法相对不很成熟、参数不易获得,且计算起来非常困难。目前只能采用试验的方法来判断。

外压临界载荷试验判断的具体方法:在正常加载速率下,载荷上升速度减慢且应变数据出现突变或产生正应变,同时试验的压强-应变曲线离开直线区（即压强增长与应变增长不呈线性关系）。

4.1.3.7　联合载荷试验

联合载荷试验是指试验件同时承受两种以上载荷的试验,模拟弹（箭）结构在某种工作状态下受联合载荷的设计情况。实际上弹（箭）结构都是在各种联合载荷情况下工作的。

联合载荷试验各种载荷的实现方法见 4.1.3.2 ～ 4.1.3.6,下面用图例的方式列举几项联合试验。

1. 轴压、弯矩及剪力联合试验

载荷实现方法如图 4-21 所示。

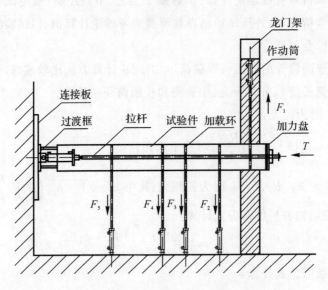

图 4 - 21　轴压、弯矩及剪力联合试验

2. 轴压、剪力联合试验

载荷实现方法如图 4 - 22 所示。

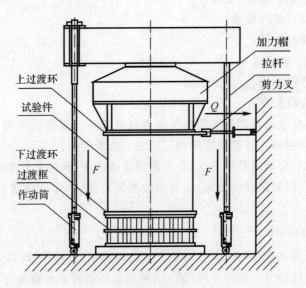

图 4 - 22　轴压、剪力联合试验

3. 轴压、外压联合试验

载荷实现方法如图 4 - 23 所示。

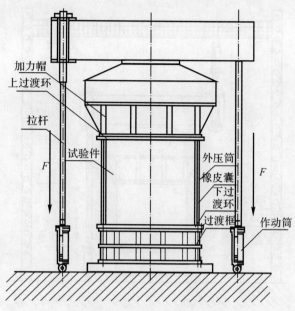

图 4-23　轴压、外压联合试验

4. 轴压、弯矩联合试验

（1）以偏心轴压实现轴压、弯矩联合载荷

设轴压为 F，弯矩为 M，L 为加力梁的两加载点间的距离，则两加载系统的载荷如下：

$$F_1 = \frac{F}{2} - \frac{M}{L}, \quad F_2 = \frac{F}{2} + \frac{M}{L} \tag{4-26}$$

如果 $F/2 > M/L$，则加载装置如图 4-24 所示；如果 $F/2 < M/L$，则加载装置如图 4-25 所示。

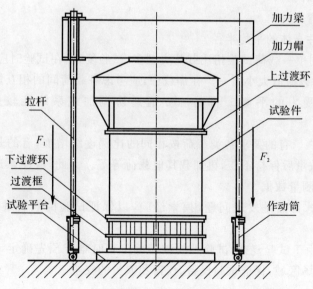

图 4-24　轴压、弯矩联合（偏心轴压 1）试验装置

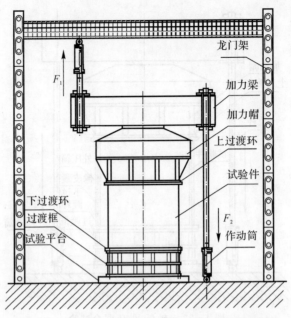

图 4 - 25　轴压、弯矩联合（偏心轴压 2）试验装置

（2）简化试验实现轴压、弯矩联合试验

为简化试验，并从安全考虑，轴压、弯矩联合试验常简化为纯轴压试验，它是一种安全保守的做法。弯矩转化为轴压的原则：弯矩在试验件上产生的最大应力等效于轴压产生的应力。对于环形薄壳结构等效应力

$$F = \frac{2M}{R} \tag{4 - 27}$$

式中　　F—— 等效轴向力；

　　　　M—— 试验弯矩；

　　　　R—— 试验件壳体的平均半径。

联合载荷试验同单一载荷试验相比载荷类型多，试验复杂，在试验时应注意下列问题。

1）载荷类型多、载荷值大小不一。在加载中，应考虑各载荷间的相互影响及其协调，防止超载，保持试验件受力的平衡。目前，12 通道协调加载系统能较好地满足要求（详见 4.1.4.1 节）。

2）加载程序不一。有的要求各类载荷按相同的比例逐级增加；有的是先加载某一载荷，待该载荷到达一定数量后保持不变，再加载其他载荷等等。为此，应注意选择应变、位移测量的"零点"，以便修正测量数据。

3）做好预加载。目的是发现问题，摸索经验，以保证试验的顺利进行和试验结果准确可靠。

4）安全问题。由于试验复杂，试验件的破坏部位有时难于预先确定，应部署试验监视仪器，适当扩大试验现场区域，保证试验设备、仪器和人员的安全。

4.1.3.8　复合静力试验

固体火箭发动机在飞行过程中，由于大气的摩擦及阻碍等因素，会使发动机处于高温环境

中。这种热环境会对固体火箭发动机结构产生一系列不良影响,包括高温条件下结构的承载能力降低、高温引起的机件变形、结构刚度下降等问题。除了承受热载荷外,弹(箭)飞行中结构同时承受其他外力,如气动力、推力、振动等的作用。因此,结构响应是热环境和力学环境组合作用下的耦合效应,而不是单一环境作用结果的机械叠加。为了获得尽可能真实地结构响应,几种环境因素的作用须同时加于试验对象,多环境因素在同一试验里组合。热试验技术与静力结构试验相结合的复合静力试验是可以更加真实的模拟固体发动机真实飞行情况,对固体发动机进行充分有效的验证考核,是设计固体火箭发动机的关键技术之一。

结构热试验一般不采用缩比模型作为试验对象,这是由于温度和时间因素的引入,大大增加了模型设计和相似试验条件制定工作的难度,模型试验结果的局限性很大。因此一般采用全尺寸结构进行试验,直接获得有效的试验结果,指导结构设计。由于在热试验中采用全尺寸结构,使得试验设施的规模较大,试验所需动力大到数千千瓦至数万千瓦,要求试验场地的最大电功率必须能够满足试验需求。

对发动机的热强度环境地面模拟的方法很多,包括火焰烧蚀试验、风洞试验、石英灯辐射加热试验等。石英灯辐射加热方法为非接触式的,而且加热时间长、加热功率大、可以分温区控制、技术较为成熟等优点,成为最广泛使用的模拟地面结构热试验的方法,为实现组合环境试验提供了可能。

复合静力试验设备主要包括大功率加热装置、热流密度传感器、热电偶及 12 通道协调加载系统、作动筒、力载荷加载工装、多参数数据采集系统。

试验件所处的高温环境由大功率加热装置提供,该装置包括石英灯组、灯管固定工装、加热控制单元。根据试验件尺寸,设计相应的灯管固定工装,将试验件放置其中。再利用加热控制单元控制石英灯功率,为试验件提供相应的温度环境。静力加载方法同前文介绍的方法一致。

以下举例介绍两类复合静力试验。

(1)热、力耦合加载试验

以某发动机壳体的静热加载试验为例(见图 4-26),通过拉杆系统与能源系统对壳体施加轴压、弯剪载荷,利用加热装置对壳体筒段局部进行加热,模拟高温环境(加热装置的设计见后文)。

(2)内压及热、力耦合加载试验

以某发动机壳体内压、静热载荷联合加载试验为例(见图 4-27),先在试验件壳体内部预充指定内压,再通过拉杆系统与力载荷协调加载系统对壳体施加轴压、弯矩载荷,同时利用加热装置对壳体全段进行加热,模拟高温环境(加热工装的设计见后文)。

4.1.4　试验设备

试验设备主要包括载荷加载设备、温度加载设备和数据采集设备。载荷加载设备是实现试验时的集中力载荷或分布载荷的力源设备,这类设备有协调加载系统、液压作动筒、水泵加载设备等。温度加载设备在试验时为试验件提供高温环境,主要有大功率加热装置。数据采集设备主要完成应变、位移、压强、温度等参数的测试。

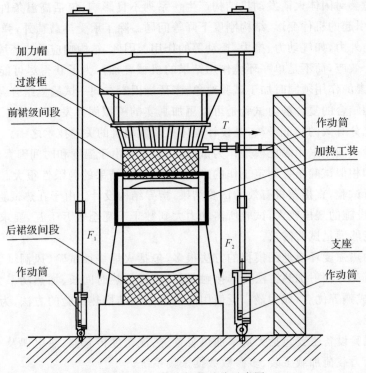

图 4 - 26　静热加载试验示意图

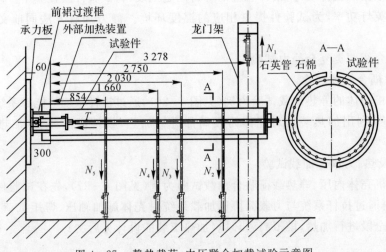

图 4 - 27　静热载荷、内压联合加载试验示意图

4.1.4.1　协调加载系统

　　协调加载系统采用电液伺服协调加载方案,以液体为工作介质,通过动力元件(油泵)将机械能转换为压力能,用各类控制阀来实现控制要求,借助执行元件(液压作动筒)将压力转换成机械能,用机械能驱动负载。它既适合双杆缸也适合单杆缸(系统工作过程是拉或压),同时具有加载精度高、抗污染能力强等优点。

（1）液压加载工作原理

液压作动筒是加载试验载荷的执行元件。通过作动筒活塞杆的伸出或收缩动作实现对试验产品的压或拉。作动筒结构示意和实物，如图 4 - 28 所示。

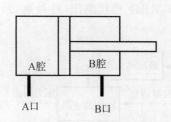

图 4 - 28　作动筒结构示意及实物图

作动筒中的介质通常为液压油，当作动筒的 A 口为进油口，B 口为出油口，通过液压系统给作动筒施加一定的压力，作动筒的 A 腔体积增大，推动作动筒活塞向外伸出，实现作动筒的"压"动作，产生压作用力；当作动筒的 B 口为进油口，A 口为出油口，给作动筒施加一定的压力，作动筒的 B 腔体积增大，推动作动筒活塞向内收缩，实现作动筒的"拉"动作，产生拉作用力。

不同的压力（压强）作用在作动筒在油腔中，使作动筒产生压或拉的作用力。压力与力之间的关系如下：

$$F = pS \tag{4 - 28}$$

式中　　F——作动筒产生的力（拉作用力或压作用力）；

　　　　p——压力（压强）；

　　　　S——作动筒内径横截面积，$S = \pi d^2/4$（其中 d 为作动筒内径）。

（2）压力反馈和力反馈

联合加载系统中所提到的控制反馈方式通常有两种：一种是压力反馈，一种是力反馈。压力反馈是指系统通过采集压力值作为控制的反馈量，通过与设定压力值进行比较，不断调整输出，使两者的误差达到控制要求的反馈方式。压力反馈中的压力，实际是指液压系统这个通道的压强，是通过压力变送器测量得到的信号。力反馈是指系统通过采集作用力值大小作为控制的反馈量，通过与设定作用力值大小进行比较，不断调整输出，使两者的误差达到控制要求的反馈方式。力反馈中的力实际是指液压系统这个通道通过液压加载施加到试验件上的作用力，是通过力传感器测量得到的信号。力传感器由显示仪表提供直流供电电源，输出的毫伏信号通过放大和 A/D 转换，转变为数字量进行显示和输出。系统控制框图如图 4 - 29 所示。

（3）液压系统

协调加载液压系统由泵／电动机、蓄能器、比例溢流阀、比例减压阀、换向阀、冷却器、作动筒等部分组成。主要实现 12 通道（6 组高压、4 组中压、2 组低压）液压联合协调加载功能。其原理如图 4 - 30 所示。

液压泵根据工作腔的容积变化而实现吸油和排油，也称容积泵。液压泵每转一周排出的液体的体积称为泵的排量，理论上泵的排量只取决于其工作机构的几何尺寸。柱塞式液压泵的基本工作原理与活塞式气体压缩机、打气筒等相同，其基本结构与活塞式的内燃机有许多共同之处。柱塞泵的工作介质被封闭在专门的缸体内，壳体只起包容、连接和支撑各工作部件的作用,是一种壳体非承压型元件。柱塞泵的主要优点:极限工作压力、可达到的功率密度、容积效率和总效率峰值均最高;可传输的功率最大;较宽的转速范围;较长的使用寿命;良好的双向变量能力。在现代液压工程技术中,柱塞泵主要在中高压(轻系列和中系列泵,最高压力为 20 ~ 35 MPa)、高压(重系列泵,最高压力为 40 ~ 56 MPa)和超高压(特种泵,最高压力大于 56 MPa)系统中作为功率传输元件使用。

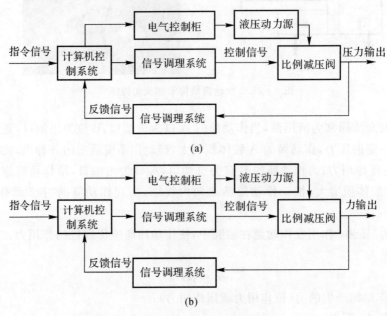

(a)

(b)

图 4 - 29　系统控制框图

(a) 压力控制;　(b) 力控制

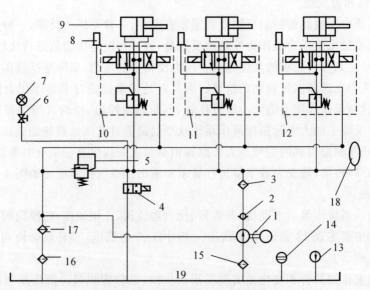

图 4 - 30　电液伺服系统原理图

1— 泵 / 电动机;　2— 单向阀;　3— 过滤器(精滤);　4— 卸荷阀;　5— 比例溢流阀;　6— 压力表开关;　7— 高压压力表 8— 压力变送器;　9— 作动筒;　10— 高压比例减压阀组(6组);　11— 中压比例减压阀组(4组);　12— 低压比例减压阀组(2组); 13— 油温计;　14— 液位报警器;　15— 滤油器;　16— 过滤器;　17— 水冷却器;　18— 蓄能器;　19— 油箱

单向阀是在液压系统中只允许液流沿一个方向通过,而反方向流动被截止的阀。它的作用类似于电路中的二极管。单向阀主要安置在液压泵的出油口,可防止当泵检修或液压泵停止工作时,油液倒流。

蓄能器作为液压系统中一种存储和释放能量的装置。当液压系统的执行元件出现间歇性工作或运动速度变化时,蓄能器能够释放能量,与液压泵一起同时向执行元件供油;当液压系统的执行元件需要长时间保持某一工作状态时,由蓄能器补偿泄漏、保持恒压,以保证执行元件的工作可靠性。

溢流阀是最常用的压力控制阀类。溢流阀的控制输入量是调压弹簧的预压缩量,而其输出量是阀的进口受控压力。最常见的用途是将溢流阀并联设置在定量泵出口处,作为主液路的旁路,与液压泵一起组成恒压液压源。调节溢流阀的调节弹簧的预压缩量,就能控制泵出口处的最高压力。

比例减压阀与溢流阀相似,其基本工作原理也是节流和压力或压差反馈。通过压力或压差与输入量(通常是弹簧力)的反馈比较作用,自动调节阀口节流面积大小,使输出的压力基本保持恒定。

(4)液压作动筒

液压作动筒是液压加载系统的执行元件,它将压力能转变为机械能,实现往复直线运动。液压作动筒的种类繁多,静力试验中多数情况使用双向活塞式液压作动筒,液压油交替向活塞的两侧供油,驱使作动筒作往复运动。

双向作动筒由缸体、活塞、端盖和密封件等组成,如图 4-31 所示。下端盖带有双耳接头,活塞杆的端部带有螺纹,可连接单耳或双耳接头,与拉杆系统连接构成一套加载系统。

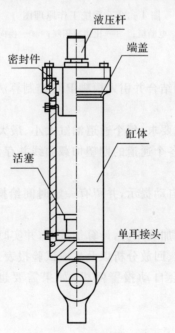

图 4-31　作动筒结构图

(5)工作原理

协调加载系统是一套由计算机控制的多缸电液比例伺服系统,原理如图 4-32 所示。计算机通过控制电路启动液压系统电动机,带动液压泵给整个系统加压,通过对比例阀、换向阀的控制,实现每个通道上的液压执行元件-作动筒的动作,施加载荷至试件上。每个通道的加载状态由力传感器测量,经过显示仪表,传送给计算机,测量值与计算机设定的加载值进行差分比较,直至差分结果小于系统设定的误差值,实现系统的数字闭环控制。比例阀通过其内部的压力传感器、放大器和比较电路实现模拟闭环控制。每个通道的压力变送器采集本通道的压强值,作为该通道的状态监测,以防止在加载过程中出现意外情况,实现对试件的保护功能。

联合加载系统可以实现多通道协调加载,综合通道控制精度可达 0.3% 以上。

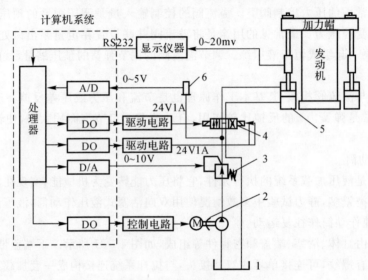

图 4 - 32 系统工作原理图

1— 油箱; 2— 泵 / 电动机; 3— 比例减压阀; 4— 换向阀; 5— 作动筒

(6)主要功能

采用数字闭环与模拟闭环相结合并引入模糊 PID 控制算法控制 12 通道协调加载,加载精度高,可靠性好。

操作人员可以根据实际加载要求(每个通道油缸大小、最大加载力、负载模式、单级加载时间、各级加载比例等),自动生成各个通道的期望加载曲线并存盘,同时可选择需要的通道进行加载试验。

分级加载,每级加载完成会自动提示,并留有一定时间给操作人员检测加载结果(应变系统)功能。

系统检测每个加载通道实际加载压力,计算加载力,并实时显示。

对各通道实际加载结果存盘、回放分析以及生成试验报表并打印。

系统超载或出现异常情况会自动报警停机,如果需要也可通过硬件或软件人为紧急停机。

4.1.4.2 水泵加载设备

结构静力试验中外压和内压试验,均需以水介质进行加压,但是,由于要求的工作压力和流量差别较大,对水压加载设备的要求也不同。现介绍电动试压泵和水泵加压系统。

（1）电动试压泵

现有电动试压泵为 3DY - 300/70、3DY - 1000/25（型号-流量／最工作大压力）。其中 3DY -300/70 台可通过调节回水量来控制进水量。当进水量要求很小时，用手动试验泵 SSY70 - 1 等进行加载。

（2）水泵加压系统

型号外压及部分内压试验中，在试验件将要破坏前，由于试验件变形量大，需要大流量的水补充进去，才能达到破坏试验的要求；试验件失稳或破裂后，要求尽快将水排出，这就需要设计水泵加压系统。

水泵加压系统一般由加压水泵、操作台和排水泵组成，可根据不同应用形式设计成不同形式，以达到不同的试验要求，其一般组成如图 4 - 33 所示。

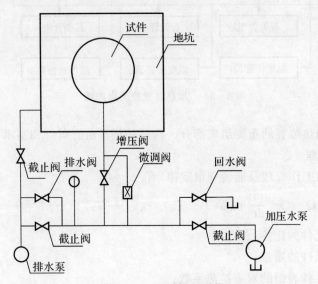

图 4 - 33　水泵加压系统

4.1.4.3　大功率加热装置

大功率加热试验装置由加热器、加热控制单元和数据采集单元等部分组成。在静热载荷复合试验时，该装置可以满足试验件的热环境要求。

1. 工作原理

大功率加热试验装置工作原理，如图 4-34 所示。温度控制仪表输出直流电压控制固态继电器导通，给加热的石英管组通上了交流电进行加热，温度传感器测量加热的实时温度，将信号反馈给温度控制仪表，温度控制仪表内部将测量值与设定值进行比较，根据比较结果决定是否继续加热，如果已经达到设定温度值就会停止加热，完成加热过程。温度控制仪表与 PLC 进行通信，可进行参数调整和数据通信，PLC 通过 DO 输出控制启停开关还可以实现自动加热等功能。计算机与 PLC 通过通信实现数据上传和控制指令下传功能，计算机上安装工业组态控制软件，可以对测量区域进行图形化显示，并能够自动记录和存储测量数据，实现系统总体控制。

2. 石英灯加热器设计

在实验室中模拟热环境，只要保证试验件表面温度或热流密度符合设计要求即可，与加热方式无关。热能可以用热对流、热传导及热辐射等方式实现。由于辐射加热法加热时间长、加热功率大、可以分温区控制、技术较为成熟等优点,成为最广泛使用的模拟地面结构热试验的方法。

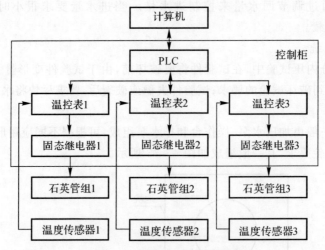

图 4-34　加热装置控制原理图

辐射加热器是加热装置的重要组成部分。辐射加热器由石英灯和支承工装组成。

(1) 辐射加热原理

根据加热元件的工作机理及能量守恒定律,有

$$Q = Cm \frac{\mathrm{d}T}{\mathrm{d}t} + [\alpha(T - T_0) + \lambda(T - T_0) + \varepsilon \sigma \phi T^4]S \qquad (4-29)$$

式中　C—— 加热元件的比热;

　　　m—— 加热元件的质量;

　　　α—— 加热元件表面的对流换热系数;

　　　λ—— 空气导热系数;

　　　T—— 加热元件温度;

　　　T_0—— 加热元件初始温度;

　　　ε—— 加热元件表面黑度系数;

　　　σ—— 斯蒂芬玻尔兹曼常数;

　　　S—— 加热元件表面积;

　　　φ—— 角系数。

因此,供给的电能等于加热元件升温需要的能量以及通过对流、传导、辐射方式散失的能量之和。

在对流、传导、辐射三种能量散失方式中,通过对流、传导散失的能量很低。因此,电能供给的能量,一部分用于石英灯加热元件的升温,另一部分是热辐射:

$$Pt = Cm(T - T_0) + (\varepsilon \sigma \phi T^4)S \qquad (4-30)$$

(2) 石英灯特性

石英加热管又称卤素加热管,是在石英外壳内放入钨灯丝,通过灯丝和外壳使灯丝发光光谱在 2 400～3 500 K 范围。石英加热管采用了经特殊工艺加工的乳白石英玻璃管、配用电

阻合材料作为发热子,乳白石英玻璃可以吸收来自电热丝辐射的几乎全部的可见光和近红外光、且能使之转化为红外辐射。

石英加热管的技术特征:

1) 无须远红外涂层,光谱辐射匹配吸收特性好,长期使用辐射性能不退变,电热转换效率高。波长可控制在 $0.76 \sim 2 \mu m$,并根据被加热物体的物理特性选择不同的波长加热管。热效率可达 86% 以上。

2) 工作温度高,选择范围宽。其中用陶瓷帽封装型的,最高耐温达 800℃。

3) 升温、降温迅速。通电后 0.8 s 可达额定功率的 50%,约 1 s 可达额定功率的 80%,约 2 s 可达额定功率运行。

3. 支承工装设计

辐射体发出的热能一部分直接射向试验件,一部分射向外界。为了提高加热效率,在支承工装中装入填充物(如石棉),起到隔热效果。同时,在与试验件表面相对应的一侧安装反射板,将来自石英灯的部分热能反射回试验件表面,提高热能利用率。常见的金属反射材料有金、银、黄铜和铝。由于铝价格便宜,加工性能好,是工程上最常用的反射材料。

金属材料的反射率随自身温度的升高而降低,而且反射材料的温度升高会产生较大的热变形,影响加热器的安全工作。因此,需要采取措施降低反射板的工作温度。可以将支承工装设计成空心夹层结构,在中间通入流动的冷却介质(水、空气),带走热量。

支承工装的主要作用还用于固定石英灯。通过将石英灯固定在不同形状的支承工装上,可以实现为多种试验件提供热环境的目的。若试验件为发动机壳体,可以将支承工装设计为两个半圆筒形,如图 4-35(a) 所示;若试验件为平板,可以将支承工装设计为平面形,如图 4-35(b) 所示。石英灯加热器如图 4-36 所示。

由于弹体各个部位的气动加热状态不同,因此使得各个部位表面吸收的热量呈非均匀分布状态。要在大面积上实现非均匀分布的热场,最有效的方法是把整个加热器进行离散化控制,即把试验件表面接收的热流密度或温度相近的相邻部位划分为一个独立的温区,这样试验件可以分成几个不同的温区。依此方法可以将整个加热器分为若干个温区,然后根据各自需要的功率进行灯组设计布局和控制,最终形成一个阶梯分布的热场,近似模拟真实的热场分布规律。

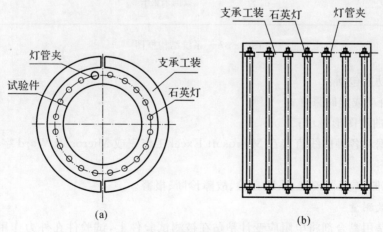

(a)　　　　　　　　　(b)

图 4-35　圆筒及平板形石英灯加热器

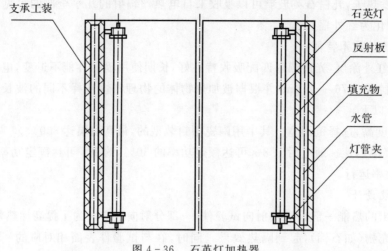

图 4-36　石英灯加热器

支承工装　石英灯　反射板　填充物　水管　灯管夹

4.1.4.4　多通道数据采集系统

1.系统组成

用于结构静力试验的数据采集系统种类很多,目前较多采用的是 PXI 总线结构来组建的多通道数据采集系统。该系统通过若干数据采集模块、开关量频率测量模块等硬件对实际物理量进行高速高精度采集转换,并由计算机准确控制 PXI 模块,使得试验的测试过程趋于模块化和简洁化。

该系统主要由计算机测试平台、PXI 机箱、数据采集卡、电缆、测试软件组成,系统结构框图如图 4-37 所示。

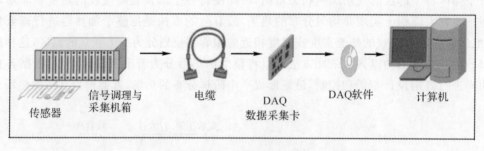

传感器　信号调理与采集机箱　电缆　DAQ 数据采集卡　DAQ软件　计算机

图 4-37　系统结构框图

系统主要功能包括:

1)手动、自动或定时采样;

2)壳体屈曲波图形显示;

3)试验数据和各种曲线直接在 Microsoft Excel 工作表或 Microsoft Word 字处理中显示,并形成文档资料;

4)系统校准、传感器校准、系统自检、故障诊断、报警。

2.应变参数测量

应变测量是用黏合剂将电阻应变计粘贴在被测试验件上,试验件在外力作用下产生变形时,由应变计将机械变形量转换成相应的电量(电阻),经采集箱输入数据采集系统进行测量,得到相应的应变值。

(1) 应变计

应变计是将非电量"应变"转化为电量"电阻"的一种变换元件。测量时用黏合剂将应变计粘贴在被测试验件上,试验件发生变形时,粘合剂通过应变计的底基,黏合剂传递给应变计的敏感栅,使敏感栅的电阻发生变化,实现非电量的"应变"转换成电量的"电阻"变化过程。应变计的基本结构如图 4-38 所示。

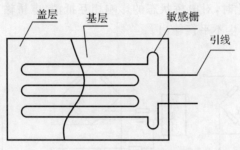

图 4-38　应变计的基本结构

按照应变计的工作温度范围可分为低温、常温、中温和高温四种类型,见表 4-1。结构静力试验及静热复合静力试验中最常用的应变计为常温及中温应变计。

表 4-1　应变计工作温度分类

名　　称	低温应变计	常温应变计	中温应变计	高温应变计
温度范围	$<-30℃$	$-30\sim60℃$	$60\sim350℃$	$>350℃$

(2) 应变测量

应变测量采用电桥电路,应变计连接在电桥电路中,电桥将应变引起的电阻变化转换为相应的电压(或电流)输出。静力结构试验一般采用静态应变仪测量应变,其基本组成如图 4-39 所示。

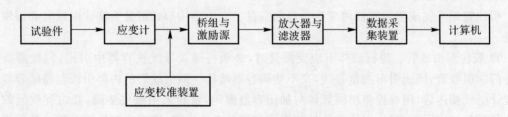

图 4-39　应变测量系统组成

1) 激励电压选择。电桥的激励电压根据应变计的允许电流来选择。在静态测量中,一般应变计最大允许电流为 25 mA,因此,最大允许桥压值与应变计本身电阻有关。电阻值为 120 Ω 的应变计,可算出激励电压应为 6 V。在瞬态测量时,允许电流可高一些,在实际使用中,考虑应变计和试验件的散热能力、工作时间长短等因素,根据具体条件和要求来选择激励电压。

2）接桥方式。应变测量采用单工作臂电桥（也称为 1/4 桥），即电桥一个臂是应变片，其余三个臂为固定电阻。当需要温度补偿时，有时可以接成半桥或全桥方式。因此测量系统应具有组成各种桥路的功能。

单工作臂电桥采用二线制接法（见图 4-40(a)）时，两根连接导线处在同一桥臂中，由于温度变化会引起导线电阻变化而带来误差。特别是铜导线的电阻温度系数大，当温度变化较大时，误差更为严重。消除由电阻变化引起的误差可采用三线制接法，图 4-40(b) 和 (c) 分别为三线制接线图和其等效电路图。可见，由于两根相同的连接线分别处于两相邻桥臂中，当它们的电阻 r 随温度变化而变化时，对电桥状态的影响相互抵消，电桥输出电压不变。导线 r' 处于桥臂之外，其电阻变化不产生不平衡输出。

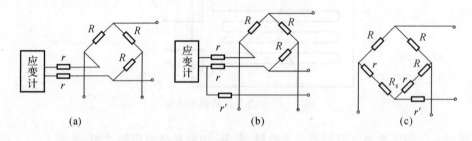

图 4-40 电桥电路

（a）二线制接法； （b）三线制接法； （c）三线制接法等效电路

（3）温度补偿

在常规结构静力试验中，环境温度变化会使贴在试验件表面的应变计有应变信号，称为应变计的温度视应变，也称"热输出"，用 ε_t 表示。多采用温度补偿措施消除其对测试结果的影响。

在绝大多数静力试验中，应变计是逐片接入应变仪进行测量的，这就需要设温度补偿片作为组成电桥的桥臂电阻。补偿试样应选取与试验件材料特性完全相同的材料制成，并用与试验件上相同的应变计、黏合剂及黏合工艺将补偿应变计贴在补偿试样上。在某些试验件的测试中，每个测量位置需同时粘贴两片或四片应变计，以供组成半桥或全桥，其中的应变计既是工作片又是温度补偿片，都贴在一个试验件上，材料、温度相同，补偿效果良好。

（4）引线管设计

引线管用于完成密闭容器内应变数据的测量。它按结构形式可分为浇注引线管和压缩橡皮柱。

1）胶注形引线管。进行液体下应变测量时，必须将测量导线从容器中引出，因此需要制造专门的引线管，既能引出测量导线，又不妨碍容器增压。即引线管的内部引线与密闭容器内应变计引线相连后，用螺栓将引线管体与加压容器固定，密封采用橡皮垫圈，管内导线间隙用浇注的环氧树脂固化密封，引线管的外部引线与测量系统连接，实现应变数据采集。其连接形式如图 4-41 所示。

引线管可根据数据采集量和耐压值的大小来设计其管径、穿线方式，但其设计原则不变，即为内壁具有 1:10 的锥度的设计。1:10 的锥度设计目的：在承受液压时，可以使填料处于三向压应力状态，既防止水的渗透，又提高填料的承压能力。管中导线的选择也应根据使用压力来定，当压力大于 20 MPa 时，应采用漆包线，当压力小于 20 MPa 时，可以采用防水性能好的塑料导线。

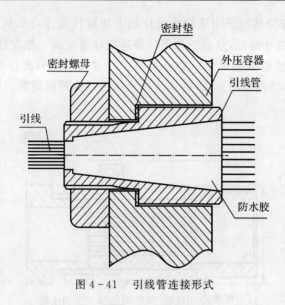

图 4 - 41　引线管连接形式

　　外压试验中常用的引线管,采用防水塑料导线(使用压力小),系束固定穿线(数据量大)来完成,具体结构如图 4 - 42 所示。此法的缺点是工艺烦琐、周期长,且仅适用于压力小的情况;优点是数据传输量大(即引线多)。

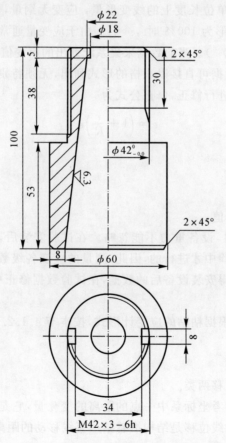

图 4 - 42　浇注形引线管结构图(单位:mm)

2）压缩橡皮柱。部分情况下用压缩橡皮柱的方法取代浇注环氧树脂。橡皮柱上分布着穿线孔,引出导线从穿线孔穿过,空余的孔用一条导线往复穿满。橡皮柱在引线管内靠螺纹预先压紧,管壁内的锥度使引线管承压后有自紧效果。这种结构只要在低压时不漏水,压力越大,密封性能越强,具体结构如图4-43所示。由于这种结构每根线需占一定空间,所以不适用数据量大的情况。

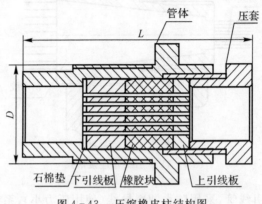

图4-43　压缩橡皮柱结构图

（5）应变数据处理

应变是相对变形量,即单位长度上的线变形量,应变无纲量,但习惯上仍给以单位,这个单位称为应变ε。当相对变形为100%时,$\varepsilon = 1$。由于应变量通常很小,所以用10^{-6}表示,称为微应变,符号$\mu\varepsilon$（$1\mu\varepsilon = 10^{-6}$）。当前数据采集系统列出的应变值即为微应变。

通常测量得到的应变数据可直接以表格的形式列出,无须特别处理。当测试长导线电阻过大时,应将应变测量数据进行修正,修正公式为

$$\varepsilon = \left(1 + \frac{r}{R}\right)\varepsilon' \qquad (4-31)$$

式中　　r——长导线电阻;

　　　　R——应变计电阻;

　　　　ε'——实测应变值;

　　　　ε——修正后的应变值。

当试验设备质量较大时,设备重力不能忽略。在试验安装后,设备重力已作用于试验件上,而测量数据是在正式试验中才进行的,因此,测量的应变各级数据中均未包括设备质量作用的结果。处理方法:先测得安装设备后的数据,在试验数据修正中,依次加在正式试验各级载荷下测量的应变数据中。

要求给出应力值时,应根据粘贴的应变计形式,按本节4.1.2.1列出的"试验应力计算公式"换算得到。

3.位移参数测量

位移分为线位移和角位移两类。

线位移是物体对于某参考坐标系中一点的距离的变化量,它是描述物体空间位置变化的物理量。静力试验中测量的线位移是结构沿着某一直线移动的距离,如壳体的轴、环向线变形量,设备轴向线变形量等。

　　角位移是在一平面内两矢量夹角的变化量,它是描述物体转动时位置变化的物理量。静力试验中的角位移是指结构某一点转动的角度,如喷管摆角、法兰转角等。

　　这里所讲的位移测量是最基本的线位移测量,线位移和角位移的测量原理和方法基本相同。它是通过位移传感器将非电量位移转换成电量,再由数据采集系统或其他电测仪表,测出相应的位移量。按照位移传感器敏感元件分类有应变式、可变电阻式、电感式、电容式等。

　　(1) 位移传感器

　　静力试验常用的位移传感器为应变式和电感式。电阻应变式位移传感器是利用弹性元件和粘贴在其上的转换性元件 —— 电阻应变计,将被测位移量转为电量。电感式位移传感器是利用线圈的自感和线圈间的互感的变化来实现非电量电测的一种装置。

　　将位移传感器的输出及激励电源以全桥的形式接入测量系统前端,完成位移测量,配合使用前的自校准,可直接获得试验件的位移变形量。

　　(2) 位移测量支架

　　位移测量支架以立柱为基础,由主杆、支杆、固定夹头、转向夹头、转向夹套、传感器安装杆及夹头等组成,如图 4 - 44 所示。各构件主要作用和规格见表 4 - 2,结构图如图 4 - 45 所示。

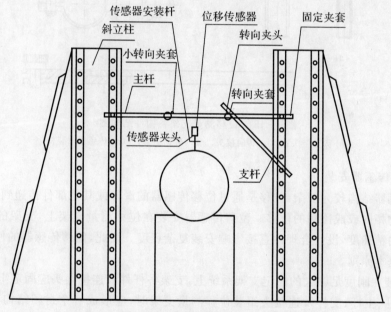

图 4 - 44　　位移测量支架简图

表 4 - 2　　位移测量支架主要作用和规格

名　　称	作　　用	规格 /mm	图　　号
立柱	支架底座	1000,1500,2000	图 4 - 52 ~ 图 4 - 54
主杆	连接主杆、支杆、转向夹头	$\phi40 \times 2.5 \times (4000,3000,2000)$; $\phi40 \times 2 \times 2000$	图 4 - 44
支杆	增加主杆刚度;安装转向夹头	$\phi30 \times 2 \times (1500,1000)$	图 4 - 44
固定夹头	固定主杆、支杆、位移传感器	$\phi40;\phi30$	图 4 - 45(a)

续 表

名　称	作　用	规格／mm	图　号
转向夹头	转向连接主杆、支杆及位移传感器	$\phi40/\phi(40,30);\phi30/\phi30$	图 4-45(b)
转向夹套	连接主杆、支杆、传感器安装杆	$\phi40/\phi(40,30);\phi30/\phi(30,15)$	图 4-45(c)
传感器安装杆	保证传感器具有六个自由度；连接传感器夹头	$\phi15\times1.5\times(400,250)$	图 4-45(d)

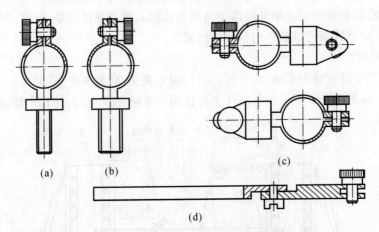

图 4-45　位移测量支架各构件结构图
(a) 固定接头； (b) 转向接头； (c) 转向夹套； (d) 传感器安装杆

（3）位移传感器安装

位移传感器结构较为复杂，位移是通过位移传感器的滑杆或其他部件传递到弹性元件上，产生与被测物相同或成比例的位移。位移传感器安装在位移测量支架上，支架的刚度直接影响位移测量的精确度，设计合理性直接影响安装复杂程度。因此，位移传感器的使用和安装必须遵循以下基本原则。

1）应安装在刚度足够大的固定支架系统上，支架各杆件及连接接头应固定牢靠。

2）用立柱、主杆、支杆及连接头组装位移测量支架时，应形成一个封闭结构，使传感器不受其他方向位移的影响，保证测量点的准确。

3）位移传感器的轴线应与被测位移方向一致，保证传感器滑杆的垂直位置，使其传递的位移准确。

4）对位移传感器的夹持力要适当，不能影响传感器滑杆的自由移动。

5）位移传感器的安装应使其滑杆移动方向与被测物位移方向一致，如无法达到时应使传感器的滑杆有足够的预压量，以避免滑杆的触头脱离被测点，但应注意不要使预压量产生超量程或使传感器受损。

（4）位移数据处理

位移的法定计量单位是米（m）。在试验中常用毫米（mm），1 mm＝10^{-3} m。

用位移传感器测量位移时，测量系统可直接给出位移量，无须作数据处理，这里只介绍圆柱壳线位移处理方法。

圆柱壳的轴向位移理论公式及实际变形量公式分别为

$$\Delta L_{理} = L \frac{PR}{2EH}(1 - 2\mu) \tag{4-32}$$

$$\Delta L_{实} = L \cdot \varepsilon_{轴} \tag{4-33}$$

圆柱壳的环向位移理论公式及实际变形量公式分别为

$$\Delta L_{理} = \frac{PR^2}{2EH}(2 - \mu) \tag{4-34}$$

$$\Delta R_{实} = R \cdot \varepsilon_{环} \tag{4-35}$$

式中　　R——圆柱壳半径；

L——圆筒长；

P——载荷；

E——弹性模量；

H——壁厚；

μ——泊松比。

4. 载荷参数测量

在结构静力试验中载荷测量居于十分重要的地位,它的可靠性和准确性对静力试验质量有重大影响。

(1) 力传感器

载荷测量就是对力的测量。通过载荷传感器将载荷转换成电量,输入数据采集系统或其他电测仪表,测出相应的载荷。传感器是关键器件,它一般有应变式、电容式、电感式、压电式、压磁式、压阻式等。目前使用的压强、力传感器均为应变式载荷传感器。

应变式载荷传感器的主要部件是粘贴有电阻应变计的弹性元件,被测载荷作用于弹性元件上,产生机械变形,此变形又使弹性元件上的应变计产生相应的电阻变化,通过电桥电路转换成电压输出,再接入测量仪器进行测量显示。

(2) 力传感器的安装

1) 拉式载荷传感器必须安装在具有足够强度和刚度的拉杆、接耳和液压作动筒之间,并保证传感器有准确的零点。

2) 压式传感器必须安装在具有足够刚度,且平面度和粗糙度符合要求的底座或底座垫块上。

3) 可按加载系统要求增加必要的辅助设施,如在拉、压式载荷传感器中配置方向接头或球形接头等,保证载荷通过传感器的轴线。

4) 载荷传感器如有固定板时,其紧固螺钉应有足够的强度,并压紧传感器,使其成为刚性连接。

5) 在加载过程中,必须保证加载载荷通过传感器轴线,不允许传感器有横向移动,以避免横向载荷或偏心载荷的影响。

6) 按照测量的最大力值,选择量程合适的传感器。一般使最大力值在传感器量程的$60\% \sim 90\%$范围内。

(3) 力测量

在静力试验中轴压、轴拉、弯矩、剪力等试验载荷的测量方法有两种,一种是将力传感器安装在加力装置上,直接测得力值;另一种是通过装在作动筒上的压力传感器,测量作动筒缸内油压,再将油压换算成力值。力的法定计量单位是牛顿,简称牛(N)。则有

$$F = pS \qquad (4-36)$$

式中　F —— 力(N);

　　　p —— 进油缸腔内压力(Pa);

　　　S —— 油缸活塞面积(m^2)。

测油压的方法简便,但由于所用作动筒性能及回油压力不完全相同,且作动筒油腔面积取的是设计标准值,造成换算所得的力值存在一定误差。压力测量的方法见下节。

测量系统组成如图4-46所示。

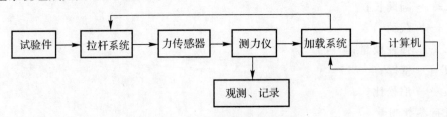

图4-46　力测量系统组成

5.压强参数测量

静力结构试验中测量的压强有外压、内压及试验设备压强(作动筒缸内油压)等。静力结构试验中普遍使用应变式压力传感器,其原理与力传感器相同。压力传感器通常安装在密封容器上,因此压力传感器安装的密封性需要特别注意。另外在测量微小压力时,一定要保证测压孔畅通,无异物。

(1)压强测量

选择压力传感器应根据被测参数的幅值与频率、测量精度与灵敏度要求,以及使用条件综合考虑,其测量系统与力测量系统相似,组成如图4-47所示。

图4-47　压力测量系统组成

(2)压强数据处理

在物理学上将垂直均匀作用于单位面积的力称为压强,而在工程上习惯称其为压力。压力的法定计量单位是帕斯卡,简称帕(Pa)。压力的常用单位有:

- 千帕(kPa),$1\ kPa = 10^3\ Pa$;
- 兆帕(MPa),$1\ MPa = 10^6\ Pa$;
- 吉帕(GPa),$1\ GPa = 10^9\ Pa$。

在液体介质外压及内压试验中,常采用压力传感器测量试验件试验压力,但传感器只能安装在试验件某处,而加压介质的自重因深度不同也不同,因此测得的压强不能视为试验件各处

所承受的压强。一般试验件承内压能力很强,液体自重的影响可忽略不计,但在外压试验中,液体自重的影响就成为不可忽视的问题。

液体因自重引起的压强 p 由下式计算:

$$p = \rho g h \tag{4-37}$$

式中　　p——某深度处的压强(Pa);

　　　　ρ——液体密度(kg/m^3);

　　　　g——重力加速度($g = 9.8\text{m/s}^2$);

　　　　h——液体深度(m)。

6. 温度参数测量

在静热载荷耦合试验中,一般用温度程序控制试验件外界环境,温度是参与过程控制的闭路系统反馈信息。因此,试验件表面温度测量是热环境模拟的重要组成部分。

(1)热电偶

热电偶是利用两种不同导体的热电效应制成的传感器。一个热电偶由 a,b 两种不同导体的热电偶丝组成一闭合回路,如图 4-48 所示。当结点 1(称为参考端)和结点 2(称为工作端) 的温度不同时,在回路中产生与两结点温度差对应的电动势。

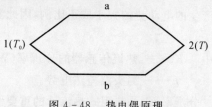

图 4-48　热电偶原理

设结点 1 的温度恒定为 T_0,结点 2 一般焊接在被测对象上,其温度设为 T,则回路产生的总电势 $E_{ab}(T, T_0)$ 可用式(4-38) 表示:

$$E_{ab}(T, T_0) = E_a(T, T_0) - E_b(T, T_0) = \int_{T_0}^{T} [S_a(T) - S_b(T)] \mathrm{d}T \tag{4-38}$$

式中　　$E_a(T, T_0)$——材料 a 两端温度为 T 和 T_0 时的温差电势(mV);

　　　　$E_b(T, T_0)$——材料 b 两端温度为 T 和 T_0 时的温差电势(mV);

　　　　$S_a(T), S_b(T)$——a,b 导体的热电势率(mV /℃)。

因此,热电偶的输出电势仅与材料类型和结点温度有关。

(2)温度测量

K 型热电偶具有测温范围广、灵敏度高的特点,在热试验中应用最广。试验过程中,热电偶将连续变化的信号经过放大后送入 A/D 进行模-数转换,由数据采集系统采集数据,通过计算机读取和储存数据。温度测量系统组成如图 4-49 所示。

图 4-49　温度测量系统组成

7. 热流密度参数测量

热流密度是表征换热量大小的物理量,用符号 q 表示,计量单位是 W/m^2 或 kW/m^2。

热电堆式热流传感器是应用最普遍的一类热流传感器。这类传感器的原理:当有热流通过热流传感器时,在传感器的热阻层上产生了温度梯度,设热流矢量方向与等温面垂直,根据傅里叶定律就可以得到通过传感器的热流密度式:

$$q = \mathrm{d}Q/\mathrm{d}S = -\lambda \mathrm{d}T/\mathrm{d}X \tag{4-39}$$

式中　q——热流密度；

　　　$\mathrm{d}Q$——流过的热量；

　　　$\mathrm{d}S$——通过等温面上微小面积；

$\mathrm{d}T/\mathrm{d}X$——垂直于等温面方向的温度梯度；

　　　λ——材料的导热系数。

当温度为 T 和 $T+\Delta T$ 的两个等温面平行时，热流密度为

$$q=-\Delta T/\Delta X \tag{4-40}$$

式中　ΔT——两等温面的温差；

　　　ΔX——两等温面之间的距离。

只要知道热阻层的厚度 ΔX，导热系数 λ，通过测到的温差 ΔT 就可以知道通过的热流密度。当用一对热电偶测量温差 ΔT 时，这个温差是与热流密度成正比的，温差的数值也与热电偶产生的电动势的大小成正比例，因此测出温差热电势就可以反映热流密度的大小，即

$$q=K_rE \tag{4-41}$$

式中　K_r——热流传感器的分辨率（$\mathrm{W}/(\mathrm{m}^2\cdot\mu\mathrm{V})$）；

　　　E——测头温差热电势。

分辨率 K_r 是热阻式热流计的重要性能参数，其数值的大小反映了热流传感器的灵敏度。K_r 数值越小则热流传感器越灵敏，其倒数被称为热流传感器的灵敏度 K_s（$K_s=1/K_r$）。

热流密度测量系统与温度测量系统相似，不再赘述。

4.1.5　试验工装设计

试验工装是实现试验方案的重要环节。试验工装设计的优劣，对提高试验质量、缩短试验周期、降低试验成本、减小安装的劳动强度、保证试验的安全等方面都有直接的影响。

4.1.5.1　试验工装的设计原则及分类

（1）设计原则

试验工装设计主要指非标试验工装的设计，其设计原则有：

1）根据试验方案的技术要求，试验工装在实现力的传递和分布规律方面，尽可能地与试验要求提出的受力情况相符。

2）进行工装设计计算时，选择合适的安全系数，使工装具有足够的强度和刚度，不会在使用过程中产生残余变形。对简单受载情况安全系数取 $1.2\sim1.5$；对受载复杂的情况安全系数取 2；对刚度要求严格的情况安全系数取大于或等于 4。

3）由于发动机型号不同，尺寸、载荷不同，设备应尽可能地适应型号变化的需要，按一定的系列配套，逐步达到设备的通用化、标准化，避免重复设计、加工。

（2）试验工装分类

按非标准试验工装在使用中的功能可分为通用承载工装、边界支承工装和压力支承工装等。

1）通用承载工装与实验室内的固定承载件（包括承力点、承力地轨、承力墙、承力地坑等）组合构成一个完整的承载系统，或与边界支承工装构成承载系统。这类工装包括承力点接头、承力梁、承力地轨螺栓、拉杆系统以及施加侧向力所使用的标准立柱、柱梁等各种工装。

2) 边界支承工装,是模拟试验件两端边界条件的工装。外载荷通过边界支承工装正确的传递到试验件上。这类工装由加力梁、加力帽、笼形支承、试验平台、模拟过渡段等,尺寸和承载能力取决于各型号的结构尺寸和载荷。

3) 压力支承工装,是实现试验件承受外压或内压的工装。这类工装主要有外压容器、承压筒、橡皮筒、橡皮囊、内压堵盖等工装。

4.1.5.2　通用承载工装

通用承载工装是结构静力试验中广泛使用的工装,一般在试验厂房设计时根据常见型号的试验要求进行系统设计,属于基础型工装,不随各型号变更。其主要功能是与实验室的固定承载件配套使用。

1. 梁

（1）梁的分类

1) 加力梁。加力梁和加力帽相连,可对试验件施加轴压、弯矩或二者组合的载荷。加力梁与加力帽连接形式有两种,一种是加力梁上的球头与加力帽上的球窝相连,如图 4-50 所示;另一种是加力梁上的法兰盘与加力帽上的法兰盘用螺栓螺帽连接,其形式如图 4-51 所示。加力梁两端设计有加载孔,通过拉杆系统、作动筒与承力点相连,构成加载系统。

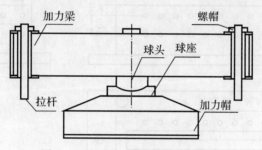

图 4-50　球头、球窝连接的加力梁

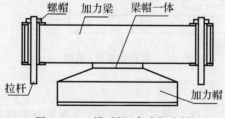

图 4-51　梁-帽组合式加力梁

2) 承力梁。承力梁用来扩大实验室的固定承载件的使用范围。承力梁的两端设计有承力孔,通过螺杆、螺帽与承力点或承力地轨相连（或将梁放在两个承力柱之间）,在梁的中点部位加载孔上加载,构成一套完整的承载设备。

3) 杠杆梁。杠杆梁与实验室的承力柱连接,并通过连接板再与试验件或边界支承设备连接,构成可承受弯矩和侧向力载荷的设备。

4) 柱梁。柱梁与长立柱组合成龙门架,或连接成较高的立柱。在龙门架的柱梁中间部位,通过连接板与作动筒相连,实现垂直方向的拉、压载荷。

（2）梁的弯曲强度计算

当梁的两端用螺栓连接，中间部位安装加载设备时，可将梁假设为中心受集中载荷的简支梁。

2.标准立柱

标准立柱即标准铸块，它具有规格化、通用化、价格低廉、安装方便等优点，可组合成不同尺寸的夹具和试验的承载设备，常用的标准立柱有底座、立柱和角撑等类型。

（1）底座

底座可与立柱和梁组成龙门架，也可以与立柱相连构成承载设备。底座是龙门架的支承部分，借助它可把龙门架固定在承力轨上，实现垂直方向的载荷或低力值的水平载荷。

底座有带凸缘和无凸缘两类结构形式。底部带凸缘，其上布置有四个长孔和两个圆孔，如图 4-52 所示，通过地轨螺栓与承力地轨相连。上端面和四个侧面分布有双排等宽、等间距的连接孔，以备与各种试验设备或试验件相连接。带凸缘底部，长有 1 300 mm，1 800 mm，2 300 mm 三种。无凸缘底部长有 1 000 mm，1 500 mm，2 000 mm 三种。

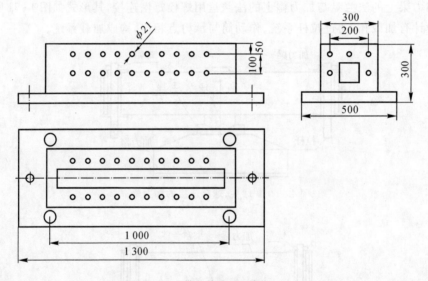

图 4-52　带凸缘底座（单位：mm）

（2）立柱

立柱是龙门架的主要受力构件。在正常情况下，作为垂直构件使用，特殊情况下也可作为水平构件使用。它主要是承压构件，必要时也可承受小的拉力或弯矩载荷。

立柱的结构形式有两类，一类是直立柱（见图 4-53），另一类是带三角加肋的立柱，称为斜立柱（见图 4-54）。立柱的五个对接面上，都分布有双排等宽、等间距的连接孔，可与地座或其他各种试验设备连接。直立柱高度规格有 300 mm，1 000 mm，1 500 mm，2 000 mm 等。斜立柱的规格按高 H/ 顶宽 l/ 底宽 L 划分有 1 500/300/600（mm），1 500/600/900（mm），2 000/300/600（mm），2 000/600/900（mm）等。

（3）角撑和连接板

主要用于立柱与地座或立柱与立柱的连接，是相互连接构件的根部得到加强。角撑也可单独与立柱、地座相连,在角撑上安装各种小型试验设备。

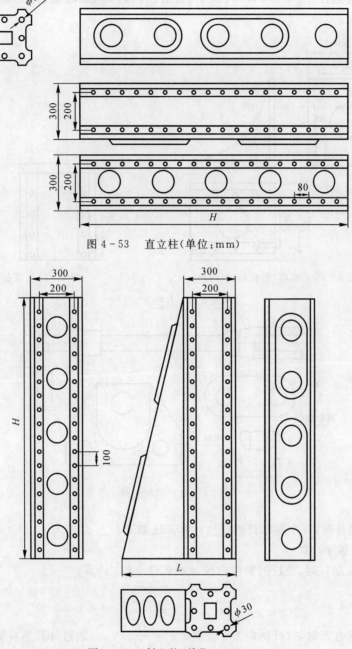

图 4-53　直立柱(单位:mm)

图 4-54　斜立柱(单位:mm)

　　角撑的结构形式较多,其典型的如图 4-55 所示。对接面是相互垂直的,其上分布有双排等宽、等间距的连接孔。连接板是大小不等的平板,其上分布有双排等宽、等间距的连接孔,板的大小、厚度可根据连接立柱的大小、强度要求而定(见图 4-56)。

3.拉杆组件

拉杆组件是加载梁及其他加载设备与液压作动筒连接的承力设备。力源通过拉杆组件传递给加载梁或其他加载设备,实现对试验件的加载。

拉杆组件包括拉杆、单耳、双耳、销子、拉片、拉板、螺套、螺帽、球形螺帽、球窝等,如图 4 - 57 所示。

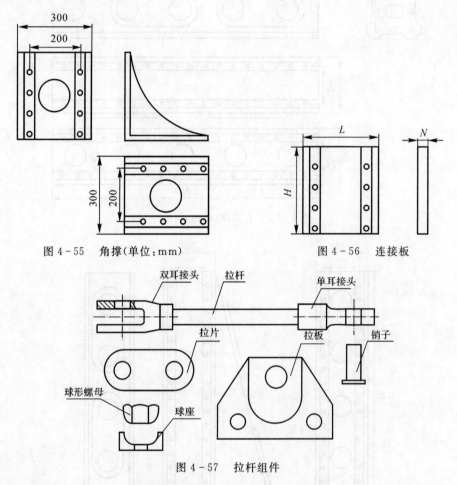

图 4 - 55　角撑(单位:mm)　　　　　　　　　图 4 - 56　连接板

图 4 - 57　拉杆组件

设计拉杆组件时,各个零部件的强度计算方法如下。

(1) 拉杆的强度计算

当拉杆受拉力 F 时,拉杆的螺纹内径 d 按式(4 - 42)计算:

$$d \geqslant \sqrt{\frac{4F}{\pi\left[\sigma\right]}} \qquad (4-42)$$

当拉杆受压力 F 时,拉杆的应力 σ 要满足 $\sigma = \dfrac{4F}{\pi D^2} < \sigma_{cr}$,通过计算压杆的柔度 λ 来确定临界应力 σ_{cr} 的计算公式。压杆的柔度为

$$\lambda = \frac{\mu l}{i} \qquad (4-43)$$

式中　μ——长度因数,根据表 4 - 3 中压杆两端的约束情况来确定;

　　　l——压杆长度;

　　　i——惯性半径,对于实心圆截面杆 $i = \sqrt{\dfrac{I}{A}} = \dfrac{D}{4}$。

只有当临界应力 σ_{cr} 不大于材料的比例极限 σ_p 时,欧拉公式才能成立,因此,$\lambda_p = \sqrt{\dfrac{\pi^2 E}{\sigma_p}}$ 是能够应用欧拉公式的最小柔度值。当压杆的柔度小于 λ_p 时,临界应力 σ_{cr} 超过了材料的比例极限,欧拉公式不再适用,可以用直线公式。$\lambda_s = \dfrac{a - \sigma_s}{b}$ 为直线公式中柔度的最小界限值,a,b 是与材料相关的常数,可查阅相关手册。

表 4 - 3　　长度因数 μ

约束情况	两端铰链	一端固定 一端自由	一端固定 一端铰链	两端固定
简图				
μ	1	2	0.7	0.5

因此,压杆临界应力的计算公式可归纳如下:

1) 当 $\lambda \geqslant \lambda_p$ 时,压杆是细长杆,用欧拉公式计算临界应力:

$$\sigma_{cr} = \frac{\pi^2 E}{\lambda^2} \tag{4 - 44}$$

2) 当 $\lambda_s < \lambda < \lambda_p$ 时,压杆是中长杆,用直线公式计算临界应力:

$$\sigma_{cr} = a - b\lambda \tag{4 - 45}$$

3) 当 $\lambda \leqslant \lambda_s$ 时,压杆是短粗杆,用强度公式计算临界应力:

$$\sigma_{cr} = \sigma_s \tag{4 - 46}$$

(2) 单、双耳接头螺套的外径 D

单、双耳接头螺套的外径 D 按下式计算:

$$D \geqslant \sqrt{\frac{4F}{\pi[\sigma]} + d_1^2} \tag{4 - 47}$$

式中,d_1 为螺纹外径。

(3) 销子直径 D_1 计算

拉杆组件中销子不仅受剪切力,而且受挤压力。因此,销子的尺寸设计要综合考虑剪切和挤压强度。

根据剪切强度的要求,销子直径 D_1 应满足:

$$D_1 \geqslant \sqrt{\frac{2F}{\pi[\tau]}} \tag{4 - 48}$$

式中　F——拉力;

$[\tau]$——许用切应力。

根据挤压强度条件进行校核,销子的挤压应力需满足:

$$\sigma_{bs} = \frac{F_{bs}}{A_{bs}} = \frac{F_{bs}}{td} < [\sigma_{bs}] \qquad (4-49)$$

式中　　F_{bs}——销子受到的挤压力,$F_{bs} = \frac{F}{2}$;

　　　　A_{bs}——挤压面积;

　　　　t——双耳的单面厚度,或是耳片的厚度;

　　　　d——销子的直径。

4. 承力点接头

承力点接头是连接承力点与作动筒的设备。接头分为两类:一类承力点接头与承力点连接,有 2 000 kN,5 000 kN 的接头;另一类承力点接头与压板(见图4-58)、承力梁、承力板(见图4-59)连接,此类有 50 kN,100 kN,200 kN 的承力接头。各类承力接头都可组成独立的加载系统。

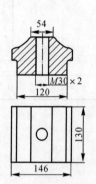

图 4-58　压板(单位:mm)

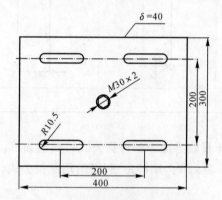

图 4-59　承力板(单位:mm)

承力点接头的一端为螺柱或螺套,与承力点或压板、承力板相连;另一端为单耳或双耳的形式,与作动筒相连,结构形式如图 4-60 所示。

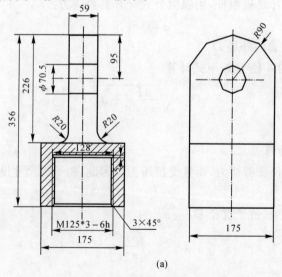

(a)

图 4-60　承力点接头(单位:mm)

(a)管式单耳接头

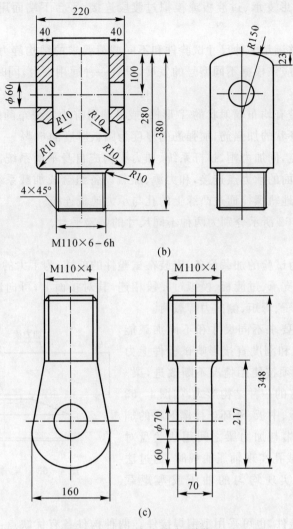

续图 4-60　承力点接头(单位:mm)
(b) 柱式双耳接头；　(c) 柱式单耳接头

4.1.5.3　边界支承工装

弹(箭)结构静力试验大多是按部段进行的。为了模拟其在飞行状态下的受力情况,试验时试验件两端与试验工装相连,这些试验工装称为边界支承工装,此类工装主要有加力帽、试验平台、笼形支承、锥形支承、过渡环、模拟级间段、模拟过渡段等。

试验时,若试验件两端的连接情况与真实情况接近,可以使试验结果更加精确。但是,真实部段的强度和刚度达不到试验的预期目的,而且反复使用时会发生残余变形,因此不能作为边界支承设备的最佳选择。因此要设计模拟部段来代替真实部段。模拟部段的结构形式与真实部段基本上相似,而承载能力和刚度要大于真实部段,以保证在进行破坏试验时,即使试验件破坏,模拟部段仍无明显的残余变形,可以多次使用。

1. 试验平台

试验平台简称平台,是结构静力试验的主要支承设备。为了力的传递或对接试验件的需要,平台上端面可与笼形支承、过渡板或模拟过渡段连接,平台下端面用螺栓与承力地轨、板相连。

试验平台应该能够满足多种尺寸试验件和不同载荷要求的结构静力试验。因此,在试验平台的设计规划阶段,应该根据不同型号的发展,设计一种通用平台,同时完成大小尺寸、大小载荷的试验。

平台的上端面为带有均布辐射状的 T 形槽,或沿圆周有均匀分布的螺孔的圆板。圆板的反面设计有辐射状和环状的加强筋,加强筋的厚度为圆板厚度的 60% ~ 80%。平台圆板上设计有不同力值的承力点,同加力帽、拉杆系统、加力梁构成自身平衡系统。平台圆板上留有圆孔,便于拉杆系统与地面的承力点连接,和力源、加载设备组合成加载系统。平台的下端面有大于圆板外周的凸缘,地轨螺栓通过凸缘上的孔与承力地板连接。

图 4-61 和图 4-62 所示分别为两种不同尺寸的试验平台。

2.加力帽

加力帽是结构静力试验的加载设备,安装在试验件的前端,为了力的传递或试验件的对接需要,加力帽可与笼形支承、过渡板、模拟过渡段相连,其对接面上,可向试验件传递均布的载荷,加力帽能够实现轴压、弯矩、侧向力等载荷。

不同型号的结构,要求不同尺寸和不同加载能力的加力帽,结构形式和刚度直接影响试验件上力的传递和应力分布,必须按使用情况不断改进,梁-帽组合式加力帽是较好的一种结构形式,如图 4-63所示。加力帽由内圆板、中板、外环连接辐射状的加强筋铸成一体。加力帽与加力梁之间用法兰盘对接。当从梁的两端加载孔实现轴压加载时,通过法兰盘传到加力帽上,实现均匀的轴压或弯矩载荷等。

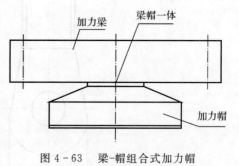

图 4-63　梁-帽组合式加力帽

加力帽可采用铸造件,也可采用型钢焊接件。两种构件各有优缺点:焊接件生产周期短,结构质量小,但是焊接变形大不易保证对接;铸造件生产工艺简单,变形小,刚度好,便于对接,但设备质量大。

一体式加力帽也可以很好地实现轴压或弯矩载荷的均匀加载,如图 4-64 所示。加力帽的四个象限分别连接作动筒,由于在四个方向同时施加载荷,因此,可以保证载荷均匀传递到与加力帽连接的试验件上。

3.笼形支承

(1)用途

笼形支承用途如下:

1)设计有不同高度,便于调整试验件的安装高度;

2)通过笼形支承达到力的扩散,使试验件承受均布载荷,即保持力的正确传递;

3)便于试验件底部安装加压、卸压、及测试等设备;

4)便于试验过程中观察试验件底部的变形和试验设备的工作情况。

(2)结构形式

　　笼形支承由压杆、端框和加强框等焊接成笼形结构。压杆的截面积是多种多样的,有角钢、槽钢、无缝钢管、双管并联或槽钢与钢板焊接的盒形件等,可根据其承载能力来选择。压杆的间距,以不影响试验件对接时的螺栓的安装为宜。某型号笼形支承结构示意图如图 4 - 65 所示。

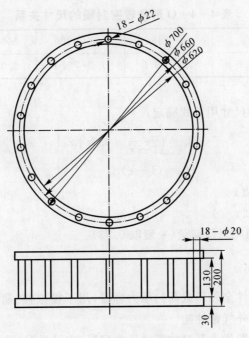

图 4 - 65　笼形支承结构示意图

（3）笼形支承的强度计算

压杆的强度计算可参考 4.1.5.2 拉杆组件中压杆稳定性的计算方法。

端框的计算:假定端框在两压杆间为直梁,其长度为 $l = \pi D / n$(n 为压杆的数目,D 为端框的直径）。端框承受作用于截面中心的连续均布载荷为 $q = F / \pi D$,端框的最大应力按下式计算:

$$\sigma_{\max} = \frac{Ma_{\max}}{W_z} \leqslant [\sigma] \tag{4-50}$$

式中　　$Ma_{\max}$——最大弯矩;

　　　　W_z——截面模量（可查阅相关材料手册）。

4.1.5.4　压力支承工装

1. 内压堵盖及密封圈设计

内压试验的工装设计包括内压堵盖和密封圈的设计。内压堵盖的设计根据试验件的最大压强及几何尺寸大小来定,内压堵盖可设计成圆堵盖、椭圆堵盖、锥形堵盖及圆板堵盖等,强度核算一般用经验公式,也可用有限元软件模拟。一般内压堵盖可采用简单的圆板堵盖,其厚度按下式计算:

$$\delta_{th} = R \sqrt{\frac{1.238 p_{bucd}}{[\sigma]}} \tag{4-51}$$

式中　　δ_{th}——圆板厚度;

p_{bucd}——试验件设计爆破压强;

$[\sigma]$——许用应力。

堵盖与试验件连接处的密封主要采用 O 形密封圈密封。横截面直径 d_0 根据堵盖直径 D_0 参照表 4-4 选取。在结构布局允许的情况下,O 形密封圈的横截面直径以略大为好。

表 4-4　O 形象较密封圈的尺寸关系

D_0/mm	< 50	$50 \sim 150$	$150 \sim 300$	$300 \sim 700$	$700 \sim 900$
d_0/mm	$2 \sim 2.5$	$2.5 \sim 3.5$	$3.5 \sim 5.0$	$5.0 \sim 7.0$	$7.0 \sim 9.0$

O 形密封圈的密封槽尺寸用下式确定:

$$\left.\begin{aligned}B_0 &= \left(\frac{1}{1-\varepsilon} - 0.6\varepsilon\right)d_0 \\ H_0 &= (1-\varepsilon)d_0\end{aligned}\right\} \tag{4-52}$$

式中　B_0——密封槽宽度;

H_0——密封槽高度;

ε——O 形密封圈相对压缩量(一般取 0.33)。

2. 外压工装设计

(1) 外压容器

外压容器是实现试验件全外压载荷的承力容器,用于模拟弹、箭结构承受的外压,也可用于检验纤维缠绕试验件的外气密性能。

外压容器的结构形式即为大开口的普通压力容器,它可根据试验件的大小,而设计成不同大小的压力容器,也可利用已有的发动机壳体作为外压容器,开口堵盖采用 O 形密封圈密封,密封圈及密封槽设计方法与内压堵盖相同。

目前有外压容器两个(见图 4-66 和图 4-67),可进行相应尺寸的外压、外气密试验。

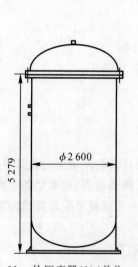

图 4-66　外压容器(1)(单位:mm)

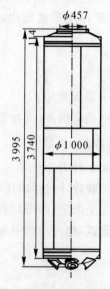

图 4-67　外压容器(2)(单位:mm)

圆筒段壁厚为

$$t \geqslant \frac{pD_n}{2[\sigma]\varphi - p} + C_1 + C_2 + C_3 \tag{4-53}$$

式中　　D_n——容器内径；

　　　　p——容器设计压力；

　　　　φ——焊缝系数（加强 100％，无损探伤时 $\varphi=1$）；

　　　　$[\sigma]$——许用应力；

　　　　C_1——钢板或钢管负公差；

　　　　C_2——加工时工艺减薄量；

　　　　C_3——使用期内的腐蚀裕量。

椭圆顶盖壁厚 t 按下式计算：

$$t \geqslant \frac{pD_n}{2[\sigma]\varphi - p} + C_1 + C_2 \tag{4-54}$$

球顶盖壁厚 t 按下式计算：

$$t \geqslant \frac{pD_n}{4[\sigma]\varphi - p} + C_1 + C_2 \tag{4-55}$$

（2）支承筒、橡皮筒

支承筒、橡皮筒是实现试验件筒段外压载荷的支承和传递设备，以模拟弹、箭结构承受的侧外压。

支承筒、橡皮筒的结构形式，因试验件的结构形式不同而不同。承力筒、橡皮筒和上、下压板用螺栓连接，形成密封结构，套于试验件外，实现侧外压，如图 4-68 所示。支承筒的强度计算与外压容器圆筒段相同。

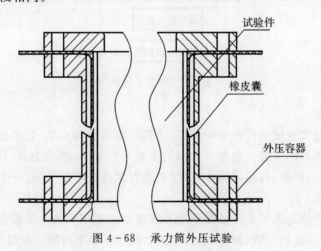

图 4-68　承力筒外压试验

4.1.6　结构静力试验的工作流程

结构静力试验的工作程序，一般可分为七个阶段，其工作流程如图 4-69 所示。

1. 讨论并会签试验任务书

试验任务书的内容包括试验目的、试验情况、试验次序、试验载荷、边界支持条件、应变和位移测量等。主要讨论试验内容、要求的必要性和实现的可能性,重点是讨论试验载荷的简化及其实现方法、边界条件的模拟和应变、位移的测量等问题。

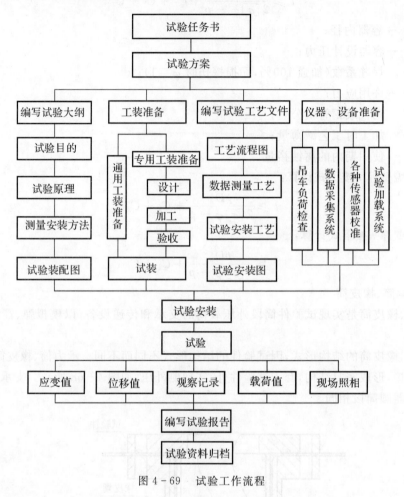

图 4-69 试验工作流程

2.制定试验方案

制定试验方案是实现试验任务书中载荷、边界支持条件和应变、位移测量的基本方案,它综合反映试验工作进行的全貌。是整个试验工作的一个基础,必须全面、仔细考虑,充分利用实验室现有试验设备、仪器、传感器的条件,使试验方案具有可靠性、先进性和经济性。

3.试验工装准备

试验工装准备包括通用工装准备和专用工装准备。通用工装是实验室早期设计、加工的标准化、规格化和通用化的工装,例如:加力梁、承力柱、试验平台等。专用工装的设计工作,在试验任务书会签后根据产品的结构图纸来进行。由于通用工装是重复使用的,同专用工装相比,精确度要求应适当提高,设计安全系数也应适当加大。

试验工装设计流程如图 4-70 所示。

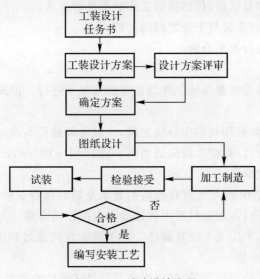

图 4 - 70　试验设计流程

4.编写试验技术文件

（1）编写试验大纲

以试验方案简图和必要的文字说明形式形成试验指令性技术文件称为试验大纲。内容主要包括试验概述、试验目的、试验技术要求、试验原理、试验测量方法和安装方法及所用仪器设备等。

（2）编写试验工艺文件

以表格形式叙述试验全过程工序内容，指导试验实际操作。

5.试验仪器、设备准备

试验仪器、设备准备是对试验所用的全部仪器、设备进行清点，检查其检定周期、使用情况等，发现问题及时处理。包括吊车负载检查、加载系统检查、数据采集系统检查、位移和压力传感器校准等。

6.试验安装

试验安装工作包括：检查试验件的供应状态，并作详细记录，填写交接单；粘贴电阻应变计；试验件及其试验装置、设备安装等。指导安装工作的技术文件是试验大纲、试验安装图和安装工艺文件。在试验件及其试验装置、设备安装完成后，即可安装位移、载荷传感器，并连接测量导线，布置测量设备。

由于试验件和试验设备尺寸和质量大，应特别重视技术安全工作，尤其是在试验件和设备起吊、运行、试验装置对接、试验件破坏等情况下，都容易出现安全问题，应有相应的安全措施，以保护人员、试验件、仪器设备的安全。

7.试验

（1）预加载

一般正式试验前均需做预备性试验，习惯称为预加载。预备性试验的程序同正式试验，只是加载、测量级别较少，一般预备性试验的最大载荷为设计载荷的 30%～40%。根据需要，预备性试验可重复进行。预加载的目的如下：

1)检查试验设备及测量仪器、传感器的工作状况是否正常;

2)消除试验件与工装、工装与工装之间的间隙;

3)对试验测量数据进行初步分析。

(2)正式试验

正式试验必须在检查分析各系统工作均正常的情况下进行。正式试验中需要注意以下几个问题。

1)分级加载:为便于测量和观察应分级加载,一般每级载荷不超过设计载荷的20%;到达设计载荷后接近破坏载荷时,载荷分级应适当减小(如5%～10%的设计载荷为一级),以便准确地确定试验件的破坏载荷值。

2)单调、缓慢加载:结构静力试验对载荷的要求是随时保持试验件的受力处于静平衡状态。因此,加载应缓慢进行,在加载过程中各加载点应按比例协调。为减小测量误差,加、卸载应单调进行,载荷到达后,不应上下反复调整。由于载荷在传递过程中存在着滞后效应,当载荷稳定后,才能进行数据测量。

3)根据试验中试验件的变形情况,随时观察并记录试验件的变形及响声,拍摄试验过程中试验件的变形录像和照片,详细记录试验件变形的全过程,记录的现象需在试验报告中如实反映。

8.编写试验技术报告

试验技术报告是试验单位向请托单位提供的试验结果的正式文件,是试验的最终"成果"。内容包括有试验目的,试验载荷和边界支持条件的实现方法,载荷、应变、位移测量所用的仪器、传感器及其精确度,试验载荷,试验件变形及破坏的状况,分析和给出试验获得的主要数据、现场照片以及绘制的有关试验曲线,以及试验对任务书满足与否的结论。

(1)破坏载荷

用测力计测量载荷时,是通过同测力计配套的二次仪表的指示(不包括设备自重)来控制加载的。各级的实际载荷,包括试验件的破坏载荷应是二次仪表上得到的读数加上设备的重力。

用液体介质给试验件加载时,用压力传感器测量载荷,应注意传感器的安装位置,由于水自重的影响,试验件的不同位置所承受的载荷有所不同。

(2)试验数据的修正

计算载荷时,如试验设备质量较大,则设备重力不能忽略。在试验安装后,设备重力已作用于试验件上,而测量数据是在正式试验时才进行的,因此,在正式试验中,测量的应变、位移各级数据中均未包括设备质量作用的结果。为了便于数据的处理和修正,在试验的第一级载荷中,应包含设备重力,其结果反应在载荷-应变、载荷-位移曲线不过零点(见图4-71)。这些曲线在横坐标轴上的截距代表设备重力,在纵坐标上的截距代表设备重力对应的应变或位移值。试验数据的修正,就是指在各级载荷下测量的应变、位移数据中,均应加入设备重力引起的应变或位移值。

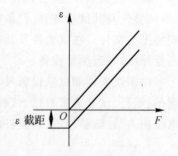

图4-71 载荷-应变(位移)曲线

(3)试验应力计算

在试验中,一般通过传感器测量的都是应变值,需要通过有关公式计算应力。

(4)试验数据处理和曲线绘制

试验曲线一般包括三类：①载荷-应变曲线和载荷-位移曲线，绘制这种曲线可以判断试验件的屈服载荷，并得到应变、位移的修正值。②应力曲线和变形曲线，这种曲线用作试验结论分析，主要了解试验件某截面的应力或变形分布，以便同理论计算结果进行比较。③载荷-时间曲线，即加载速率曲线，这种曲线用作辅助判断试验件的临界失稳载荷。

(5)试验结果、结论及讨论

试验报告除阐述试验是如何做的，以及获得的试验结果外，应对试验结果进行简单分析，并提出相应的改进建议，供设计人员参考。

4.1.7 结构静力试验技术发展趋势

由于现代科学技术的发展，新型的高强度、低密度材料的出现，高能推进剂的研制成功，新的设计理念的突破，计算机辅助设计的应用，促进了固体火箭发动机新型号的研制，因此对固体火箭发动机的试验技术提出了更高的要求。结构静力试验技术将会呈现以下发展趋势。

(1)新型测试系统的建立

固体火箭发动机数据测试的特点是工作时间短，采样速度快，精度要求高。需要对温度、压力、载荷以及应变等诸多参数的测量。因此，要精确测定这些变量，必须选择恰当的测试办法，采用高精度的测试系统。传统的测试方法要求硬件仪器设备较多，成本较高，很难满足现代社会对固体火箭发动机精确参数尤其是动态参数的测试要求。由于计算机技术、软件技术以及网络技术的高度发展，计算机在测试和仪器领域的应用也越来越广泛，与之相关的新的测试方法和仪器也不断出现，从而产生了基于计算机的虚拟仪器技术。故在固体火箭发动机测试中，通过引入虚拟仪器技术就可以很方便地组建一套精密的、动态性能优良的测试系统。

(2)测量方法的突破

随着各种新型的测量设备的研制，测量方法将会有新的突破，在应变测试方面，目前国内主要采用应变片法测试，该方法尽管测试精度高、测试技术成熟，但也有其弊端，主要表现为受贴片方法的限制，应变片测试无法获得试验件完整的变形信息，当试验要求在转动时测量试件变形时，该测试方法便无能为力。而应用分布式光纤传感器，可以从整体上对被测对象的有关物理量变化的时间、位置进行监控。

(3)环境耦合试验技术的发展

导弹在空中高速飞行时受到的影响因素主要有热、力、振等，多种因素共同作用、相互影响，对导弹的结构性能、打击精度有较大的影响。传统试验仅考虑单一因素对导弹发动机的影响，不能真实模拟导弹飞行的真实环境及载荷情况。环境耦合试验作为研究战略导弹发动机天地一致性问题的有效方法，已成为固体火箭发动机结构设计、强度及可靠性分析、结构性能检验和鉴定的重要手段。环境耦合试验技术，是为解决战略导弹发动机在高马赫数飞行状态下结构强度问题而发展起来的一种地面模拟试验技术，通过在地面等效模拟战略导弹发动机飞行状态下的热环境和气动载荷，考察多种因素对发动机结构的影响。

(4)计算机辅助及仿真技术的应用

由于试验件制造成本较高，不可能对多批试验件进行同类试验，获得具有统计性的数据。若能在试验前对固体发动机壳体在受力情况下的变形情况进行分析研究，可以很好地指导试验，获得宝贵的数据。一方面，仿真试验可以模拟不同类型载荷同时加载的边界条件，获得试验件在复杂条件下的薄弱部分位置和变形情况。和传统的静力试验相比,边界条件更符合真实情况。另一方面,仿真试验可以为静力试验提供指导,指出试验时重点关注部位。在试验策划阶段,设计人员可根据仿真结果在相应的部位布置较多数目的应变传感器。并且,随着大型计算机技术的发展,模拟能力也愈来愈强,可以用仿真来代替一部分试验,节省试验经费。

4.2 振动力学试验技术

4.2.1 振动力学试验类型及目的

4.2.1.1 概述

振动力学试验的定义是与静力学试验相对应的一种概括性分类。一般把变化较为缓慢的载荷,如压力、拉力等不会引起试验件振动的载荷称为静力载荷,把这一类型的试验称作静力学试验,对应的力学强度理论称静强度理论,如材料力学的经典强度理论;而把容易造成试验件振动的载荷称为动力载荷,并把这一类型的试验称作振动力学试验,其最大的特点是载荷对象沿一平衡位置反复运动,例如机械振动或机械冲击等,对应的力学强度理论称动强度理论或疲劳损伤理论。

4.2.1.2 振动力学试验分类

固体火箭发动机振动力学环境试验根据试验目的可分为动态环境考核试验及动态性能测试等两类。在工程实际中,根据不同研制阶段可分为研制初期阶段的摸底试验,研制中期的鉴定试验,研制末期的定型考核试验及可靠性增长试验等。根据试验条件类型分为正弦振动、随机振动、古典冲击(半正弦冲击)、冲击响应谱冲击及混合叠加振动谱等类型。

振动力学环境考核类试验根据试验内容还可分为不同的试验项目,分别为飞行振动、弹射振动、陆上运输振动及舰船运输振动;冲击试验分为弹射冲击(半正弦、锯齿波、方波、冲击响应谱)和颠震冲击试验。车载运输试验有公路运输试验和铁路运输试验。

振动力学动态性能测试试验主要为模态试验。一般来说,测试发动机及其附件主要方法是自由-自由边界条件模态试验,这样可以测试到准确的模态性能参数,以作为设计人员校核有限元模型的依据,同时可向总体单位提供发动机的模态性能参数。在振动试验中也采用正弦扫描的方法测试发动机的谐振频率,这其中包含了试验工装及振动台动圈的约束,因此是一个系统谐振频率,可作为分析系统和部件动态特性时参考使用。

4.2.1.3 振动力学试验技术发展现状

国外报道较多的是航天器振动试验,如阿波罗飞船、太空望远镜振动试验以及大型运载火箭如战神运载火箭地面振动试验。如美国在马歇尔太空飞行中心利用振动悬挂塔 TS4550 进行了航天飞机全尺寸地面振动试验,包括轨道器、两个固体火箭助推器及液体燃料储液罐进行了地面动态性能测试。由于涉及复杂的结构动态特性,尤其是固体推进剂的黏弹性特性,因此该项目不仅进行了航天飞机 1/4 的缩比水平状态动态特性试验,而且进行了组合体的垂直状态地面振动试验,用以验证数学模型的正确性。边界条件尽量模拟飞行实际状态,为了连接方便,去掉了固体火箭助推器的喷管,但也采取了等质量的模拟件,以确保不改变系统的动态特性。地面振动试验中测试了 320 通道的加速度信号,30 通道的应变信号,40 通道的力传感器信号,以及 10 个压力传感器测量通道和 9 个速率陀螺测量通道。激励采用 24 个通道 150 磅力[①]和 1 000 磅力推力的电动振动台,横向激励的正弦频率范围为 1.5～30 Hz,纵向激励的正弦频率范围为 1.5～50 Hz。试验状态分别模拟了起飞初始状态,飞行中段以及助推器抛离状态等。试验结果表明,安装在固体助推器的速率陀螺受到固体助推器的动态特性影响,因此要求修改固体助推器的环向刚度,以改变其结构响应频率和放大因子,这些改动有助于实现航天飞机飞行控制的稳定性。这从另一个侧面反映了进行这次地面振动试验的重要意义。

随后,在 2009 年的战神运载火箭研制过程进行了类似的地面振动测试试验,此次试验由多家单位共同参与,包括 NASA Langley 研究中心(Langley Research Center)、Glenn 研究中心(Glenn Research Center)、马歇尔航天飞行中心(Marshall Space Flight Center)、肯尼迪航天中心(Kennedy Space Center)、航天公司(Aerospace Corporation)等。NASA Ares I-X 试验火箭使用 m+p 国际公司的 SmartOffice 系统完成了一系列的模态试验。试验在 NASA 肯尼迪航天中心的火箭装配大厅的一部移动发射平台进行,装配完毕的高达 327 ft[②] 的运载火箭安装在该平台上。试验采集 104 通道的数据并驱动 4 台液压激振器。SmartOffice 的通程采集模块用来将试验过程中的所有通道的时间历程数据保存到硬盘,可根据需要在后处理模块中随时进行再处理。试验中使用的激励方式包括多激振器的随机激励和单激振器的力控制正弦扫频激励。为了研究火箭自身的模态,研究人员也进行了锤击法试验并识别了火箭的前 4 阶弯曲模态。这些实验模态数据用来修正有限元分析的结果。

据国外媒体报道,美国马歇尔航天飞行中心配置 8 台电动振动台,每两个组成一对,可提供 4～20 t 的推力;同时配置电液振动台,可提供 4～8 ft 位移的低频振动试验。

欧洲实验服务中心(ETS)环境实验室配置 4 台 V984 振动台垂直并激的振动试验系统,推力可达 640 kN;双台水平并激的 V984 振动台系统,推力可达 320 kN。同时配置了 V994 振动台系统,可实现频率范围为 5～2 000 Hz,推力为 255 kN 的振动试验。根据有关资料报道,该实验中心利用该振动台完成了伽马射线太空望远镜振动试验,该试验配置了 64 通道的振动控制系统,98 通道谱动态采集系统,以及 48 通道数字记录仪。该试验采集 18 通道关键试验点的应变试验数据。该试验中心还配备了 6 自由度液压振动试验系统,可提供最大负载 10 t,频率范围 3～200 Hz,振动加速度 10 mg～20 g 的振动试验能力。

国内振动实验室在市场需求的推动下也发展迅速,航空、航天、兵器、铁路系统、船舶及电子电工等部门的大型研究院及研究所,相继建立了规模大小不等振动实验室。其中,中国航天科技集团 702 研究所可以制造推力达 70 t 的振动实验系统,是目前世界单台推力最大的振动台;同时建立了面向市场服务的环境可靠实验室,为各类产品提供包括振动力学在内的环境试验服务。经过多年发展,国内振动试验技术在数据采集、设备制造及试验分析等方面有了长足的进展,同时也充分说明了振动试验技术在各行各业受到充分的重视,振动实验室已成为检验产品性能和提高产品可靠性的重要平台。

4.2.1.4　固体发动机振动力学试验的意义

振动力学问题是工程研制领域必须考虑的一个关键问题。不论从适应振动力学环境所要求的结构可靠性,还是从降低环境噪声污染等方面要求考虑,进行振动试验都是设计师和工程

---

① 1 磅力(lbf)≈4.45 N。

② 1 ft≈0.3 m。

技术人员十分关心的一个问题。

固体火箭发动机振动力学试验是为了提高发动机在一系列振动力学环境作用下的产品可靠性,以便尽早暴露发动机结构的薄弱环节,为发动机结构改进提供依据。典型的振动力学环境包括运输环境、飞行振动环境、弹射冲击环境、颠震以及更为真实的混合叠加振动环境。同时,设计人员为了对固体发动机的动态特性有一个全面的了解,常常需要进行模态试验、正弦扫频试验等性能测试试验,以便测试发动机的共振频率、固有频率及阻尼系数等动态特性参数,为分析计算发动机动态响应提供参考。

固体火箭发动机在飞行、发射和运输的过程中经历着一系列复杂的振动冲击环境。如发动机在弹射、点火、关机、级间分离分离时,容易激起结构的低阶振动;发动机在穿越音障时,容易激起结构件的横向振动;喷管在作动筒的推动下,易受其激振频谱的影响,从而产生抖动;发动机的不稳定燃烧,引起的推力脉动,也会引起结构的振动响应;发动机在公路运输、铁路运输、海洋运输、吊装冲击、发射冲击等冲击环境作用下,发动机结构完整性如何,如推进剂是否会产生裂纹,黏结层是否会脱粘等,均需通过实际试验模拟等效冲击考核后,才能做出真实客观的评价。因此,进行固体火箭发动机振动力学试验的意义在于提供一个真实的振动力学模拟环境,以便评价固体火箭发动机对振动力学环境的适应性。

4.2.2 振动力学试验基本理论和常用设备

4.2.2.1 振动力学试验技术基本理论

1. 解决振动问题方法

在设计机械结构初期时,常常只考虑静载荷和静特性,当产品试制成功后再作动载荷和动特性的测试。如果不符合产品的技术指标,则采取局部补救的措施,这种设计方法称为静态设计、动态校核补救法。随着科学的迅猛发展,要求机械设备或结构具有更高的性能,更高的效率,更好的环境适应性,更高的自动化程度,更多的功能,更加轻巧并使用方便,更节省材料。这就要求机械设备或结构各部分以及配置的仪器仪表不仅具有良好的功能特性,而且要具有很好的环境适应性、可靠性,也就是具有良好的动态特性。这种要求迫使工程设计必须进入动态设计阶段,这样才能保证生产出高质量的机械设备或结构。

机械设备或结构的振动力学问题,归纳起来包括以下三个方面的问题:

1)已知环境对系统(机械设备或结构)的输入(激励)和系统的动态特性,求系统的输出,工程上称为响应预测。这是结构振动力学中的正问题。响应预测的目的在于寻求结构系统的目标响应,即最优响应,由目标响应进而保证结构的目标性能。固体发动机振动、冲击试验一般属于这类型问题。

2)已知输入和输出,求系统的动态特性,工程上称为系统识别。解决这类问题的途径是根据实测到的输入(激励力)与输出(响应)的信息,按照目标函数最优的判据来确定结构系统的动态特性,这是振动力学中的一种逆问题。系统识别的目的在于通过寻求结构系统的最优模态参数,进而保证结构系统的最优物理参数及其匹配,并为振动力学分析计算的正确建模提供依据。型号研制中的模态试验一般属于这类型问题。

3)已知输出和系统的动态特性求输入,工程上称为载荷识别或环境预估,这也是结构振动力学中的一种逆问题。载荷识别的目的在于对于无法直接测量的动载荷条件进行理论计算求解,以确定具体的载荷条件。

以上三方面的问题有着内部规律联系,它们之间互为因果。只有将这三者间的内部规律认识清楚并妥善解决好,才能使设计生产出的产品达到预期目的。目前,固体火箭发动机振动力学试验主要停留在第一类型的问题,即振动力学正问题。围绕以上三大问题,振动与冲击的试验方法和内容是多方面的,它们之间既有独立性,又存在着有机的联系,形成振动试验解决工程振动问题的一个整体。

解决振动问题的思路如图 4 - 72 所示。

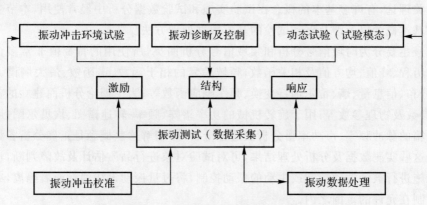

图 4 - 72　解决振动问题的思路

解决振动问题基本就是要解决工程实际中所遇到的激励、结构及响应三者的关系。这个问题的解决,可以建立理论模型,进行理论仿真分析和计算;也可以采用试验测试的手段,获得问题的解决。然而,理论分析必须与试验测试分析相结合,互为补充,这样才能圆满解决振动工程实际问题。

2. 振动试验技术研究的主要内容

振动试验技术研究的主要内容包括振动环境测试、振动环境模拟及试验产品振动特性分析等方面。

振动环境测试是振动试验研究的主要工作内容之一。振动测试的目的和任务在于准确获取数据信息,包括环境激励、产品结构响应的有关数据信息,以便直观了解环境激励状况、响应状况和结构特性,分析激励、结构、响应之间存在的关系。因此,测试是振动试验技术研究的最基本工作。

振动环境模拟是振动试验技术的核心工作。其主要内容包括振动试验设备的研制和使用、振动工装夹具的设计与制造以及试验实施方案的制定与实施等工作,其核心思想是试验产品振动环境的真实再现并以合理方案予以实现。因此,在制定试验方案时需充分考虑环境模拟的真实性以及试验实现的经济性。从工程研制的观点来看,能否以较小的成本能够达到振动试验的目的,这是衡量试验方案合理性的一个重要指标。在确定试验实施方案后,振动试验工装夹具的设计与制造是保证试验圆满完成的关键环节。

振动试验产品振动特性分析是振动试验研究的最终目的。一方面,试验人员需要在测试的环境数据和产品的响应数据的基础上,提供详尽的试验数据分析处理结果。另一方面,产品设计人员必须与试验人员密切合作,提供给试验人员较为充分的产品结构信息,才能更有效地获得满意的试验分析结果。最终的振动试验产品振动特性分析结果包括产品的振动环境数据,产品的振动环境响应数据,产品的谐振频率或产品的模态参数等结果。在可能的情况下,根据对产品的了解程度,指出试验产品存在的薄弱环节以及产品的改进方向。

总之,振动试验的任务是提供试验产品及附件振动环境数据,研究模拟振动环境的原理和方法,并根据试验结果数据提出控制振动及改善振动环境的措施。

3.振动试验技术常用基本概念

振动试验技术是一个综合学科,涉及振动力学、数据采集与处理、信号分析、故障诊断及自动控制等相关理论,有许多基本的概念在试验实施和试验数据分析中经常使用,本节主要介绍数据处理的基本概念以及涉及振动试验的基本数据处理方法。

振动信号主要分为时域信号分析和频域信号分析两类,所使用的特征值非常多。如时域信号的时间历程、峰值、均方值及相关函数,频域信号的相干函数、谱函数、最大熵谱、谱矩、倒频谱、概率分布、信息量、熵、希尔伯特变换、频率响应函数等;为了理论分析而建立的各种数学模型、模态参数及物理参数等;用于旋转机械的功率谱阵、频率-转速谱图、坎贝尔图;用于滚动轴承及齿轮箱的脉冲频率、声功率谱分析及边频分析等,理解这些概念是正确分析各种数据的基础。根据这些实测数据及分析处理结果,可对试验对象进行品质估计及故障判断,进一步可采取相应措施进行被动振动控制或主动的振动控制,将过量振动设法消除或者隔离,或设法将振动量级限制在允许的范围之内。

通过固体发动机振动试验数据的处理,为振动试验条件的制定、预示发动机的结构响应量级及故障诊断分析提供依据。

(1)时域信号

被测振动信号(包括加速度、速度、位移)与时间的记录曲线,称为时域信号,这是振动测试的最原始信号。通过对时域信号进行分析可获得最大峰值、平均值及标准差等统计参数。

(2)傅里叶变换和频谱

一个复杂的时域振动信号经过傅里叶变换,可以转换成人们易于理解的谱信号。通俗的理解是把时域信号变成一系列正弦信号的叠加。

傅里叶变换的定义为

$$X(f) = \int_{-\infty}^{+\infty} x(t)\exp(-j2\pi ft)\mathrm{d}t \qquad (4-52)$$

傅里叶变换是振动力学中一个十分重要的概念,它建立了一座桥梁,将时域信号和频域分析联系起来,在许多工程领域是一个必不可少的工具。通过傅里叶变换,工程技术人员可从另一个视角来分析和理解问题,在声学、光学、电磁学及振动力学等领域,将分析问题的方法带入了一个全新的世界。

目前,大部分振动力学问题,人们都试图从频域的概念来理解。如低频应力问题、固有频率共振问题及随机振动量级衡量问题等,因此可以说傅里叶变换是振动力学的基础。

将时域信号进行傅里叶变换,则可得到横轴为频率,纵轴为幅值或相位的一组曲线,即频谱曲线,并分别称为幅频曲线和相频曲线。这些曲线均具有明确的物理含义,是傅里叶变换的直观应用。

(3)采样定理

由于数字化采集的需要,需要将连续的时间信号以一定的采样频率 f_s 采样。因此振动试验中采集到的时域信号都是离散信号而非连续信号。根据采样定理,采样频率 f_s 和离散后信

号分析频率 f_m 的关系为

$$f_s \geqslant 2f_m \tag{4-53}$$

因此采样频率必须大于分析频率 2 倍以上,一般取 2.56 以上。同样由于离散化处理,连续的时域信号变成了在时间轴上的离散点,经过离散傅里叶变换,原来在频域上连续的频谱也变成了离散谱,其分辨率与采样频率相关,表现为谱信号分析中的谱线数。

(4) 自功率谱密度和均方根加速度

对于任何时域信号 $x(t)$,定义其 $|x(t)|^2$ 为瞬时功率,根据 Parseval 定理,同样可以定义 $x(t)$ 的频谱值 $|X(f)|^2$ 为该信号在频域的能量谱或功率谱。

因此,对于平均功率谱 $\overline{x}^2$,有

$$\overline{x}^2 = \int_{-\infty}^{+\infty} \frac{1}{T} \lim_{T \to \infty} X(f) X^*(f) \mathrm{d}f = \int_0^{\infty} \frac{2}{T} \lim_{T \to \infty} X(f) X^*(f) \mathrm{d}f \tag{4-54}$$

式中,后者定义为单边功率谱密度,前者定义为双边功率谱密度。

功率谱密度(PSD)是一个在振动试验中经常用到的概念,所有的随机振动条件均以功率谱密度曲线的形式给出,试验件结构响应的随机振动试验量级也以功率谱密度的形式给出。其积分值的二次方根方称为均方根加速度 g_{rms},表征随机振动能量的大小。

从以上定义可以看出,功率谱密度曲线是一个包含各段频率幅值的大小的曲线。而均方根加速度只是其曲线的积分结果,因此功率谱密度曲线更具有代表意义。

(5) 自相关函数

对于随机信号,自相关函数的定义为

$$R_{xx}(\tau) = \lim_{T \to \infty} \frac{1}{T} \int_{-\frac{T}{2}}^{\frac{T}{2}} x(t) x(t+\tau) \mathrm{d}t \tag{4-55}$$

自相关函数的意义是在数学上,它与自功率谱密度构成了一个傅里叶变换对。它另一作用是检测一个信号是否为纯随机信号。当滞后时间足够大时,纯随机信号的自相关函数趋于零或某一常数,而周期信号的自相关函数仍为周期信号。

(6) 互功率谱密度和互相关函数

对于两个平稳随机过程中的样本 $x(t)$ 和 $y(t)$,类似于自功率谱的定义,互功率谱密度 $S_{xy}(\omega)$ 与其互相关函数 $R_{xy}(\tau)$ 为一个傅里叶变换对,简称为互功率谱。即

$$S_{xy}(\omega) = \int_{-\infty}^{+\infty} \frac{1}{T} R_{xy}(\tau) \mathrm{e}^{-\mathrm{j}\omega\tau} \mathrm{d}\tau \tag{4-56}$$

或

$$S_{xy}(f) = \int_{-\infty}^{+\infty} \frac{1}{T} \lim_{T \to \infty} X(f) Y^*(f) \mathrm{d}f \tag{4-57}$$

互功率谱密度函数和互相关函数用于判别两个随机信号之间是否存在因果关系。在振动试验中,可用互功率谱来计算两个信号之间的平均频响函数(FRF)。

(7) 频响函数

系统在平稳输入信号 $x(t)$ 作用下产生输出 $y(t)$,则系统的频响函数定义为

$$H(f) = \frac{S_{xy}(f)}{S_x(f)} \tag{4-58}$$

在振动特性测试中,常常测试输入力的功率谱密度和响应点的功率谱密度函数,以求解系统的频响函数,进而估算系统特性参数。也可用于分析系统谐振频率和能量传递特性。

（8）加窗和泄漏问题

离散傅里叶变换和离散功率谱密度估计是对有限长样本进行的，因此对实际信号的处理需要截断处理，这样处理带来的误差，称为泄漏。即在主瓣谱附近出现旁瓣谱，旁瓣谱即为泄漏。

为了抑制泄漏，人们特别设计了不同的窗函数，如对于随机信号，设计了汉宁窗，使得主瓣谱与旁瓣谱高之比为 $1:0.027$，而矩形窗主瓣谱与旁瓣谱高之比为 $1:0.22$，但汉宁窗（Hanning）频谱的主瓣有所加宽，导致频率分辨率下降。汉明窗（Hamming）和汉宁窗形式相同，但是系数不同，它比汉宁窗消除旁瓣的效果更好。平顶窗消除旁瓣的能力在 -70 dB 以上。在瞬态冲击响应中，为了抑制响应的末端噪声，常采用增加阻尼的指数窗。

由于在加入非矩形窗函数后，改变了时域信号的原来形状，因此在计算功率谱密度函数时要除以修正因子 α，如汉宁窗 α 为 0.375，如汉明窗 α 为 0.397。

（9）抗混滤波

有了傅里叶变换，人们分析时域信号总是关心一定频率范围的谱信号，这样往往把工程上不关心的高频成分或噪声成分滤掉，这并不影响低频分析信号的正确性，常用低通滤波器（巴氏滤波器），这种技术称抗混滤波。现在数字采集系统均采用实时数字滤波器实现抗混滤波，流程如图 4-73 所示。

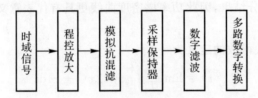

图 4-73　抗混滤波工作流程

（10）强迫振动

对于单自由度系统，在受简谐激振力作用下的方程如下：

$$\ddot{x} + 2\xi\omega_0\dot{x} + \omega_0 x = B\omega_0\sin(\omega t) \tag{4-59}$$

其中，$\omega_0 = \sqrt{\dfrac{K}{m}}$ 为系统的固有频率，$\xi = c/2\sqrt{km}$ 为阻尼比。

1）当 $\omega \neq \omega_0$ 时，系统稳态响应为与激励频率 ω 相同的简谐振动：

$$x = A\sin(\omega t - \phi) \tag{4-60}$$

稳态响应的振幅 A 取决于激励幅值 B 和频率比 $r = \dfrac{\omega}{\omega_0}$，即

$$\beta = \frac{A}{B} = \frac{1}{\sqrt{(1-r^2)^2 + (2\xi r)^2}} \tag{4-61}$$

相位差 ϕ 取决于频率比 $r = \dfrac{\omega}{\omega_0}$，即

$$\phi = \arctan\frac{2\xi r}{1 - r^2} \tag{4-62}$$

具体的曲线图如图 4-74 和图 4-75 所示。

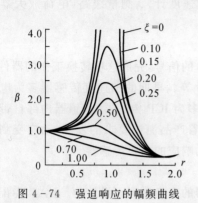

图 4-74　强迫响应的幅频曲线

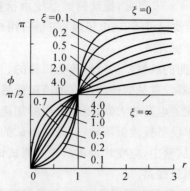

图 4-75　强迫响应的相频曲线

2）当激励频率为 $\omega_{\mathrm{m}} = \omega_0 \sqrt{1 - 2\xi^2}$ 时，稳态响应振幅最大，此时称为系统发生了共振，ω_{m} 称为系统的共振频率。

3）当 $\xi = 0$，$\omega = \omega_0$ 时系统振幅随时间的增大而震荡发散，此时系统位移为

$$x = -\frac{1}{2} B\omega_0 t \cos(\omega_0 t) \tag{4-63}$$

4）系统在若干激励力同时作用下的响应，等于它们单独作用时响应的叠加。

4.2.2.2　振动力学试验常用设备

1. 数采设备

数采设备是振动力学试验系统必备的组成部分，其基本组成如图4-76所示。振动测试系统基本原理是将工程振动的参量转换成电信号，经电子线路放大后显示和记录。这是目前应用得最广泛的测量方法。它与机械式和光学式的测量方法比较，有以下几方面的优点：

1）具有较宽的频带；

2）具有较高的灵敏度和分辨率；

3）具有较大的动态测量范围；

4）振动传感器可以做得很小，以减小传感器对试验对象的附加影响，还可以做成非接触式的测量系统；

5）可以根据被测参量的不同来选用不同的振动传感器；

6）能进行远距离测量；

7）便于对测得的信号进行贮存，以便作进一步分析；

8）适合于多点测量和对信号进行实时分析。

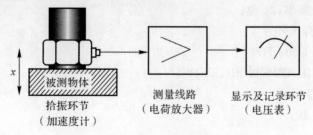

图 4-76　基本测量系统示意图

由图 4-76 可见,振动测试系统由拾振环节(加速度计)、测量线路(电荷放大器及测试线)、显示及记录环节(电压表)三部分组成。

(1)拾振环节

把被测的机械振动量转换为机械的、光学的或电的信号,完成这项转换工作的器件叫传感器或拾振器。常见的传感器有加速度传感器,应变片等。早期的加速度传感器多为电荷传感器,需要配置电荷放大器;现在常用的加速度传感器多为 ICP 传感器,传感器内部自带放大电路,由数采设备提供恒流源,以简化测试的环节。随着产品测试要求的发展,动应变测试也常用于振动试验中,应变片也逐渐成为测试试验件振动响应的重要传感器。

(2)测量线路

测量线路的种类甚多,它们都是针对各种传感器的变换原理而设计的。比如,专配压电式传感器的测量线路有电压放大器和电荷放大器等;专配电阻、电容和电感变换原理的传感器的有各种测量电桥和调制线路等;此外,还有积分线路、微分线路、滤波线路和归一化装置等等。

(3)显示及记录环节

从测量线路输出的电压信号,可按测量的需要送给显示仪器(如电子电压表、示波器、相位计)、记录设备(如光线示波器、磁带记录仪、台式计算机)及信号分析仪等。

随着数字处理技术的发展,现今以 FFT 为核心的测试分析设备已具备了速度快、分辨率高、功能强大、便携可靠等特点,众多的功能完全由功能强大的软件和高速计算机完成,因此更方便了试验数据的分析。

用于振动测试的动态测量系统,其基本性能指标主要有:

1)幅值特性指标,包括灵敏度、分辨率、线性度和重复性等指标,用于描述测试系统测试幅值的准确性。

2)时域动态特性,包括时间常数、上升时间、响应时间、超调量等参数,用于描述对时域信号的跟随行。

3)频率动态特性指标,包括幅频特性曲线和相频特性曲线。根据该指标可确定测试系统的工作频带。

近些年来,数采设备朝着大容量、多功能、小型化发展。比如现在绝大多数振动控制仪具备数据采集和振动控制两个功能;集成化技术的发展,使得 M+P 控制仪、VR 控制仪、SD 控制仪等数采控制设备趋向小型化及便携式使用;配备大容量硬盘的台式计算机,也使数据设备不再受采样频率及采集时间等因素的限制。

以下列举了国产控制仪亿恒数采设备 VT-8014 的主要指标:

· 嵌入式 PXI 总线结构;

· ADC/DAC 分辨率:24 位;

· 控制动态范围:90 dB;

· 分析频宽:0~4 680 Hz;

· 测试信号:电压,IEPE(ICP),TEDS(可选);

· 多达 16 通道驱动;

· 支持以太网并联。

2.电动式振动台

电动式振动台有一个安装被激振物体的工作平台,其可动部分可随测试试件一起运动。

控制部分由信号发生器和功率放大器等组成。控制箱与振动台之间由电缆连接。电动振动台的种类很多,频率范围很宽,可从近于零赫兹到几千赫兹,最高可达几十千赫兹。电动式振动台的优点是噪声比机械式振动台小,频率范围宽,振动稳定,波形失真度小,振幅和频率的调节都比较方便。缺点是有漏磁场的影响,低频特性较差,振动位移峰峰值一般都在 100 mm以下。

电动式振动台的外形如图 4 - 77 所示。电动振动台的结构原理如图 4 - 78 所示。它的驱动线圈绕在线圈骨架上,通过连杆与台面刚性连接,并由上下支撑弹簧悬挂在振动台的外壳上。振动台的固定部分是由高导磁材料制成的,上面绕有励磁线圈,当励磁线圈通以直流电流时,磁缸的气隙间就形成强大的恒定磁场,而驱动线圈就悬挂在恒定磁场中。

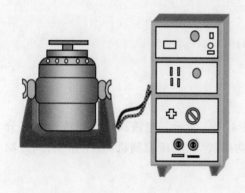

图 4 - 77　电动式振动台外形

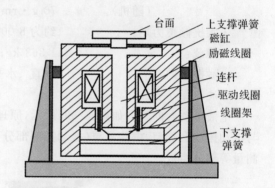

图 4 - 78　电动式振动台的结构原理

当驱动线圈通过交流电流时,由于磁场的作用,在驱动线圈上就产生电动感应力 F,从而使驱动线圈带动工作台面上下运动。

电动感应力 F 的大小为

$$F = BLI_m \sin(\omega t) \tag{4-64}$$

式中　B—— 空气气隙中的磁感应强度;

　　　L—— 驱动线圈导线的有效长度;

　　　I_m—— 驱动线圈中的电流幅值;

　　　ω—— 驱动交流电流的圆频率。

因此,改变驱动交流电流的大小和频率,就能改变工作台面的振动幅值的大小及振动的频率。

电动式振动台的控制系统如图 4 - 79 所示。

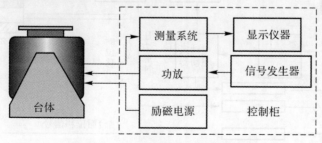

图 4 - 79　电动式振动台的控制系统

控制系统分为三路,一路是励磁部分,它主要给励磁线圈提供励磁电流而产生恒定的磁场;另一路是激励部分,它主要由信号发生器(振动控制仪)和功率放大器等组成,其输出信号接到振动台的驱动线圈上,以使其产生频率和幅值均为可调的振动信号;第三路是测量部分,传感器装在振动台台面,测量放大器的输出连接振动测控设备,用来测量台面的位移、速度和加速度值。

以下列出了 LDS 公司 V984 电动振动台主要指标:

- 额定推力(正弦、随机):   160 136 N;
- 频率范围: 5~2 000 Hz;
- 最大位移: ±19 mm;
- 最大加速度(正弦):   100 g;
          (随机):   70 g·rms;
- 大抗倾覆力矩: 约为 8 000 N·m;
- 静载: 1 363 kg;
- 激振方向: 垂直、水平。

3. 液压振动台

电液振动台的外形如图 4-80 所示,原理图如图 4-81 所示。电液振动台系统组成部分与电动振动台类似,由信号源(振动控制部分)、信号功率放大、液压控制机构、工作平台、振动测量等部分组成。

图 4-80　液压振动台系统

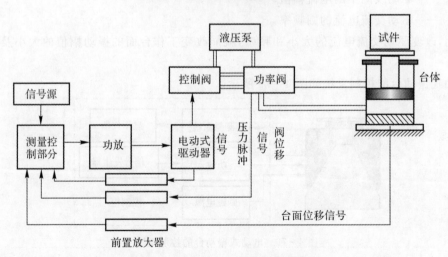

图 4-81　液压振动台系统原理图

液压振动台与电动振动台相比在于推力大,可做成上百吨的推力,低频可从 0 Hz 激振,振动位移指标也比电动振动台要大。以下列出了 team 公司的一款单轴液压振动台主要指标:

- 最大振幅:250 mm;
- 最大频率:500 Hz;
- 最大推力:250 kN。

4.2.3　振动试验

4.2.3.1　试验目的

固体发动机振动试验的目的是考核固体发动机在特定的力学环境试验条件下结构可靠性,测试固体发动机的动态响应数据,为固体发动机设计改进提供依据。

一般来说,在结构件在振动试验中可能产生失效模式如下:

1)由于疲劳或过应力造成机械强度的降低;

2)结构产生裂纹断裂、变形或裂纹;

3)机械性能降低或破坏,如紧固件松动,连接件脱落等;

4)黏结面界面脱粘,表面磨损或密封失效等。

通过振动试验,可以发现或暴露结构的薄弱环节,以便采取加固措施避免事故的发生,这是固体发动机振动试验的主要目的。

4.2.3.2　试验项目

固体发动机振动试验依据振动环境分为飞行振动、弹射振动、陆上运输振动及舰船运输振动等,一般为正弦扫描振动、随机振动两种形式。

正弦振动试验多用于模拟运输振动、测试结构件谐振频率以及固有频率附近的耐振考核。正弦振动试验考核的严酷等级由试验频率、振幅值和试验时间确定。

随机振动试验是考核发动机使用环境的主要方式,包括运输振动、飞行振动和弹射振动。随机振动相比正弦振动试验能够较真实地反映发动机所承受的振动使用环境,对于复杂的结构,随机振动能够全面反映出它们各阶谐振频率点上的振动特性和总体抗振性能。

此外,还有极少数试验件采用宽带随机加窄带随机或正弦扫描方式振动试验方式,一般用于直升机或舰船动力装置等特殊环境下振动条件考核。

4.2.3.3　固体发动机振动试验方案确定

固体发动机振动的试验流程如图 4-82 所示。

图 4-82　固体发动机振动试验程序

振动试验的实施过程是产品设计人员和试验人员不断沟通的过程。从任务书的提出,到试验人员编制试验方案及试验实施细则,到试验方案的实施及试验过程故障的处理,以及最终的试验报告编写,均需要产品设计人员和试验人员共同参与,才能顺利完成。具体来说,对于制定试验方案的试验人员来说，需要完成下列工作。

1.正确理解试验条件和试验目的

试验条件的确认是振动、试验的关键。固体发动机振动、冲击试验的试验条件一般由弹总体部门根据弹上环境试验条件提供或由发动机设计人员根据有关标准确定。对于试验人员来说，发动机试验条件的确认对于正确理解振动试验目的有重要意义。

振动试验条件主要有振动类型、振动量级、试验时间、频率范围、激励施加部位和方向、试验允差、安装方式和试验环境的温度、湿度等要求。

国军标对一系列试验环境条件都有严格的规定，一般来说，新型号发动机的研制可参照国军标规定制定试验条件。但对于军标中未作规定的试验条件，则需要设计人员或振动力学环境试验研究人员根据具体情况制定试验条件。可参考导弹或火箭飞行试验时发动机的遥测数据制定试验条件，也可参考发动机试车时测试的振动数据制定试验条件。

2.了解产品的连接边界

振动试验的边界条件模拟是振动试验的关键因素。目前振动试验的条件提出都是基于环境试验平台的概念提出的。即通过振动工装或振动夹具，提供一个相对真实的振动环境，用这个条件来模拟试验件实际的使用环境。因此产品的连接边界应真实模拟实际连接边界。

有时弹总体提出的试验条件是一个舱段的整体环境，要求舱段所有附件均须通过该舱段振动环境。但某些电子产品是通过连接支架与舱段连接，此时进行振动试验边界需将连接支架考虑在内。如果试验件在实际使用中，连接边界有减振措施，在振动试验中也应该带上减振措施。总之，振动试验的目的是模拟产品的实际使用状态，因此边界条件用于模拟真实条件。并且所进行的试验条件，是在这个连接边界条件下的试验条件，这样才能模拟振动试验环境，并达到考核的目的。

3.制定合理的试验控制方法

根据 GJB150.16A—2009《军用装备实验室环境试验方法——振动试验》推荐的试验方法有加速度输入控制方法、力限控制方法、加速度响应控制方法及开环波形控制方法。制定合理的试验控制方法是振动试验成功的关键因素，采用哪一种控制方法需要试验人员和产品设计人员共同协商确定。现在常用控制方法是加速度输入控制方法，常常选用试验件与试验工装连接处多点平均控制。这种控制方式模拟工作台面对试验件的振动输入量级，并假定试验件不会影响试验台面的振动。但当试验件较大，即试验件的振动影响到工作台面的振动时，则需要将产品响应与工作台面振动响应综合考虑。

对于试验产品上安装有贵重设备，或产品的关键部位需要保护，则需要加入响应限幅控制，以确保产品在关键部位的响应不能大于预期设定的响应谱值。

加速度响应控制方法适用于以试验件内特定点达到试验量级为准的振动控制方法。这种方法适用于有外场测试数据，或飞机组合外挂振动试验的控制。

4.选择合适的试验设备

常规的振动试验设备包括机械振动台、电动振动台、液压振动台和电磁振动台等，每种试验设备都具有各自不同的特点，用于不同产品的振动试验。一般来说，电动振动台频谱宽广适用于所有频段，易于控制，但静载和推力限制较大；液压振动台和机械振动台适用于中低频的振动试验，静载和推力限制相对较小。

固体发动机振动试验的主要设备是电动振动台，它是利用通电导体在电磁场中受力作用的原理产生振动激励力。一般电动振动台可满足 5～2 000 Hz 频谱的试验要求,配备附加台面和水平滑台,可以进行垂直和水平两个方向的振动试验。用于振动台控制的仪器称为振动控制仪,它可为振动台产生振动试验所需的振动控制信号。

振动试验系统的工作原理如图 4-83 所示。

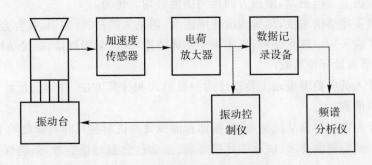

图 4-83　振动系统工作原理

振动台是振动试验的主要设备,选择试验方案时主要考虑振动台的推力、振动台频率范围、振动台静载、倾覆力矩、振动台位移、加速度速度等多方面因素。

选择振动测试设备需考虑测试通道,并能够满足加速度、应变等参数的测试要求。如测试通道较多,可先记录原始测试数据,待试验结束后进行数据处理。

振动测量系统由加速度传感器、电荷放大器及振动控制仪或动态信号测试系统等组成。选择振动测量系统主要需考虑系统的工作频率范围、动态范围和系统的测试精度,这些指标都需满足振动测试的相关要求,如一般振动测试设备的动态范围至少要大 50 dB 以上。一般需要测试系统的下限频率为分析信号下限的 1/10,系统的上限频率是分析信号上限的 10 倍。对于高斯随机振动来说,以其三倍有效值为选择振动测量系统动态范围的依据,则此时大于有效值三倍的瞬时值仅占 0.27%。

压电加速度传感器是感知加速度量级应用最广的传感器,利用晶体材料载承受外力时表面会产生电荷的这一压电效应,主要分为压缩型、弯曲型、和剪切型三种,一般根据试验需要选择合适的传感器类型。选择加速度传感器的几个主要参数为量程、体积、质量、最大横向灵敏度、传感器安装谐振频率、工作频率范围参数。以振动试验常用的 6160 系列压电加速度传感器为例,其测量频率范围 1～6 000 Hz,其安装谐振频率为 30 000 Hz,最大横向灵敏度小于3%。根据压电加速度传感器标定的频率特性曲线,一般加速度传感器的测量范围上限为传感器安装谐振频率的 1/3。

根据预估的测量信号大小,应选择合适灵敏度的加速度传感器,以求获得最佳的信噪比。

5.设计制作试验工装

振动试验工装设计是振动试验中的重要环节。振动工装的主要作用是将发动机和振动台或滑台连接起来,试验工装起一个过渡件作用。除此之外,振动工装还需要能够模拟试验件的真实边界条件。

(1)试验工装设计原则

一般来说,振动试验工装需要满足如下要求。

1)传递特性要求。规定试验工装一阶共振频率不能低于某个值,一般要求试验工装的一阶共振频率高于试验件的一阶共振频率,若条件允许,原则上工装应具有较高的一阶共振频率。在试验频段范围内,如果试验工装出现共振频率,必须限定工装共振频率处放大倍数,并对 3dB 的带宽(峰值两边 0.707 的带宽)提出要求。

2)强度要求。在振动试验过程中,以最大动态力为依据,工装强度需满足试验要求。

3)限定非激振力方向振动,激振方向传力面能够均匀传力。

4)工装应具备足够的刚度,尽量选取比刚度大、阻尼大的材料,如铝、镁合金等。

5)结构形式应采用一体化结构,优先采用整体铸造,其次采用焊接、镶接结构。

(2)试验工装设计评审验收

1)工装设计人员应熟悉振动工装设计的一般形式和计算方法,并对已设计的类似工装结构形式予以参照借鉴。

2)工装设计人员应对振动试验条件、振动台面及发动机对接尺寸有详细的了解,包括试验量级、试验时间、试验安装要求、试验件对接要求、振动台台面对接要求等,确保安装和连接尺寸对接无误。

3)发动机与工装的连接应尽量模拟真实边界条件,以防止过试验和欠试验。

4)工装设计完成后,应计算工装的模态频率,以判定工装设计的合理性。

5)设计工装加工完成后,应经过有关人员的评审验收,评审验收合格后方可下图加工。

6)加工后的工装可通过正弦扫频试验测试试验工装一阶共振频率、放大倍数和工装响应的均匀度。

6. 制定试验实施流程

试验方案需安排合理的计划和日程,使得试验按计划逐步完成。需要协调试验件测试时间和试验安装调试时间。如果试验流程较为复杂,需统一口令并进行预演,力求试验测试人员和试验控制人员配合默契。

7. 试验安全要求及试验故障处理

需要了解试验件的安全特性,对于固体发动机或其他具有危险性的试验件,需制定相应的安全处理方案。制定试验方案和进行试验岗位分工时,需考虑试验岗位的特点并有针对性的制定安全预防措施。

当振动试验出现设备故障,或者振动控制超差,或振动测试系统出现故障而必须试验中断时,依据相应军用标准或相关的试验规范,试验方案需给出相应处理方法。

4.2.3.4　试验实施和试验测试应注意的问题

1)正式试验前,一般应对试验系统和试验工装进行调试,以了解工装振动特性,确保试验系统和测试系统能够正常工作。

2)随机振动试验时,系统在连接调试正常后,可在试验量级的 $-12dB$ 检查各测点信号是否正常。正弦振动试验也可采用小量级随机信号进行试振,这需要获得产品设计人员的同意。

3)传感器的安装是正确测量加速度信号的主要环节。当测试信号出现异常时,需要检查以下要素,测试线针头是否松动、测试线是否破损、传感器连接双头螺栓是否匹配、传感器连接孔与测试线针头是否匹配、测试连接固定是否牢靠等。以上环节任何一个出现问题,均会影响测试准确性,典型故障现象为测试噪声偏大。

4)测试系统可靠接地,以及传感器与试验件良好绝缘是测试信号正常的重要因素。需经常检测测试设备电源接地及设备地线的接地指标是否满足要求。

4.2.3.5　试验数据处理

试验数据处理需满足试验任务书要求,将典型的振动试验数据以要求的时域曲线或频谱曲线的形式打印处理,对数据进行分析判断,必要时做出合理的物理解释。

正确的试验数据处理,为预示发动机的结构响应、试验条件的制定、设计准则的确定及故障诊断分析提供准确的信息。

一般来说,正弦振动试验分析需要给出振动控制点及各测点的幅频曲线,必要时,给出关键点之间的传递函数;随机振动试验需给出控制点和响应点的功率谱密度曲线及关键点之间的传递函数。综合各测点响应曲线及传递函数,可以分析出试验件的谐响应频率。

4.2.3.6　试验报告编写

编写试验报告应包括试验目的、试验时间地点、试验条件、试验仪器、试验测点及控制点、试验安装、试验照片、试验程序、试验原始数据曲线、试验数据统计分析、试验岗位及试验结论等。

4.2.4　模态试验

4.2.4.1　模态试验的意义

对于大型战略导弹和大型航天器结构,准确了解其振动特性,具有重要意义。比如在我国研究导弹之初,发生了由于飞行中弹体弹性弯曲振动与导弹控制系统耦合,引起控制系统不稳定而影响了飞行试验。在美国阿波罗登月计划中,研制的土星 V 运载火箭,其控制元件速率陀螺在飞行中明显地感受到弹性振动,因为其安装位置不合适而引起土星 V 飞行故障。因此,了解飞行体的振动特性对于飞行试验成功是十分重要的。

模态参数是动态特性的具体化描述。一般振动力学响应过程分为三部分,即激励部分、系统部分和响应部分。研究系统在激励作用下的响应,分析激励和响应之间的关系,从而确定该系统的一种固有特性,即模态参数。模态参数主要包括模态频率、模态阻尼和模态振型三部分组成,有时也将模态质量和模态刚度视为模态参数的一部分。

模态参数与实际振动系统物理参数质量、刚度和阻尼存在相关性,它是分析解决振动问题的关键参数。在振动分析中最令人关注的现象就是发生振动共振,分析试验系统的模态频率和阻尼是解决共振现象的关键。一旦机械系统的固有频率与系统本身所受的力学环境频率发生耦合,并且当这种激励频率保持到一定的量级并持续到一定的时间时,系统的振动能量就会急剧增加,系统会以最大振幅进行振动,这就是共振现象。在绝大多数的工程实际中,共振现象是一种需要避开的有害现象,因为它会造成实际结构的破坏和损伤,或者对系统完成正常工作造成重大的影响。频率耦合是发生这种现象的必要条件;而系统阻尼是振动的耗散因子,也是衡量共振危害的重要指标。当阻尼大到一定量级时振动便不会发生,当然也没有共振的危险。但当系统阻尼较小时,共振就不易消除,对于阻尼系数为零的单自由度系统,理论上其共振峰为无穷大;现实中的振动系统都存在阻尼,这也是振动衰减的关键指标。对于共振现象也是如此,通过阻尼的作用,外界激励所引发的结构系统振动能量一般以热能的形式耗散掉。振型是机械系统在无阻尼振动状态下中性面上的点偏离其平衡位置的最大位移所形成的图形,从某种意义上说,振型让人们对抽象复杂的振动问题有了更直观认识和理解,使得振动问题的分析变得更加简单方便。

为了获得系统的这种动态特性,人们可以采取许多方法,最常用的方法是进行有限元理论预估;其次是采用试验研究的方法,包括模态试验分析和强迫振动试验分析。其中,模态试验分析和有限元理论预估联系最为密切。由于有限元计算具有经济快速的特点,因此,一旦工程上建立一种可靠和实用的有限元计算模型,将在工程设计和应用分析上发挥巨大的作用。

振动特性包括两方面,一是固有特性分析,主要通过模态试验完成,即测试固有频率、振型、阻尼等参数;二是动响应、动载荷分析,主要通过振动试验测试分析完成。因此,模态试验是了解结构振动特性的重要途径和手段。

4.2.4.2 模态分析理论

1. 固有频率和固有振型的概念

固有频率和固有振型的概念是和无阻尼振动系统相联系的,是一种理论概念。对于真实的结构,由于阻尼的存在,这时固有频率表现形式称为共振频率。

对于无阻尼振动系统方程:

$$M\ddot{x} + Kx = f \tag{4-65}$$

假定其解的形式是

$$x_i = \Phi_i \sin(\omega t + \theta) \quad (i = 1, 2, \cdots, n) \tag{4-66}$$

则上述方程表示为

$$[-\lambda M + K]\Phi = 0 \tag{4-67}$$

式中

$$\lambda = \omega^2$$

其中,特征方程对应的特征值 ω_i 称为固有频率。而每一个特征值 ω_i 对应的特征向量 $\{\Phi_i\}$ 称为固有振型,或主振型。由 n 个特征向量组成的矩阵称为振型矩阵,也称模态矩阵。

2. 模态质量和模态刚度

由于模态各特征向量之间存在着加权正交关系:

$$\Phi_i^t M\Phi_j = 0 \quad (i \neq j) \tag{4-68}$$

$$\Phi_i^t K\Phi_j = 0 \quad (i \neq j) \tag{4-69}$$

当 $i = j$ 时,则

$$\Phi_i^t M\Phi_i = m_i \tag{4-70}$$

$$\Phi_i^t K\Phi_i = k_i \tag{4-71}$$

分别称为模态质量和模态刚度,也称广义质量和广义刚度。

3. 模态参数和传递函数之间的关系

多自由度结构的振动方程为

$$M\ddot{x} + c\dot{x} + kx = f(t) \tag{4-72}$$

并根据模态叠加理论,可推导出多自由度结构的位移为

$$X = \left(\sum_{r=1}^{n} \frac{\Phi\Phi^T}{-\omega^2 m_r + k_r + j\omega c_r} \right) F \tag{4-73}$$

由传递函数的定义可得

$$X = HF \tag{4-74}$$

根据式(4-73)和式(4-74)可知

$$H = \sum_{r=1}^{n} \frac{1}{-\omega^2 m_r + k_r + j\omega c_r} \begin{bmatrix} \Phi_{1r}\Phi_{1r} & \Phi_{1r}\Phi_{2r} & \cdots & \Phi_{1r}\Phi_{nr} \\ \Phi_{2r}\Phi_{1r} & \Phi_{2r}\Phi_{2r} & \cdots & \Phi_{2r}\Phi_{nr} \\ \vdots & \vdots & & \vdots \\ \Phi_{nr}\Phi_{1r} & \Phi_{nr}\Phi_{2r} & \cdots & \Phi_{nr}\Phi_{nr} \end{bmatrix} \qquad (4-75)$$

由式(4-75)可以看出,频响传递函数矩阵中,任一行或任一列都包含了系统的所有模态参数信息,因此,可采用单点激振,测试所有响应,或采用固定响应点,轮流激振的方法测得矩阵中的一列或一行,即可获得系统所需的模态参数。

4. 实模态和复模态

由于模态概念的引入是从无阻尼固有频率和特征矢量引入,所求得的模态矢量以及相关参数表现均为实数,故称系统模态为实模态,称该系统为实模态系统。在实际结构中,小阻尼系统和比例阻尼,即在运动方程中,阻尼可忽略或阻尼阵可比例于刚度阵或质量阵,即可严格得到实模态。在试验测试技术上,当正弦激振外力的相位和频率适调到一定状态,外力等于阻尼力,这时可等效于无阻尼系统,从而得到实模态。

实模态理论在工程中得到很大应用,但工程结构中出现大量复合材料和为减振而采用的高阻尼材料后,阻尼的表现不能用无阻尼和比例阻尼来表示时,需要引入复模态的概念。

复模态是从黏性阻尼的一般情况,即非比例黏性的概念引入。对于 n 自由度非比例黏性阻尼系统,运动方程为

$$M\ddot{x} + c\dot{x} + kx = f(t) \qquad (4-76)$$

运用状态空间的概念,并研究自由振动的状态:

$$y = \begin{bmatrix} x \\ \dot{x} \end{bmatrix} \qquad (4-77)$$

则式(4-76)可简化为

$$A\dot{y} + By = 0 \qquad (4-78)$$

其中

$$A = \begin{bmatrix} C & M \\ M & 0 \end{bmatrix}; \quad B = \begin{bmatrix} K & 0 \\ 0 & -M \end{bmatrix}$$

该方程具有 $2n$ 个复特征值和响应的复特征向量,并具有共轭特性。运用实模态的分析思路,可以证明对应于 $x(t)$ 的复模态振型矩阵同样具有模态的正交加权特性,即模态振型的各模态向量是线性无关的,因而可以作为模态向量空间的基向量矩阵,建立模态求解方程。同样在复模态的概念下,相应地引入了模态阻尼、模态质量和模态刚度等概念,并且这三个矩阵皆为实矩阵。

实模态和复模态在振型表现上具有明显的差别,具体表现为实模态振型具有稳定的节点或节线;而复模态的节点和节线是随时间不断变化和移动的。实模态在振型上存在各点同时为零的瞬间,而复模态不具备这种特性。

4.2.4.3　模态试验基本原理

1. 测试原理

根据模态试验基本理论,对于线性时不变系统或具有近似线性结构系统,模态分析的关键是需要求得包含模态信息的频响传递函数矩阵,因此试验模态测试分为三个阶段。首先通过

试验测得激励和结构响应信号,运用数字信号处理技术求得结构的频响函数或脉冲响应函数,得到系统的非参数模型;其次运用参数识别方法,求得系统的模态参数;最后,根据测试结果,确定系统的物理参数。从模态试验测试的原理来看,模态分析是综合计算机应用技术、振动理论、动态测试技术、信号处理技术和参数辨识技术,进行系统特性识别的过程。

2.测试方法

模态试验的方法按边界约束条件分为自由状态和固支状态两种方法。具体采用何种边界约束方法需要根据试验件的工作环境。按激振方法分类有单点激振法和多点激振法。采用不同的试验方法决定了不同的试验系统,常见的单点激振方法有脉冲激励法、正弦激励法、稳态随机激振法、瞬态随机激振法等;多点激振法现在最常使用的多点参考频域法,主要应用电磁激振器激振,激振信号可采用正弦、随机和脉冲信号。一般来说,多点激振试验系统具有测试精度较高、模态阶数分辨较全面的特点,但相对来说试验费用昂贵、试验周期较长,一般适用精确模态分析和大型结构模态试验。对于常见的中小型试验件来说,采用边界自由悬挂的方式,利用力锤激励的方法进行模态试验,仍不失为一种简捷快速的试验方法,只要测试方法正确,同样可以获得满意的模态参数。当然,最终采用那种激励方式,最主要的判别依据是能否激起试验件的各阶模态参数,换句话说,是能否在激励发生后,测试到满意的各点响应信号。如果力锤单点激励能量太小,离激振点远的的响应测点信号太小,无法获得满意的测量传递函数,那么就必须采用多点激振的激励方法。对于大型试验件,如飞机、火箭、汽车等结构的模态试验,一般都采用多点激振的方法获取结构的模态参数。

模态分析主要是通过测量结构的振动响应信号或同时测量结构的激励信号、响应信号,来识别描述系统动力特征的有关参数。

识别的参数类型有以下两种:

1)物理参数识别,包括固有频率、衰减系数、质量矩阵、刚度矩阵和阻尼矩阵;

2)模态参数识别,包括模态频率、模态阻尼和模态振型等。

模态分析系统一般由以下三部分组成:

1)激振系统:使得系统产生稳态、瞬态或随机振动。

2)测量系统:用传感器测量试验对象的各主要部位上的位移、速度或加速度振动信号,然后将这些信号与激振信号一起记录到动态信号分析仪上。

3)分析系统:将记录在磁带或硬盘上的激励信号和响应信号,用硬件或软件系统识别振动系统的模态参数。

3.模态试验的具体测试过程

由于只需要测得传递函数的一行或一列就可以获得全部模态信息,因此,若固定在一点测量振动响应信号,而不断改变激励信号的作用点,这样就测量出了传递函数的一行;若固定在一点进行激励,而在不同点进行振动响应信号测量,即不断改变振动响应信号的测试点,这样就测量出了传递函数的一列。

测量的基本步骤如下:

1)建立试验对象几何模型,并将试验结构支撑起来(模拟自由边界条件);

2)模态试验测试,激励试验结构(一般用锤击法),并记录原点及各测点的激励、响应时间历程;

3)对各测点的时间历程的记录数据进行数字处理,利用 FFT 求出各测点的传递函数,并组成传递函数矩阵；

　　4）选择曲线拟合方法进行参数识别；

　　5）进行动画显示。

4.2.4.4　模态分析中的几种激振方法

　　传递函数反映了振动系统的固有动态特性,与激振和响应的大小无关。对于一个时不变线性系统来说,无论激振力是简谐的、复杂周期性的、瞬态的或者是随机的,所求得的传递函数都应该是一样的。因此,测量传递函数的方法很多,按照不同的激振方法可分为稳态正弦激振法、瞬态激振法和随机激振法等。

　　1.稳态正弦激振法

　　稳态正弦激振法是一种传统的测试方法。测试时,给机械振动系统或结构施加一定的稳态正弦激振力,激振力的频率精确可调,在激振力的作用下,系统产生振动。然后精确地测量不同频率下的激振力的大小和相位及各测点响应的大小和相位。测试方法及系统框图如图4-84所示,测量信号用动态信号记录仪记录下来并进行分析处理。稳态正弦激振可分为单点激振和多点激振两种方法。单点激振所用的设备少,测试方便,但难以得到好的响应曲线;多点激振所用的设备多,测试时要调节各点的激振力,使其按一定的规律变化,因而测试工作比较困难,但得到的响应曲线好。稳态正弦激振法的特点是:激振力频率和幅值可以精确调节,测试精度高,但测试费时间,需要从低频到高频逐步进行扫描测试,所需的设备多。

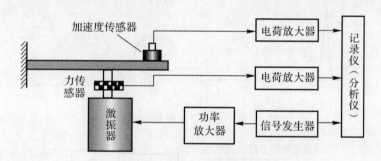

图 4-84　稳态正弦激振法

　　2.瞬态激振法

　　瞬态激振法是一种比较方便的激振方法,常用的激振法有两种快速正弦扫描激振法和脉冲锤击激振法。

　　(1)快速正弦扫描激振法

　　快速正弦扫描激振法的测试仪器与稳态正弦激振法基本相同,不同之处是,快速正弦扫描激振法要求信号发生器能在整个测试频率区间内作快速扫描,扫描时间约为几秒或十几秒,目的是希望得到一个近似的平直谱,如图4-85所示。平直谱的激发力在整个扫描频率范围内基本相等。而稳态激励为在一定的时间段正弦信号稳定不变,从而可激励出结构的某一阶纯模态。

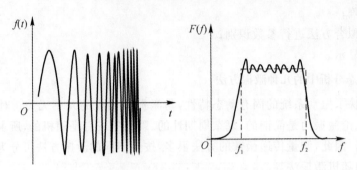

图 4-85　快速正弦扫描的力与力谱

(2)脉冲锤击激振法

用脉冲锤(力锤)对试件进行敲击,产生一宽频带的激励,它能在很宽频率范围内激励出各种模态。脉冲力函数及频谱如图 4-86 所示,测试方法框图如图 4-87 所示。力锤整体结构如图 4-88 所示,力锤的头部结构如图 4-89 所示;采用脉冲锤击法时,为了消除噪声干扰,必须采用多次平均。力锤锤头材料的不同其激励谱的形状不同,从图 4-90 所示的不同锤头材料的自功率图可以看出,钢锤头材料具有较宽频带和较高的截至频率。应用力锤进行模态激励时,由于力信号具有较高的波峰因子,因此不适用于非线性系统模态测试。

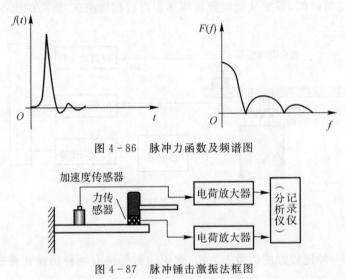

图 4-86　脉冲力函数及频谱图

图 4-87　脉冲锤击激振法框图

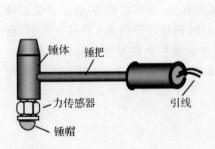

图 4-88　力锤结构示意图

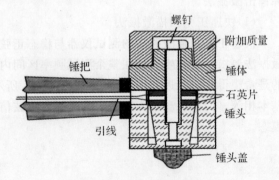

图 4-89　力锤头部结构示意图

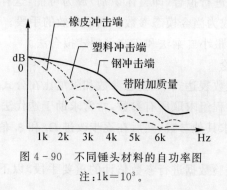

图 4 - 90　不同锤头材料的自功率图

注:1k=10³。

3.随机激振法

随机激振法目前常用的有三种:纯随机激振法、伪随机激振法和周期随机激振法。

1)纯随机激振法。在整个时间历程内所有激振信号都是随机的,如白噪声,其特点是功率谱是平直谱,没有周期性。通常是将白噪声发生器产生的信号记录在磁带上,通过功率放大器输出给激振器进行激振。

2)伪随机激振法。在一个周期内激振信号是随机的,但各个周期的激振信号是一样的。

3)周期随机激振法。它主要由变化的伪随机激振信号组成,激振进行到某几个周期后,又出现一个新的伪随机激振信号,它综合了纯随机信号和伪随机信号的优点,做到了既是周期信号,统计特性又是随时间变化的。

4.2.4.5　模态试验曲线拟合方法

通过模态试验和数字信号处理,获得了试验结构频响函数矩阵中的一行(或一列)的频响函数。如果各阶模态比较离散,可以用单自由度模型估计模态参数。如果各阶模态比较密集,可用多自由度模型的曲线拟合法估计有关的模态参数。一般通用的参数识别方法有两种,图解法和曲线拟合法。通常的试验模态识别方法有单输入单输出识别法、单输入多输出识别法和多输入多输出模态识别法。如果对测试传递函数的各阶模态逐个识别,称为单模态识别法。单模态识别常常采用频响函数的图解分析;若同时对多阶模态参数进行识别,称为多模态识别。

1.图解法

利用频响函数曲线(如幅频曲线、相频曲线、实频曲线和虚频曲线等)直接进行模态参数识别的方法,称为图解识别法。图解法用于模态耦合较离散的系统,具有简单、直观等特点,但精度较低,常用于一些简单结构的试验模态分析中。

2.曲线拟合法

曲线拟合法是用一条连续曲线去拟合一组离散的测试数据,然后利用拟合曲线识别有关参数的方法。它是建立在各种优化计算的基础上,由计算机进行识别,采用优化算法,可以在一定程度上排除有关误差,使结果尽可能准确地反映实际系统。曲线拟合法,一般是利用图解法所识别的参数作为初始值进行迭代优化计算,并利用有关的优化准则判断计算模态参数的精度,直到满足要求为止,从而可利用传递矩阵函数识别出振动系统的有关参数,如固有频率、衰减阻尼系数和留数等模态参数,进而可计算其他如模态质量、刚度及阻尼等参数。模态参数曲线拟合法有频域识别法和时域识别法两大类。随着计算方法和计算机技术的飞速发展,使得对很多点的响应数据同时进行拟合(即整体识别)成为可能,这样大大提高了试验模态分析的精度,曲线拟合法已逐渐成为当今模态参数识别最有效的手段。

常用曲线拟合法主要有最小二乘法和正交多项式拟合法。

(1)最小二乘法拟合理论

模态参数表达的频响函数表达式中,模态参数和阻尼比在公式的分母部分,运用最小二乘法不能直接化为线性代数方程组求取所有参数,常常求助于迭代法,其过程为,先选定 Ω_r 和 ξ_r 的初始值,运用最小二乘法求其他参数,然后在逐步改进 Ω_r 和 ξ_r 值,反复应用最小二乘法,直到满意为止。

最小二乘法技术是从试验数据进行参数估计的重要手段.以下从数学意义上推导导出它的基本公式。

假定有一变量 y,它与一个 n 维的变量 $\boldsymbol{X}^{\mathrm{T}} = \begin{bmatrix} x_1 & x_2 & \cdots & x_n \end{bmatrix}$ 有如下线性关系:

$$y = \theta_1 x_1 + \theta_2 x_2 + \cdots + \theta_n x_n = \boldsymbol{\theta}^{\mathrm{T}} \boldsymbol{X} \tag{4-79}$$

其中,θ 是一组常数参数,为未知数,希望通过不同时刻对 y 和 x 的观察值来估计各 θ 数值。

假定在 $t_1, t_2, \cdots, t_n$ 时刻对 y 和 x 的观测值序列已经得到,并且用 $y(i)$ 和 $x(i)$ 表示在 i 时刻的数据。若做了 m 次观测,则可用 m 个线性方程组来表达这些数据之间的关系:

$$y(i) = \theta_1 x_1(i) + \theta_2 x_2(i) + \cdots + \theta_m x_m(i) \quad (i = 1, 2, \cdots, m) \tag{4-80}$$

即

$$\boldsymbol{Y} = \boldsymbol{X}\boldsymbol{\theta} \tag{4-81}$$

上述方程在统计学上称为回归方程。当观测次数 $m = n$ 时将得到唯一的解:

$$\hat{\boldsymbol{\theta}} = \boldsymbol{X}^{-1}\boldsymbol{Y} \tag{4-82}$$

式中,$\boldsymbol{X}$ 是方阵;$\hat{\boldsymbol{\theta}}$ 表示 θ 的估计值。

在一般情况下 $m > n$,这样表示承认观察中存在误差,需要寻求 θ 的最佳估计。

观察数据中可能混杂有测量噪声或模型误差,定义误差为

$$\boldsymbol{\varepsilon} = \boldsymbol{Y} - \boldsymbol{X}\boldsymbol{\theta} \tag{4-83}$$

因此需要寻找一组估计值,使得目标函数

$$J = \boldsymbol{\varepsilon}^{\mathrm{T}}\boldsymbol{\varepsilon} = \sum_{i=1}^{m} \varepsilon_i^2 \tag{4-84}$$

为最小,这就是最小二乘法。在方法上是将 J 对 $\boldsymbol{\theta}$ 求导,并使其为零,则可求得趋于最小误差估计值。如果对误差进行加权处理则可得到加权最小二乘估计值。

(2)正交多项式拟合法

按最小二乘法原则进行模态参数曲线拟合的三种识别方法,最终均归结为求解线性方程组。其中存在的最重要问题是线性方程组系数矩阵不能保证对角占优,对多自由度进行曲线拟合时,往往出现病态矩阵,使运算难以收敛,从而不能实现较高的拟合精度,解决这一问题的另一方法是选用正交多项式曲线拟合法。

其原理是,若被拟合的曲线可用一组函数 $\varphi_k(x)$ 的线性组合表示:

$$S(x) = a_0 \phi_0(x) + a_1 \phi_1(x) + \cdots + a_n \phi_n(x) \tag{4-85}$$

则 $S(x)$ 与被拟合的数据曲线在 x_i 点上的误差为

$$\varepsilon_i = S(x_i) - y_i \tag{4-86}$$

取 m 个数据点,则总方差在一般情况下的表达式为

$$E = \sum_{i=1}^{m} w_i \left[S(x_i) - y_i \right]^2 \qquad (4-87)$$

式中，w_i 为 $[a, b]$ 上的加权函数，且 $w_i \geqslant 0, n < m$。记

$$(\varphi_j, \varphi_k) = \sum_{i=1}^{m} w_i \phi_j(x_i) \phi_k(x_i) \qquad (4-88)$$

$$(y_i, \varphi_k) = \sum_{i=1}^{m} w_i y_i \varphi_k(x_i) \quad (k = 0, 1, 2, \cdots, n) \qquad (4-89)$$

其中，$(\varphi_j, \varphi_k), (y_i, \varphi_k)$ 分别是相应两个矢量的加权内积。

令 $\dfrac{\partial E}{\partial a_j} = 0$，则可得一线性方程组，其矩阵形式为

$$Ga = d \qquad (4-90)$$

其中

$$G = \begin{bmatrix} (\varphi_0, \varphi_0) & (\varphi_0, \varphi_1) & \cdots & (\varphi_0, \varphi_n) \\ (\varphi_1, \varphi_0) & (\varphi_1, \varphi_1) & \cdots & (\varphi_1, \varphi_n) \\ \vdots & \vdots & & \vdots \\ (\varphi_n, \varphi_0) & (\varphi_n, \varphi_1) & \cdots & (\varphi_n, \varphi_n) \end{bmatrix} \qquad (4-91)$$

$$a = (a_0, a_1, \cdots, a_n)^{\mathrm{T}} \qquad (4-92)$$

$$d = (d_0, d_1, \cdots, d_n)^{\mathrm{T}} \qquad (4-93)$$

如果所选择的一组函数 $\varphi_k(x)$ 是线性无关的，即正交的，即

$$(\varphi_j, \varphi_k) = \begin{cases} 0, & j \neq k \\ A_j, & j = k \end{cases} \qquad (4-94)$$

则矩阵 G 将为一对角阵，不会出现病态问题。且未知数为

$$a_j = \frac{(y_j, \varphi_j)}{(\varphi_j, \varphi_j)} \qquad (4-95)$$

以上为正交多项式拟合方法的思想，其主要选择带加权的正交多项式，来解决方程组系数矩阵的病态问题。

正交多项式对复杂结构的数据有更好的适应性，并且降低了试验人员对经验积累的要求，已成为多输入多输出激振法和整体识别方法中不可缺少的手段。曲线拟合技术的发展是模态试验技术的关键之一，对模态试验数据处理的准确性有重要的影响。随着模态试验曲线拟合中采用整体识别法和模态置信检验等方法，模态试验的数据处理已变得比较容易和方便，从而大大加速了模态试验技术的推广和应用。

4.2.4.6　模态试验实例分析

以下以柔性喷管为例介绍模态试验的应用。

柔性喷管在工作过程中需要经历各种振动冲击环境，为了评估柔性喷管对振动冲击环境的适应性，需要了解柔性喷管的模态特性。

1. 激励方法

试验采用冲击信号激励，激励工具采用力锤。冲击信号是一瞬态确定性信号，它是一作用时间很短的脉冲信号。脉冲的时间宽度、高度和形状决定着冲击信号的有效冲击频率特性，包括频率带宽和能量水平。

　　理想的单位脉冲力的频谱从 $0 \rightarrow \infty$ 的频率范围都包含有能量,也称白噪声,可以激励出结构所有的各阶频率和振型。由于实际激励中无法产生理想的单位脉冲,即实际敲击结构所产生的脉冲力输入其脉宽不可能是无穷窄的,一般脉宽都在毫秒级,因此其频谱的带宽一般为几百到几千赫兹,可以满足一般结构的动态性能测试。

　　试验选用 50 kN 力锤,锤头材料采用橡胶头和塑料头。经在柔性喷管进行测试,橡胶头的激励频率可达 300 Hz,塑料头激励频率可达 800 Hz,这些都可满足柔性喷管的测试频带要求。

　　2. 采集方法

　　试验需要测试加速度响应信号和力信号,并进行快速傅里叶变换,从而测试传递函数,用于系统的模态参数拟合。采集参数的设置包括采样频率、分析频率、触发电平、延迟时间和有效采集时间等。

　　离散傅里叶变换是对信号的有限长度样本进行的,在采集信号进行分析时,所分析的信号对实际信号进行了截断处理,因此分析结果和原始信号相比产生了误差,这在采集原理上称为泄漏。分析表明,当采用窗函数的频率等于被测信号的频率或是其整数倍时不会产生泄漏现象。如采用汉宁窗可以消除随机信号函数截断的始末不连续性,对于随机信号的采集应该使用汉宁窗。由于离散傅里叶变换本身存在的缺陷,加入了好的窗函数虽然可使泄漏得到了比较好的拟制,但并不能消除泄漏。由于泄漏问题可能产生测试上的误判,因此需要在模态测试加以重视。在加速度响应信号常用的测试窗函数上为汉明窗和平顶窗。汉明窗的特点是消除测试的旁瓣效应效果非常好,而平顶窗是一种能保持窗的频谱主瓣顶部较为平直的一种窗。在测试力信号时,由于冲击力信号为瞬态响应信号,因此加入力指数窗。指数窗是一种衰减函数,其效果是增加了信号的阻尼,在信号处理时,应考虑因加窗而引起的附加阻尼的影响。

　　3. 几何结构

　　模态试验几何结构划分是根据试验件的结构特点和试验件的模态振型特征确定的。从判断振型的特征来说,相对较密集的几何结构点对于认识模态振型的特征和判断模态阶次是有帮助的,但过密的几何结构点增加了测试的工作量,尤其是当测试工作误差较大时,带来的振型干扰因素对于数据的处理带来了困难。因此,几何结构的点数选取要确定一个合理范围。

　　由于柔性喷管具有主体锥型结构,决定喷管低阶模态主要是扩散段结构。柔性接头和喉部质量较大,主要对结构频率和阻尼产生影响,对低阶振型位移的贡献量较小。因此在结构网格划分上主要考虑扩散段,并需要考虑合适的测点数,获取足够的原始信息。

　　从模态测试的原理来说,在每一点的响应量级都与系统的模态参数有关,因此测试的点数多少没有必然的限制,但为了能够测试出准确的振型特征,试验增加了测试点数。试验测试点在柔性喷管扩散段,测点共 112 点。测点以出口端面圆心处为原点,以柱坐标表示,以 Ⅰ 象限为起点,依次按顺序排列。喷管每圈划分 8 点,相隔约 45°。每圈测点高度见表 4-5,测点图如图 4-91 所示。

表 4-5　每圈测点高度

序　号	1	2	3	4	5	6	7	8	9	10	11	12	13	14
H/mm	0	60	120	180	240	300	360	420	480	540	630	690	750	810

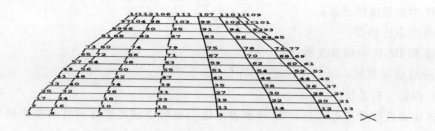

图 4 - 91　喷管网格结构划分图

4.柔性喷管边界条件的模拟

试验边界条件的处理是进行模态试验的关键技术。通常模态试验采用两种状态,一是自由-自由状态,另一种是完全接地固定状态。本次试验分别进行了两种形式的边界条件的模拟,以比较两种形式对模态试验结果的影响。

（1）自由-自由边界条件的模拟

自由-自由状态的模拟采用橡皮绳悬挂方式解决。采用悬挂方式可以真实模拟柔性喷管的自由状态,只是在橡皮绳方向给柔性喷管造成约束,而在其他方向则完全模拟柔性喷管的自由状态。

选择合适的橡皮绳弹簧系数,使得橡皮绳和柔性喷管构成的整体在约束方向的固有频率低于 3 Hz,即远远低于柔性喷管一阶固有频率,一般要求在试验件一阶固有频率的 1/5 之下,可以认为在此方向上的约束可以忽略不计。

实际试验边界模拟方法采用了橡皮绳一端连接在厂房的吊车上,另一端连接在喷管的法兰盘吊耳上。试验时利用吊车使得柔性喷管悬空,以模拟柔性喷管的自由-自由状态。

（2）固定状态模拟

柔性喷管模拟固定状态的方法是将柔性喷管固定在专用容器上,容器和喷管后法兰盘用16 个螺栓连接,将容器采用专用工装固定在基础台体上。基础台体是专为试验设计建造的,与其固定连接即可模拟试验件的固定状态。

5.试验基本组成

试验系统由激励设备、测量传感器、前置放大设备、采集设备及模态分析系统五部分构成。模态试验系统如图 4 - 92 所示。

根据所要分析的柔性喷管特点,柔性喷管低阶模态具有稀疏、耦合性小的特点,并且柔性喷管结构质量较小,因此在系统配置上,使用轻质力锤和刚性较小的锤头,以便能够就完全激励起柔性喷管的低阶模态。

由于试验测试的目的是为了判别低阶模态,因此需要尽量避免低频噪声的干扰。为了模拟边界自由状态,使用橡皮绳悬挂系统,使得柔性喷管试验边界约束频率在1Hz 以下,因此,边界约束影响可忽略不计。

试验设备包括：
- 50 kN 力锤；
- 6161 型加速度传感器；
- 5118 型力传感器；
- 7021 和 B&K 电荷放大器；
- Genrad 数采系统；
- Star 模态分析系统。

经过多次柔性喷管模态试验表明,该试验系统组成可以满足柔性喷管对模态试验测试的要求。

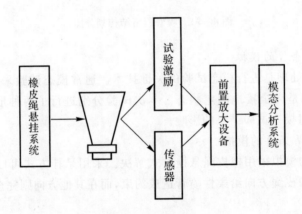

图 4-92　喷管模态试验系统

6.试验测试过程

试验的过程主要是传递函数的测试和试验参数的拟合和处理上。由于试验的目的在于测试柔性喷管的低阶模态性能,同时为了进行深入研究并与有限元模型进行比较,并为结构响应预测创造条件,因此需要详细测试喷管结构的振型信息。在测试过中,严格控制激励力方向和大小,并根据相干系数的表现对测试的传递函数作了严格的取舍,这样确保了测试传递函数质量的可靠性。

试验首先进行了自由状态的模态性能测试。为了模拟自由状态,试验采用吊车将柔性喷管悬挂起来,并用橡皮绳连接吊车和柔性接头。理想的自由模态系统应该有 6 个刚体模态,即 3 个平动模态和 3 个转动模态,前者有结构质量所确定,后者由转动惯量所确定。在系统分析时,将较低的频率信息忽略不计,因此分析时将不出现刚体模态。只要橡皮绳的悬挂频率在柔性喷管的固有频率的 1/5 以下,即可认为结构在垂直方向处于自由状态,只是在处理阻尼时需要考虑附加阻尼的影响。

采样技术的确定是影响测试结果的重要因素,需要选择合适的采样频率、分析频率、采样历程等关键参数。经过多次调试比较,确定采样频率 2 560 Hz、分析频率 1 000 Hz、时间里程 200 ms,这样可以确保测试分辨率不大于 1 Hz。采样频率的确定,综合考虑了激励信号和结构响应信号之间的关系,平衡了激励信号瞬态特性和响应信号的小阻尼衰减特性的矛盾。

由于测试信号的离散化技术,在采样分析时将产生泄露问题,因此需要选择合适的窗函数来减少泄露现象的发生。从柔性喷管响应信号分析,响应时域波形稳定并比较持久,属小阻尼系统,需要防止信号截断造成的泄露误差。试验比较了汉明窗和指数窗二者的测试效果,结果表明指数窗更适合于力脉冲信号。

试验采用多次算术平均法消除随机噪声和激励时操作不当造成的影响。对于激励信号和响应信号,需要选择合适的量程和测量灵敏度设置,以确保合适的信噪比。试验选择电荷放大器的 1 mV/N,作为力信号的增益放大比例,将 100 mV/g 作为加速度信号的放大比例。使用力锤激励时尽量避免连击,以确保喷管结构可自由振动,同时保持激振方向不变。一旦出现侧击和锤头滑移现象,则重新测试该点的频响曲线,以免影响测试传递函数的质量。激励工具为 50 kN 的力锤,锤头材料硬质塑料。经试验频谱分析,激励力在 700 Hz 以下为有效工作范围。应用相关函数曲线判断,在 6 次算术平均后,即可取得较为满意的传递函数,因此单点激励时采用 6 次平均。

柔性喷管在进行了自由状态模态试验后,又进行了固定状态下摆动 0°,+1°,-1°三种状态的模态测试。主要目的是考核柔性接头摆动对柔性喷管动态特性的影响。试验状态见表4-6。

表 4 - 6　柔性喷管试验状态表

试验状态	状态描述
自由状态	柔性喷管出口朝下,两个相邻的支撑杆呈自由状态
摆动 0°	柔性喷管连接两个作动器,两个作动器处于自由状态
摆动 +1°	柔性喷管连接两个作动器,一作动器处于自由状态,另一作动器使喷管摆动 +1°
摆动 -1°	柔性喷管连接两个作动器,一作动器处于自由状态,另一作动器使喷管摆动 -1°

7. 拟合方法

试验采用正交多项式方法进行曲线拟合,此种方法是进行参数估计的重要手段。在进行多模态拟合时,需先选择分析的模态拟合范围,然后进行模态的整体状态判定。利用模态分析指示图,有助于确定最终的模态频率确定。试验拟合曲线和测试曲线存在一定的区别,这在拟合的过程中可以以图像的方式显示出来。

试验曲线拟合时,选用复模态性质进行模态拟合,因为复模态更具有代表性,只有在确认系统确是实模态时才选用实模态。

8. 模态试验结果

图 4 - 93 所示为测试取得某一点传递函数曲线。该测点部位在喷管扩散段。该曲线显示范围为 1 000 Hz,从测试曲线看出,喷管在低频模态表现出较好的单自由度特性,各模态间耦合较小,并表现出小阻尼特性;但在高频阶段则出现耦合模态,各模态从曲线无法直观看出,要使用多自由度的模态识别法进行曲线拟合。

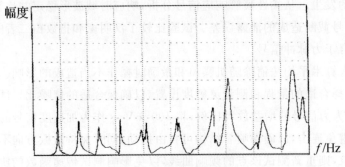

图 4 - 93　频响函数曲线

从所测的传递函数可以看出,喷管外缘包含了较多的模态信息。相对而言,靠近柔性喷管喉部所测的模态信息较少,尤其在低频模态上。

模态振型是建立柔性喷管模态模型的基础,也是最终确定模态参数重要依据。自由-自由状态的前八阶模态参数见表 4 - 7,并给出了典型模态振型,如图 4 - 94 和图 4 - 95 所示。

表 4 - 7　自由-自由状态柔性喷管模态参数测试结果

阶　数	模态频率/Hz	模态阻尼/(%)	模态振型
1 阶	67.54	4.847	椭圆
2 阶	100.639	1.512	三瓣
3 阶	160.619	1.187	四瓣
4 阶	242.204	0.769	五瓣
5 阶	349.320	0.536	椭圆
6 阶	442.225	1.513	椭圆叠加
7 阶	476.862	0.609	刚体摆动
8 阶	509.515	0.624	四瓣叠加

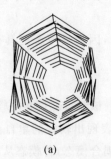 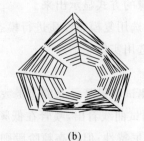

(a)　　　　　　　　　(b)

图 4 - 94　喷管一、二阶模态

(a)一阶模态;　(b)二阶模态

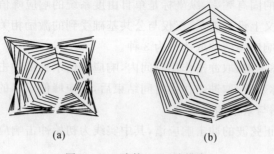

图 4 - 95　喷管三、四阶模态

(a)三阶模态；　(b)四阶模态

9.试验要点

模态试验是一个技巧性的工作,试验测试方法会影响试验结果的正确性和全面性。根据喷管模态试验的结果和过程分析,可得出以下试验要点。

1)柔性喷管模态振型表现有一定的规律性,从椭圆、三瓣、四瓣、五瓣等形式有序排列,表现形式主要以扩散段为主。

2)若需要清楚的从振型上确定模态阶数,在扩散段环形状态的分点数相对要较多,至少需要在 8 点以上。若需要识别在高阶模态,在需要在轴向方向上多进行网格划分,这样可以获得喷管前后部分的振型表现,以便获得鼓型模态和呼吸模态。

3)柔性喷管在摆动状态下,频率变化范围较小,但阻尼系数有一定的变化,这应是柔性接头在摆动不同角度结构变化造成的影响。

4)力锤激励法简单易行,可以满足一般的模态测试要求,包括振型、频率、模态阻尼等参数。但若需要准确分析每一阶模态的伴随模态,则需要采用激振器激励等更复杂的模态试验系统。

4.2.5　冲击试验

4.2.5.1　概述

冲击、碰撞、自由跌落、倾跌等物理过程其损伤破坏均可等效为冲击试验,他们的共同特点是均为瞬态机械力激励。冲击试验的主要目的是考核结构或设备承受冲击环境载荷的能力。在工程研究中,冲击试验实际上是按试验任务书或某种试验规范产生满足要求的冲击试验环境,并测试产品在这种环境下的冲击响应。

冲击试验与振动试验是两种不同类型的力学环境试验,其显著的特点是作用时间短,幅值变化剧烈。常见的爆炸冲击作用时间历程一般小于 20 ms,在短时间作用下可激起结构或产品在其固有频率附近的振动,且一般幅值较高,有可能达到产品强度承受能力的极限而使产品发生损坏,特别是在冲击作用下产生大位移响应,对产品损伤更大。一般振动试验对产品易造成疲劳强度损伤,而冲击试验则可能对产品造成短时间内的结构强度损伤。

4.2.5.2　冲击谱

冲击谱和冲击响应谱在概念上可通用,定义为将受到冲击作用的一系列线性单自由度质量阻尼系统的最大响应(位移、速度、加速度)表示为这些系统固有频率的函数。在坐标系表示为横轴是单自由度系统的固有频率,纵坐标是单自由度系统的响应峰值。值得注意的是,这个曲线与被冲击对象在定义上没有关系,仅仅与公共基础受到的激励相关。

冲击响应谱描述按响应峰值的取法分为 3 种。

1)初始响应谱:简称主谱,取冲击作用时间内,响应峰值求得的冲击谱。

2)残余响应谱:简称余谱,取冲击作用时间结束后,响应峰值求得的冲击谱。

3)最大响应谱:主谱与余谱的包络线。

图 4 - 96 给出了半正弦波的冲击响应谱,其中实线为初始冲击响应谱,虚线为残余冲击响应谱。

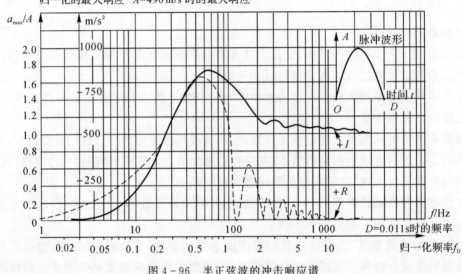

图 4 - 96　半正弦波的冲击响应谱

冲击谱一般只对冲击谱的形状和量级给予规定,而对冲击波形的类型和产生方法不作严格的规定,因此试验执行有很大的灵活性。冲击响应谱与产品受到的最大响应相关联,而最大加速度响应与产品所受的应力有直接关系,因此冲击响应谱与产品的最终损伤有直接关系。从这个意义上说,冲击谱比冲击脉冲波形具有更直观的物理意义,它可衡量冲击响应引起的破坏程度,易于评判冲击条件的严酷程度,因此许多冲击波形试验规范正在被冲击谱试验规范所代替。

冲击谱实现方法有两种。一种方法是利用振动台模拟冲击环境。振动控制仪有冲击波形控制的典型冲击软件和冲击响应谱冲击软件。利用振动台试验冲击试验的原理与完成正弦振动、随机振动的工作原理相似,其特点是控制精度高,易于实现。缺点是受振动台能力参数的限制,主要是最大加速度和频率范围的限制,只能实现低量级冲击响应谱试验。另一种方法是通过机械冲击台实现,通过调节冲击台缓冲器的弹簧系数,调试出需要的冲击谱。其中,机械碰撞提供冲击所需的能量,通过缓冲材料如毛毡、橡胶、塑料或铅块等调节能量频谱分布范围。

4.2.5.3　冲击试验条件的规范

常用的冲击规范有 GJB150. 18 — 86《军用设备环境试验方法——冲击试验》、GJB150.18A —2009《复杂军用装备实验室环境试验方法 第18 部分:冲击试验》和 GJB150.27

—2009《复杂军用装备实验室环境试验方法 第 27 部分:爆炸分离冲击试验》等,当然还有其他类型规范,如 IEC,GB 等,总的要求都相类似。

冲击试验条件的提出有两种方法,一种是提出时域冲击波形,如半正弦、后锯齿、梯形波等种类,一般规定了波形峰值、持续时间、冲击方向、冲击次数及波型形状允许误差。第二种是冲击响应谱条件,它的模拟的要求是冲击响应谱而不是时域波形,但它的模拟效果更好,尤其是对冲击波形的模拟。

图 4-97 给出了 GJB150.18A —2009《复杂军用装备实验室环境试验方法 第 18 部分:冲击试验》中后峰锯齿波的容差图。

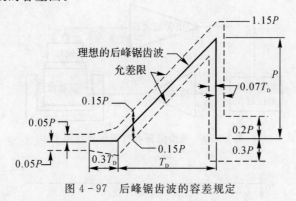

图 4-97　后峰锯齿波的容差规定

图 4-98 给出了几种典型火箭的冲击响应谱条件,从中可以看出,冲击响应谱有如下 3 个重要指标:

1)起始频率和低频阶段的上升斜率;

2)转入水平段的拐点频率;

3)水平段的试验量级和终止频率。

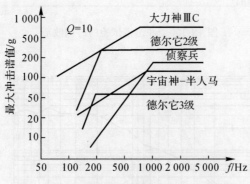

图 4-98　几种典型火箭的冲击响应谱条件

一般来说,冲击规范都给出冲击响应谱详细的容差要求,如幅值容差要求和复杂脉冲的有效持续时间等要求。进行试验时必须满足响应的试验标准要求。

还有少数较早的规范,如 GJB4.9 —83《舰船电子设备环境试验 冲击试验》中规定使用 C —200 型冲击试验机进行冲击试验,规定进行冲击试验时的冲击次数、落锤高度(摆锤角度)等冲击试验指标,这些规范只针对专用冲击试验机。

4.2.5.4 冲击试验设备

冲击试验机的种类很多，一般有跌落式冲击试验机、气动冲击试验机、高速撞击机及振动台模拟等形式。

1.电动振动台

振动台模拟冲击试验的实现框图如图 4-99 所示。通过振动控制仪实现指定阻尼因子作用下的一系列线性单自由度系统的合成，一般情况下该因子 Q 取 10。如图所示，通过图 4-100 所示的时域波形实现图 4-101 所示的频域波形。

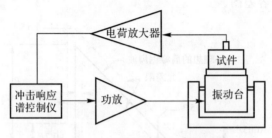

图 4-99　冲击谱振动台实现示意图

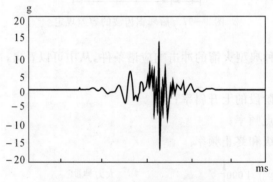

图 4-100　冲击谱试验的时域波形

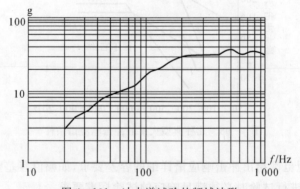

图 4-101　冲击谱试验的频域波形

2.跌落式冲击台

跌落式冲击试验机由主体结构、液压提升与计算机控制系统、电磁释放装置及地基结构组成,主体结构由试验台(上冲头)和下冲头、导向柱、基座平台、试件固定装置等部件组成。跌落式冲击试验机的结构示意图如图4-102所示。

大型跌落式冲击试验机的建成和使用,使大型发动机的半正弦冲击试验成为可能,主要有以下几个特点。

(1)脉冲波形控制技术

脉冲峰值控制技术是冲击试验的关键技术。冲击波形的峰值及持续时间与冲击提升高度、缓冲橡皮的厚度和硬度、毛毡厚度等因素有关,一般需要假药发动机调台后才能确定具体设定参数。

(2)液压提升控制技术

冲击试验机液压提升技术是冲击试验机的一项关键技术。为了保证冲击波形的符合半正弦波并保持完整性,需要平稳提升冲击机的框架部件。提升操作由计算机控制,通过液压作动筒提升到指定高度。

(3)电磁释放钩技术

电磁释放钩是冲击机的另一关键部件,也是确保试验成功的关键环节之一。冲击试验需要确保电磁释放钩可靠工作,并保证其同步释放。

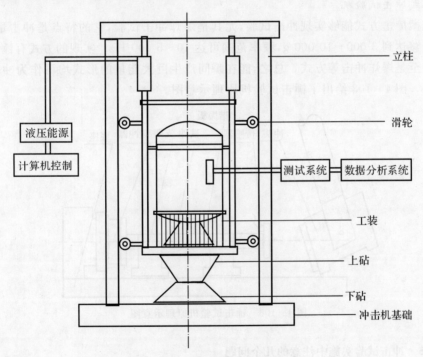

图4-102　冲击试验机结构示意图

冲击试验机应用自由跌落式原理产生冲击波形。试验机提升系统采用计算机控制。工作原理是在计算机控制程序中输入需要提升的高度,启动液压系统提升冲击台台面至要求的工作高度。位移传感器将高度信息传输给计算机系统,在高度满足要求时,计算机控制液压系统停止工作。冲击台台面提升后,由试验人员将预先准备的缓冲材料,包括橡皮垫和毛毡等放入冲击试验机上砧和下砧之间。提升高度满足要求和冲击准备工作完成后,由计算机控制电磁释放钩释放工作台台面。在重力的作用下,冲击台台面以自由落体式运动,冲击试验机利用上砧和下砧之间的碰撞产生冲击波形。改变提升高度和缓冲材料的厚度,可以产生需要的冲击脉宽和峰值。数据采集系统记录冲击过程的加速度信号,高速摄影系统记录冲击试验台面碰撞速度。

理论上跌落式冲击试验机产生的脉冲峰值可由下式确定:

$$h = \frac{(AD)^2}{4\pi^2} \tag{4-96}$$

式中　A——加速度脉冲峰值;

　　　D——持续时间。

冲击持续时间 D 由波形发生器的弹性常数 K 确定:

$$D = \sqrt{\frac{\pi^2 M}{K}} \tag{4-97}$$

式中　M——试验件和试验台面质量之和;

　　　K——弹性波形发生器的刚度系数。

在实际应用中,通常需要模拟件调台,才能确定实际使用的性能参数。

3. 锤击式冲击试验机

采用机械撞击方式能够实现冲击试验,尤其是爆炸冲击试验,它的特点是冲击量级高,冲击响应谱能够达到 3 000～10 000 g,频率范围可达 10～5 000 Hz。实现的方式有锤击、摆锤、气泡冲击甚至是爆炸冲击等方式。总之,能在瞬间产生巨大能量的形式均可作为冲击试验的激振力来源。图 4-103 给出了锤击试验机原理示意图。

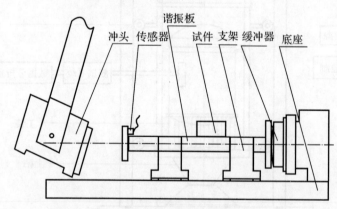

图 4-103　锤击试验机原理示意图

4.2.5.5　冲击试验实施中注意的几个问题

冲击测量系统由加速度传感器、动态信号分析仪器及数据处理软件组成。通常冲击试验测试系统与振动试验一致,只是测试的频带范围更宽,一般要求的采样频率更高。

1. 冲击试验测试系统信号采集

按照试验任务书要求,将传感器转接块、加速度传感器安装到指定位置上,连接测试电线、动态信号采集仪器,组成测试系统。对测试系统的每路通道进行检查,可轻敲加速度传感器近旁的被测体,检查测试系统信号是否正常。

如采用振动台模拟冲击试验,振动控制仪可自动记录冲击脉冲触发时刻的冲击信号。如果采用碰撞式机械冲击台进行冲击试验,一般采集数据有两种方法。第一种方法是设置采集设备的触发信号及采样的时间长度,达到触发量级后自动记录信号。另一种方法是在冲击台准备进行碰撞前点击采集开始,实时记录一段时间,试验结束后停止采集。该方法不存在达不到触发量级的情况,因此相对可靠,但记录的数据量相对较大。

2.冲击试验基准点选择

固体发动机冲击试验基准点一般应为发动机所受冲击力的基准面上的一点。通常固体发动机轴向冲击受力面为壳体后法兰端面,在壳体后法兰端面与试验工装连接处黏结一传感器作为发动机冲击基准点。

同时冲击试验一般只选择一点作为控制基准点,不采用多点控制或平均控制。

3.机械式冲击试验机的调台

由于冲击试验属于开环控制,因此进行正式试验存在一定的风险。尤其是只进行每方向一次冲击或三次冲击时,为了使冲击试验不超差,避免因超差造成试验设备的损坏,一般在正式试验前需要进行模拟件调台,以确保正式试验的可靠性。

固体火箭发动机一般采用假药发动机进行调台。对于其他试验件应采用模态特性相似的负载来调台,即具有相似的刚度和质量。正常情况下,利用模拟件进行调台,需重复三次试验结果稳定,才能确认调台成功。试验机调试成功所有试验参数均应详细记录,以确保正式试验成功,包括缓冲材料特性及激励源的相关参数。

调台的成功标志是冲击结果数据满足军用标准或冲击规范的容差要求。如半正弦冲击波的峰值、脉宽及波形形状需满足要求;冲击响应谱曲线不能超出军标要求的容差线范围。调试冲击试验机的技术,主要是调整缓冲材料的特性。一般来说,提高跌落高度或增大摆锤的角度可以提高冲击响应谱的量级;增加冲击锤头和冲击台面之间的阻尼层,包括毛毡厚度、橡胶厚度等,会降低冲击响应谱的量级,同时使得冲击响应谱的拐点频率变大,冲击响应谱的上升斜率下降。反之,具有相反的效果。改变缓冲材料的特性是一个摸索总结的过程,具体的调试方法和规律还需要结合相对应的冲击试验机的具体特性,进行相应的理论分析总结才能获得。

4.2.5.6　冲击试验数据处理及试验报告编写

数据处理及编写报告要注意以下几个方面的问题:

1)详细检查所有通道的时域信号,以确保时域测试信号的正确。测试线路的接头的松动、测试线路的破损、测试地线接触不良、异常信号的干扰等,都会造成测试信号的异常,如出现削波、异常放大、尖刺和出现传感器的零漂等。必要时需要剔除这些被污染的信号,以免提供了错误的测试结果。

2)冲击试验数据应给出原始的时域曲线及处理后的冲击响应谱曲线,并标注出最大峰值、有效持续时间等试验结果。

3)编写试验报告应包括试验目的、试验时间地点、试验条件、试验仪器、试验测点及控制点、试验安装、试验照片、试验程序、试验原始数据曲线、试验数据统计分析、试验岗位及试验结论等。

4.2.6　运输试验

1.运输试验概述

固体发动机运输试验的主要目的是考核固体发动机经历给定里程的运输环境下的发动机

结构可靠性,并测试发动机在运输途中振动、冲击环境的响应数据,为设计人员提供参考。运输试验分为公路运输试验、铁路运输试验。公路运输试验和铁路运输试验采用产品专用运输车,通常由发动机总装厂提供,因此运输试验是由试验测试单位和产品总装单位共同完成。

2.运输试验测试仪器

固体发动机运输试验是通过公路、铁路运输来考核固体发动机运输过程中结构可靠性。公路运输试验需在不同等级路面和不同车速情况下测试发动机结构响应量级,主要仪器设备是直流电源、电荷放大器、磁带机及测试采集记录设备。铁路运输试验一般在专用铁路运输车上进行,需测试固体发动机在铁路运输过程中过轨、转弯、挂钩等情况下的结构响应量级。铁路运输试验中可以使用交流电源,测试设备与公路运输试验相同。运输试验的测试系统框图如图4-104所示。

图4-104 运输试验测试系统

运输测量系统由加速度传感器、电荷放大器、磁带记录仪及动态分析仪等组成。测量系统组成同振动冲击测试系统基本相似,所不同的是由于在公路运输试验没有交流电源,因此往往需要配备蓄电池等直流电源,同时电荷放大器、磁带机、动态分析设备需具备直流供电功能。根据测试参数的频率范围和幅值大小,以及对电源的要求(铁路运输试验用交流电源,公路运输试验用直流电源)选用测量仪器和设备。公路运输试验应根据测量仪器的功率,选择足够容量的蓄电瓶作为直流电源。

随着测试技术的发展,便携式振动测试采集系统,如LMS数据采集系统自带蓄电池,配备相应的笔记本电脑,可以连续工作2~4 h,这样就极大的简化运输试验的测试系统。当然,运输试验的数据采集系统自身要能够经受住运输试验的考核而不能出现故障,否则会影响试验的正常进行。

3.运输试验方案编制

根据运输任务书要求,在试验前编制试验大纲,确定运输路线,测试项目和需要准备的设备仪器。编制试验大纲需要满足任务书提出路况要求、车速、记录时间、里程安排、测量等要求,编制详细的试验计划、日程安排及相应的人员安排。试验大纲通常由试验项目负责人编写。

4.试验程序

(1)试验准备

1)通电运行各仪器设备,检查工作是否正常。所有测试仪器必须在检定周期内。

2)根据试验发动机的结构形状、尺寸、质量以及要求的环境和边界条件,选定运输车型。

3)试验前对测试系统进行校准,确保试验系统正常工作。

(2)试件接收

模拟发动机和装药发动机进入试验场地由质量管理人员进行验收、检查,一般试件由兼职检验人员检查与验收。

(3)试件安装固定

1)安装人员必须穿着防静电工作服,不得穿着带金属钉的鞋。

2)发动机起吊至安装部位。

3)安装过程中,注意不能磕碰发动机。

4)运输车辆须安全接地。

5)按真实运输试验时的情况,首先将试验支架安放到试验车上,并拧紧试验支架与运输车底板间的全部连接螺钉及拉紧装置。然后将发动机和其他试验件安装固定在试验支架上。试验支架和包箍上的衬垫不得脱落和歪斜。

(4)测试系统安装

1)按照试验要求,将测量仪器设备固定到试验运输车上,固定必须牢靠,仪器底部采用海绵垫隔震。

2)按照试验要求,将转接块、加速度传感器固定到规定的位置上,连接测试电缆、电荷放大器和磁带记录仪,组成测试系统。

3)对测试系统的各测试通道进行检查。轻敲加速度传感器近旁的被测体,检查测试系统信号是否正常,将每路测试系统连接情况进行记录。

5.运输试验应注意的具体事项

1)正式试验开始前,应进行一定里程的试运行,检查并调试采集系统的参数设置,使之不出现信号削波,确认测试系统增益合理,以获得最佳信噪比。

2)按试验方案规定的路线、车速和里程进行试验。选择合适路段,保持一个稳定车速,启动测试系统记录测试信号。每次记录时间一般为 1 min,对于复杂路面,可适当延长记录时间。

3)试验记录的数据包括振动加速度值、车速、路况、地点、环境温度和湿度等参数。

4)按试验方案的规定,在运行一定里程后,需检查发动机的连接固定情况。

6.记录整理和数据处理

对记录在磁带上的测试信号进行整理分析,选择有代表性的测试信号输入到数据处理系统进行处理。处理后一般可得出下列数值:

1)振动频率范围;

2)振动均方根加速度值;

3)测试加速度的概率分布函数;

4)瞬间冲击加速度值和脉宽。

7.试验报告编写

按试验任务书的要求编写试验报告,并给出运输试验原始时域数据和试验数据的处理结果,并介绍试验运输的过程,按报告的编写格式给出相关内容。

4.3　温湿度环境试验技术

4.3.1　温湿度环境试验概述

1.温湿度试验目的及意义

温度是产品贮存、运输和使用中时刻要遇到的环境,温度本身及温度与其他环境综合作用,时刻在影响着军用装备的性能,并可能导致各种形式的故障。为了提高产品对温度环境适应能力,保证设计的产品能满足合同或协议书规定的温度要求,保证生产的产品保持其设计时所赋予的耐温度环境能力,在产品的研制和生产各阶段均应安排温度试验。而且温度试验是用得最多的、最广泛的试验,可以说任何产品的环境试验中均有温度试验项目,任何产品的研制、定型和批生产各个阶段都要安排相应的温度试验,温度试验贯穿产品研制和生产的全过程。

可靠性研制、鉴定和验收试验,环境应力筛选,以及目前广为应用的高加速寿命试验和高加速应力筛选,同样需要用温度试验,温度试验与振动试验是提高和验证产品环境适应性和可靠性的最常用的手段。

湿度是经常与温度相伴随的另一环境因素,因此湿度试验往往与温度环境试验结合进行,特别是对于海军舰艇所用装备。

2.温湿度试验国内外发展现状

温湿度试验贯穿于武器装备设计、研制、生产和采购的各个阶段,温湿度试验技术根据需求不断发展,主要体现在如下几个方面。

(1)试验方法标准化和规范化

试验方法标准非常受到重视,形成了一整套技术文件,如《试验与鉴定》《美国陆军试验操作规程》《环境试验方法和工程导则》等,数量近千篇,涉及范围广,齐全,更新速度快。美军标准 MIL-STD-810 从 1962 年颁布至今,已更新了六次。温度、温湿度试验方法是其重要内容之一。我国参照该标准 C,D 版已制定了 GJB150 系列标准,在军品的研制、鉴定和验收过程中发挥了较大作用。

(2)温湿度试验设备趋于大型化、综合化和计算机自动化

为了满足整机、整车、整弹试验的需要,各国都致力于大型温度试验设备的建造,各种仓式环境试验设备应运而生。如美国麦金利气候环境实验室建造的一座试验设施,是世界同类设施中最大的,可产生温度、湿度、太阳辐射、降雨、风、雪、冰雹等,并可按一定选择程序进行复合试验。其内部尺寸:宽约 75 m,深 61 m,中心高 21 m。试件最大可到整个飞机,并可在极端低温条件下短期工作。我国自 20 世纪 60 年代以来,为了满足兵器、飞机等研制和生产的需要,建立了相当数量的各类不同大小的环境模拟设备,如高空环境模拟设备、兵器大型环境模拟设备、工兵装备环境实验室等空间、空中和地面环境模拟设备。

由于综合环境可靠性试验方法及剪裁方法的引入,环境试验设备已由过去的单一型向复合型、综合方向发展。对大气环境试验而言,已开始向全天候气候模拟发展。并且目前环境试验设备的自动化变得相当普遍,微机控制和自动数据采集与处理系统的有无,已成为衡量试验设备是否先进的一个重要指标。

(3)重视与自然环境试验相结合

自然环境试验是发展人工模拟加速试验的基础,加速试验方法和试验结果的有效性也需依靠自然环境试验来验证。如我国虽引进 MIL-STD-810C 和 810D 的成套标准,并据以制定了 GJB150,但因缺乏自然环境试验方面的资料,所以无法贯彻 MIL-STD-810D 有关"剪裁"概念的最新指导思想。此外,美军标在制订或修订过程中,越来越注重自然环境试验,例如 MIL-STD-810D 湿热试验标准的修订,则以热带环境试验中心下属试验站进行的为期两年的自然环境试验数据为依据。另外,两种试验方法在产品研制、生产中,也是相辅相成、互为补

充的,共同为提高产品质量发挥应有作用。

4.3.2　固体火箭发动机典型温湿度环境试验类型

温度环境试验的种类很多,而用于发动机温度环境试验的主要有常规温度试验、高低温循环试验和温度冲击试验三种。

4.3.2.1　常规温度试验

在发动机研制各阶段及批生产中,都要进行常规温度的试验。其目的是考核发动机在特定的温度状态下工作的可靠性和性能参数的稳定性。

(1)保温温度

保温温度是指受试发动机在温度环境试验中药温达到某一规定值(当不测药温时指保温空间)。保温温度应按型号规范中的规定执行,通常分为高温、常温、低温保温温度,其值分别为 50℃,20℃,−40℃。

(2)保温温差

在发动机保温期间,温度波动应严格控制在 ±2℃ 的偏差范围之内。图 4 - 105 所示为高/低温保温温度-时间曲线。

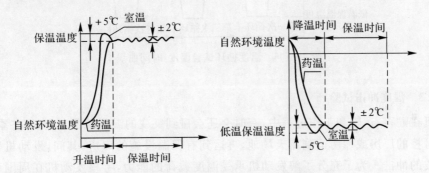

图 4 - 105　高/低温保温温度-时间关系曲线

(3)保温时间

保温时间是指发动机药温或室温测点温度值达到规定的保温温度开始,到发动机的各部分都达到规定的保温温度(偏差在 ±2℃ 以内)为止所需要的时间,如图 4 - 105 所示。保温时间应按型号规范中的规定执行。

(4)转移时间

发动机从保温室运出起到热试车为止所经历的时间,即为转移时间。转移时间应按型号规范中的规定执行。

(5)升(降)温速率

1)大中型发动机进行温度环境试验时,室温升(降)温速率应不大于 5℃/h。室温与药温最大差值应小于 20℃,室温最高不得高于高温保温温度 5℃,最低不得低于低温保温温度 5℃。

2)小型发动机进行温度试验时,箱温升(降)温速率应不大于 10℃/h。

4.3.2.2　高低温循环试验

发动机在贮存、运输和工作过程中,会遇到各种温度环境,最高时可达 40~50℃,最低约

为 $-40 \sim -30℃$。温度的变化会在发动机内部引起附加的热应力和热应变,从而导致药柱裂纹、脱粘、密封失效,某些机构失灵,等等。因此需要进行温度载荷的考核试验。对于长年裸露在自然环境中的发动机还会受到每天的温度循环作用,需要进行温度循环试验;同时开展温度循环试验可以探索药柱内部温度场随外界温度变化的规律,为制订发动机勤务指南(维护使用条件)提供试验依据。

温度循环试验是模拟发动机在贮存、运输和工作过程中,处于自然温度缓慢变化条件所进行的试验。试验中的保温温度、保温时间按型号规范中的规定执行。保温温差为 $±2℃$,升降温速率应不大于 $5℃/h$,如图 4 - 106 所示。

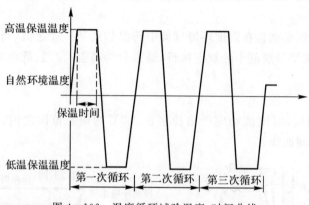

图 4 - 106   温度循环试验温度-时间曲线

4.3.2.3   温度冲击试验

发动机在贮存、运输和工作过程中,有时会还会碰到突变的温度情况,如在寒冬季节,发动机由温度可控的厂房或库房运到露天场地,再运到有保温设施的库房,其间,发动机便经历一个低温方波的冲击。为了充分了解发动机承受温度载荷的能力,考核发动机在周围环境温度急剧变化的情况下结构的完整性和性能参数的稳定性,通常对发动机进行极限温度试验。将发动机置于预先设计的低温环境中,直至药柱温度和环境温度平衡为止。不断降低温度,直至发动机结构(含药柱)破坏为止。从而为制订发动机使用温度环境提供有说服力的依据。

(1)试验温度极限

试验温度极限是在温度冲击试验中,高温和低温保温室内各应该保持的某一规定的温度值。试验温度极限应按型号规范中的规定执行。

(2)保温温差

在温度冲击试验的整个过程中,室温的极限温度波动应严格控制在 $±2℃$ 偏差范围内。

(3)暴露持续时间(保温时间)

发动机暴露于极限温度下的时间,即温度冲击试验中室温保温时间,一定要相当于发动机实际工作时间或相当于药温稳定到极限温度的时间。暴露持续时间(保温时间)应按型号规范中的规定执行。

(4)转运时间

转运时间是指发动机从高温室向低温室转运或由低温室向高温室转运所需要的时间。

除以上几个具体参数外,还有温度冲击循环次数,目前有关试验标准一般规定为 3 次。温度冲击试验温度-时间曲线如图 4 - 107 所示。

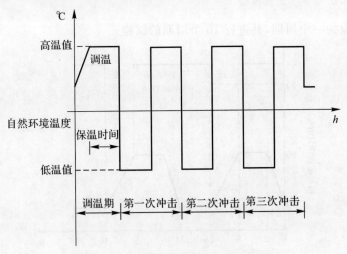

图 4 - 107　温度冲击试验温度-时间曲线

4.3.2.4　湿热试验

发动机在贮存、运输和工作过程中,除了受上述提到的各种温度的影响外,还可能会受到高温高湿和低温高湿等湿热环境的影响。受这两个方面的影响发动机的药柱会出现变形、脱粘,壳体表面产生锈蚀,严重的会影响发动机的使用寿命。因此,必须对发动机及其零部件进行湿热试验。发动机及其他相关产品零部件在高低温湿热的环境下贮存、运输、使用时的适应性试验主要有两个阶段,即高温高湿阶段和低温高湿阶段。通过对发动机的物理以及其他相关特性进行环境模拟测试,来判断产品的性能,是否仍然能够符合预定要求,以便于在进行发动机设计、改进、鉴定及出厂检验时使用。

(1)试验条件

试验条件见表 4 - 8。

表 4 - 8　试验条件

类　别	高温高湿阶段		低温高湿阶段		试验周期
	温度/℃	相对湿度(RH)/(%)	温度/℃	相对湿度(RH)/(%)	
发动机及其零部件	60	95	30	95	10

(2)试验

试验以 24 h 为一个周期,每周期分为升温、高温高湿、降温和低温高湿 4 个阶段,试验按图 4 - 108 所示的湿度-时间曲线进行。

1)在 2 h 内,将试验箱(室)温度由 30℃升到 60℃,相对湿度(RH)升至 95%。温湿度的控制应能保证试验样品表面凝露。

2)高温高湿阶段。在 60℃及相对湿度(RH)95%的条件下至少保持 6 h。

3)降温阶段。在 8 h 内,将试验箱(室)温度降至 30℃,此期间内相对湿度(RH)保持在 95%。

4)低温高湿阶段。当试验箱(室)温度达到30℃后,相对湿度(RH)应为95%,在此条件下保持8 h。

以上四个阶段为一个周期,共进行10个周期的试验。

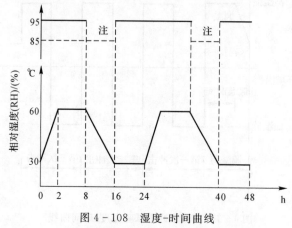

图4-108　湿度-时间曲线

注:温度下降时,相对湿度保持在85%以上。

4.3.2.5　温度贮存试验

温度贮存试验是发动机贮存和寿命预估、延寿工作中重要的试验内容之一。从材料、部组件到整机基本都要进行该项试验。试验类型包括如下两类。

(1)高温加速老化试验

主要是增强温度加速老化就是在不改变产品失效机理的前提下,让发动机能较快速的达到设计寿命指标。用来预估发动机的使用寿命、贮存期。

(2)温度循环试验

主要模拟四季交替,日夜交替的周期性温度变换,判断发动机在该循环条件下发动机的结构完整性以及工作可靠性。

4.3.3　固体火箭发动机典型温湿度环境试验设备

固体发动机一般进行高温、低温、温度循环和温度冲击试验,依据发动机尺寸的大小分别在温度实验室或温度试验箱中完成。从试验箱用途的角度讲,有高温试验箱、低温试验箱、高低温交变试验箱和高低温交变湿热试验箱;从试验箱的规格讲,有标准试验箱和步入式试验箱。温度试验设备一般包括箱体、循环风道、低温制冷设备、高温加热设备、电气控制设备等。

4.3.3.1　低温试验设备

固体火箭发动机低温试验设备一般采用蒸汽压缩式制冷方法,对应的制冷系统为蒸汽压缩式制冷系统,由压缩机、冷凝器、膨胀阀、蒸发器等部分,用管道连成一个封闭的系统。

制冷压缩机是一种把原动机提供的机械能变成工质蒸汽压力能的机械,它是蒸汽压缩式制冷循环中最基本的大部件之一。蒸汽压缩制冷机工作时,是靠汽缸、汽阀和在汽缸中做往复运动的活塞所构成的可变工作容积来完成工质蒸汽的吸入、压缩和排出过程。

冷凝器是蒸汽压缩式制冷系统中的主要设备之一,它的作用是将压缩机排出的高温制冷剂蒸汽冷凝成为冷凝压力下的饱和液体。在冷凝器里,制冷蒸汽把热量传给周围介质——水或空气。

蒸发器是制冷系统中的主要交换设备之一,它利用制冷剂液体在较低温度下蒸发,吸收被冷却介质(如盐水或空气)的热量,使其温度降低。蒸发器是制冷系统中生产和输出冷量的低压设备。

蒸汽压缩式制冷系统工作原理:工质在蒸发器内与被冷却对象发生热量交换,吸收被冷却对象的热量,并汽化成蒸汽。压缩机不断地将产生的蒸汽从蒸发器中抽走,并将它压缩后,在高压下排出,这个过程需要耗能。经压缩的高温、高压蒸汽在冷凝器内被常温冷却介质(通常是常温水和空气)冷却,凝结成高压液体。利用膨胀阀使高压液体节流,节流后的低压、低温湿蒸汽进入蒸发器,再次汽化,吸收被冷却对象的热量。如此周而复始。

在整个循环过程中,压缩机起着压缩和输送制冷剂蒸汽和造成蒸发器中降低压力的作用,是整个系统的心脏;节流阀对制冷剂起节流降压作用并调节进入蒸发器的制冷剂流量;蒸发器是输出冷量的设备,制冷剂在蒸发器中吸收被冷却物体的热量,从而达到制冷的目的;冷凝器是输出热量的设备,从蒸发器中吸收的热量连同压缩机消耗的功所转化的热量在冷凝器中被冷却介质带走。根据热力学第二定律,压缩机消耗的功(电能)起了补偿作用,使制冷剂不断从低温物体中吸热,并向高温物体放热,从而完成整个制冷循环。

目前常用的复叠式制冷循环系统由两个或两个以上的循环叠加而成。制冷剂在 B 回路(见图 4 - 109 右半图)中的蒸发造成 A 回路(见图 4 - 109 左半图)中制冷剂的冷凝。然后 A 回路中的制冷剂蒸发,产生更低的蒸发温度。联系 A 和 B 两个回路的中间热交换器称为冷凝蒸发器。

复叠式制冷机由两种或两种以上的制冷剂和循环组成,它既能满足在较低蒸发温度下蒸发时合适的蒸发压力,又可满足在环境温度下冷凝时适中的冷凝压力。其原理如图 4 - 109 所示。

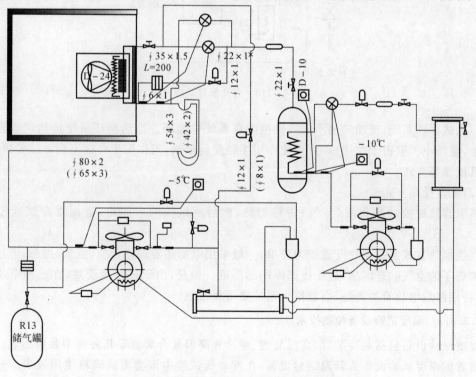

图 4 - 109　复叠式制冷系统组成原理示意图

4.3.3.2 高温试验设备

在固体火箭发动机温度环境试验的试验种类中,除了应用制冷系统对发动机进行低温试验外,还要应用高温系统对发动机进行高温试验。目前,高温系统按被加热介质(空气)的受热方式可分为间接受热方式和直接受热方式两大类。

(1)间接受热方式

首先热源将系统中的水加热,加热的水依靠自然循环和强制循环的原理通过散热器加热空气,进而提高库房的温度。在这种方式中水成为载热剂,这样我们把间接加热方式又分成了自然循环系统和机械循环系统。

1)自然循环系统:被加热的水依靠水的密度变化在系统中自然循环。这种系统仅适用于水的压力差很小的情况,否则,水将不会自然流动。

图4-110所示是自然循环系统的工作原理图。图中加热器J与散热器S用供水管1和回水管2相连接,在系统的高处连接一个膨胀水箱P,用于容纳水在受热后因膨胀而增加的体积,排除系统中的空气,并为系统补水。当系统充满水后,在加热器中被加热了的水密度减小,受散热器流回来的密度较大的回水推动,沿供水管道进入散热器,在散热器内降温,密度增大后,沿回水管道流回加热器。系统中的水不断在加热器中受热升温和在散热器及管道中散热降温,使其循环流动得以维持。被加热的载热剂(水)通过散热器S加热空气,依靠风机F吹入库房,进而提高库房内的温度。

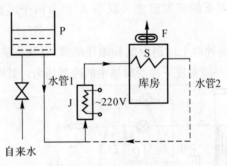

图4-110 自然循环系统

2)机械循环系统:被加热的水依靠机械能在系统中循环。自然循环系统虽然维护管理较为简单,能耗小。但由于作用压力小,使作用半径受到限制,当作用半径达不到系统要求时,应采用机械循环方式。

(2)直接受热方式

热源直接对被加热介质(空气)进行加热,然后用风机吹入库房,进而提高试验箱内的温度。

直接加热方式系统硬件配置较为简单,一般采用电加热器加热介质(空气)加热,通过风机将被加热了的空气吹进库房,进而提高库房的温度。但是,由于是直接受热,在选择电加热器时,要特别注意电热管的类型,而且整个系统要可靠接地。

4.3.3.3 温度试验设备控制技术

温度试验设备包括制冷装置、高温装置、制冷和高温复合装置等几种典型装置组成。只有制冷装置的温度试验设备为低温试验设备,在发动机试验中该类型试验箱使用较少。只有高温装置的温度试验设备实质为高温烘箱,在标准发动机温度试验和发动机材料温度和温度加速老化试验中成为常规温度试验设备。制冷和高温复合装置的温度试验设备是目前在用的主力设备,一般称为高低温交变试验箱。这三种典型设备分别采用不同的控制原理和方法。

制冷装置的控制是通过控制仪表和执行元件压缩机、电磁阀、风机,再加上部分安全检测元件(油压控制器、压力继电器)等实现的,如此配置具有经济性、可靠性、安全性等特点。

制冷装置的自动控制主要是流量控制、压力控制和温度控制三个方面。流量控制是控制制冷剂的流量,冷却系统的冷却水量及风量。所采用的控制阀件有节流阀(如热力膨胀阀、毛细管)、电磁阀、水量调节阀等。压力控制是控制制冷系统的工作压力,保证装置安全运行或正常启动停车,常用的压力控制器有高压及低压控制器、油压控制器、蒸发压力调节阀、冷凝压力调节阀。温度控制是控制制冷系统的工作温度、冷库库房温度、空调环境温度,并通过温度控制器调节制冷装置的运行和制冷能量的合理利用。此外,随着计算机控制技术的发展,将流量控制、压力控制及温度控制等相关参数按照工作程序及相关要求编写成程序写入硬件控制单元(如 PLC、温控仪器仪表或计算机等)形成中央控制单元,由中央控制单元进行控制。

制冷装置自动控制的基本原理是通过控制阀件的敏感元件感应制冷系统的工作温度、压力等,自动地启闭或调节节流阀、压力控制阀及电磁阀,温度控制器的动作,调节流量控制阀的开度,压力及温度控制器的电触点位置,以达到对装置的流量、压力及温度的调节和控制。

高温控制原理一般为温度传感器测量温度箱的工作温度,通过控制仪表(PID 调节)完成系统中高温蒸汽的流量大小,或电加热的功率,从而实现对保温室温度的控制。

高温控制目前最常用的为电加热功率控制方式。温度箱中温度传感器测量库房温度并将信号送入控制仪表,与温度目标值比较得到偏差,经 PID 校正环节调节获得调节量并转变为继电器开关量信号,从仪表送出控制固态继电器驱动电加热管直接加热空气,再由风机将被加热的空气吹入试验箱的方法,实现温度调节。

高低温交变试验设备有制冷和制热两套装置组成。温度传感器获取试验箱(室)内温度,有两个控制对象,一个为制冷量,一个为加热量,而这两个控制对象对应两个不同的设备。目前,控制方法有冷热平衡法、冷输出控制方法等。

冷热平衡法是使制冷设备处于工作状态输出恒定制冷量,通过对加热设备进行加热量的实时调节,在风道中实现制冷量、加热量和滞留空气热交换,将风道中的空气送入试验箱中实现温度控制。

冷输出方法是在低温工作状态,加热器不参与工作,通过 PWM 技术控制调节制冷机组制冷剂流量和流向,对制冷管道、冷旁通管道、热旁通管道三向流量调节,实现对工作室温度的自动恒定。目前,该技术基于定制的 PWM 控制阀,由个别温度试验箱研制厂家专有。

目前,对于发动机常规温度试验和温度循环试验一般要求温度速率,温度试验设备都采用了仪表技术,采用温控仪表作为控制单元调节固态继电器和电磁阀实现温度控制的自动化。目前一些试验设备留有通信接口和计算机通讯,利用计算机实时监视试验温度和控制参数的设置。高低温交变试验设备一般组成原理如图 4-111 所示(不含加湿和除湿元件)。

4.3.3.4　温湿度试验设备

湿度试验是在一定温度条件下进行,其设备一般是高低温交变湿热试验箱。通常用相对湿度描述湿度。相对湿度指空气中水汽分压力与该温度下水的饱和气压之比并用百分数表示。加湿的过程实际上就是提高水汽分压力,最初的加湿方式就是向试验箱壁喷淋水,通过控制水温使水表面饱和压力得到控制。

目前常用蒸汽加湿方法,控制过渡过程较长,系统稳定后湿度波动较小。为了使得加湿过程中水汽不过热,控制过程会较长,但湿度稳定后不会增加系统中的额外热量。

设备组成如图 4 - 111 所示,其中湿度控制原理与温度控制类似。

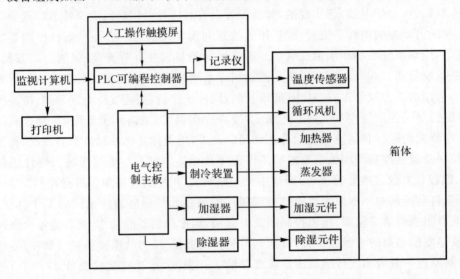

图 4 - 111　高低温交变试验设备组成原理图

第5章　固体火箭发动机安全性试验技术

5.1　概　　述

5.1.1　固体火箭发动机安全性试验的意义及起源

固体火箭发动机作为导弹武器的动力系统在拥有强大动力的同时也有因冲击、撞击、跌落、振动、高温、静电、雷击和电磁辐射等外界机械力、环境力引发意外发火、燃烧、爆炸的危险隐患,会造成己方武器装备的破坏、人员伤亡事故和巨大的经济损失,直接削弱了己方的战斗力,甚至影响战争的胜负。为保证部队装备的武器能够适应勤务和实战过程中的各种恶劣环境,最大限度发挥武器装备的战斗力,有必要将安全性考核纳入到固体火箭发动机及导弹武器的定型工作中以提高其安全性。

固体火箭发动机安全性试验起源于20个世纪50年代,在1967年的越战、几次中东战争、马岛战争中,甚至是和平年代,因发动机自身安全问题引起的航母、战机、坦克的损毁导致了巨大损失,如:第一艘核动力航母"企业"号爆炸事故、"福莱斯特"号航母爆炸事故、"尼米兹"号爆炸事故、英阿马岛战争中英国的"谢菲尔德"号导弹驱逐舰沉没、苏联某海军基地持续数天的火灾和爆炸、伊拉克战争中的美空军伊拉克基地弹药库爆炸事故、芝加哥港口弹药装运爆炸事故等,因此国际上更加重视发动机的安全性试验考核及相关技术,安全性成为固体火箭发动机及武器定型考核和装备部队的重要指标。最为典型的是1967年美国的"福莱斯特"号航母安全事故。起因是舰载战斗机挂载的一枚空地火箭意外点火发射,击中了一架舰载攻击机,攻击机油箱随即爆炸,大火迅速燃遍了整个飞行甲板,并导致军械库的弹药在高温下发生了爆炸和殉爆。这场灾难中,共有134人死亡,162人受伤,其中64人伤势严重,21架飞机被毁,另有43架严重受损,损失78.5亿美元,福莱斯特号只得返回美国进行维修。图5-1~图5-4分别为火灾现场、救援现场及烧毁战机残骸和受损航母的照片。

图5-1　福莱斯特号火灾现场

图 5-2　救援现场

(a)　　　　　　　　　　　　　　　　　(b)

(c)

图 5-3　烧毁战机残骸

(a)A-4E天鹰战机残骸；　(b)F-4B舰载战机残骸；　(c)RA-5C战机残骸

图 5-4　受损航母

5.1.2　固体火箭发动机安全性试验的作用

固体火箭发动机安全性试验就是要模拟发动机在勤务和作战环境下可能出现的意外情况（例如火灾，意外跌落等），考核固体火箭发动机的安全性，从而为发动机的设计、弹药的防护甚至是包含该固体火箭发动机的武器能否装备部队使用提供依据。

由于导弹的安全性主要取决于弹头、推进装置（固体火箭发动机）两个大的子系统的安全性，国外对固体火箭发动机进行了大量安全性试验，试验通常有如下几个作用：

1)通过试验，确保发动机在后勤和作战状态下更安全，为决策是否装备以该发动机为动力装置的武器弹药提供依据；

2)通过对含能材料、壳体材料的研究和试验，为新型号发动机的研制、已有型号发动机的改进和升级提出合理意见和建议。

5.1.3　固体火箭发动机在勤务和作战环境下的主要威胁因素

固体火箭发动机在其全寿命周期内会经历运输、吊装、贮存、维护、发射技术阵地总检、值勤等多种环节，不可避免地会经受各种振动与冲击；在备战状态下，还有可能受到敌方武器的攻击，导致固体火箭发动机受到子弹或碎片撞击，武器平台或弹药库着火，甚至爆炸等。在这些特殊环境因素和环节中，难免会遇到环境应力超载的状况，致使固体火箭发动机出现意外损伤，甚至引发安全性问题。

（1）振动环境

固体火箭发动机在不同寿命周期阶段可能经历的振动环境和预期平台类别见表 5-1。

表 5-1　振动环境

寿命阶段	平　台	类　　别	装备描述
制造/维修	工厂设备/维修设备	1.制造/维修过程	装备/组件/零件
		2.运输和装卸	装备/组件/零件
		3.环境应力筛选	装备/组件/零件
运输	卡车/拖车/履带车	4.紧固货物	装备作为紧固货物
		5.散装货物	装备作为散装货物
		6.大型组装件货物	大型组件、外部防护配置，货车和托车车厢
	飞机	7.喷气式	装备作为货物
		8.螺旋桨式	装备作为货物
		9.直升机	装备作为货物
	舰船	10.水面舰船	装备作为货物
	铁路	11.火车	装备作为货物

续 表

寿命阶段	平 台	类 别	装备描述
工作	飞机	12. 喷气式	安装的装备
		13. 螺旋桨式	安装的装备
		14. 直升机	安装的装备
	飞机外挂	15. 喷气式	组合外挂
		16. 喷气式	安装在外挂内
		17. 螺旋桨式	组合外挂/安装在外挂内
		18. 直升机	组合外挂/安装在外挂内
	导弹	19. 战术导弹	组装导弹/安装在导弹内(自由飞阶段)
	地面	20. 地面车辆	在轮式/履带/拖车内安装
	水上运输工具	21. 舰船	安装的装备
其他	全部	22. 低限完整性	安装在减震器上/寿命周期不确定
	所有运输工具	23. 外部悬臂	天线、机翼、桅杆等

（2）意外跌落

固体火箭发动机的意外跌落主要发生在导弹吊装、转运和弹射后发动机未点火等过程中。导弹吊装、转运过程中的跌落高度一般为 0.5 m,1 m,2 m,在装船等过程中可以达到 12 m 甚至更高;导弹弹射后发动机未点火时,其跌落高度为弹射高度;对于机载弹药,当导弹发射后发动机未点火时,发动机跌落高度为飞机飞行高度。

（3）子弹撞击

子弹撞击过程中影响固体火箭发动机安全性的因素包括子弹的类型、质量、速度等,过去几十年子弹威胁条件在口径、效应和性能方面发生了重要变化,表 5-2 总结了从 1945 年到 21 世纪北约国家所使用子弹的变化(以口径为基础)。

表 5-2 从 1945 年到现在北约国家所使用子弹的变化(以口径为基础)

子 弹	速度/(m·s⁻¹)	质量/g	时期	子弹类型	穿透性(RHA 板,mm)
5.56×45	940	4	1967	Ball	1
			1983	Ball	3
			1996 年以后	AP	6
7.62×51	838	9.7	1957	Ball	4
	930	8.3	1996 年以后	AP	15
12.7×99	887	42.9	第二次世界大战	Ball	19
	885	45.9	1947	AP	21
	1120	27.9	1994	SLAP	34

20世纪80年代和90年代,12.7 AP M2子弹(见图5-5)是由攻击步枪或狙击步枪发射的对固体火箭发动机"最具危险性的威胁"。目前,随着14.5 mm甚至20 mm大口径狙击步枪(也称作反材料步枪)的逐渐推广,使得固体火箭发动机所面临的子弹撞击环境也不断在改变,12.7 mm AP子弹不再是"最典型的威胁"。

图5-5　12.7 SLAP子弹

(4)碎片/破片撞击及射流冲击

在受到敌方武器攻击或恐怖袭击过程中,固体火箭发动机往往会承受爆炸碎片的撞击、破片弹药的攻击和聚能射流弹的攻击,其中碎片撞击过程中影响固体火箭发动机安全性的因素包括碎片的材质、形状、质量、速度、撞击方向、撞击密度等,射流冲击过程中影响固体火箭发动机安全性的因素包括主冲击波强度以及伴随的射流碎片材质、形状、质量、速度、撞击方向、撞击密度等,这些参数都在其试验考核标准中做出了相应规定。

(5)火灾环境

火灾环境是两军对垒中最常出现的情况,也是对固体火箭发动机安全性影响最主要的因素之一。当导弹武器的储运和战备环境失火时,固体火箭发动机可能完全处于火焰环境中,此时发动机外部环境升温速度非常快;如果是邻近弹药库或飞机起火,虽然发动机没有处于火焰环境中,但周围形成了高热气流环境,尽管此时发动机的外部环境升温速度不快,若经过长时间的累积,可能导致发动机内部含能材料温度达到起爆点,造成非常剧烈的爆炸。

(6)爆炸环境

爆炸环境是固体火箭发动机在备战过程中最常经历的威胁环境因素。爆炸环境对固体火箭发动机安全性的影响取决于发生爆炸的弹药、周围弹药的贮存状态或运输配置等。

(7)静电环境

某些推进剂具有电敏感性,在静电环境下可能会引发安全事故。仅从1976年底至1978年3月,SNPE公司所使用的含铝推进剂就发生了6起事故,这些推进剂都经过了火花试验且并未发生反应。事故发生后,该公司对推进剂生产及处理过程中产生的电荷进行了系统的测量,发现在芯模拔出的过程中,积累在芯模上的电压可达到几千伏。由此,SNPE公司发现含铝推进剂具有电敏感性,并建立了一个渗透模型对这一现象进行了解释。1985年,在德国海尔布隆美国陆军基地组装潘兴Ⅱ导弹时也发生了一起严重事故。一台固体火箭发动机从包装箱取出时,推进剂(AP-Al-HTPB,质量为4 t)药柱内部在没有明显原因下自动点火。分析表明这次意外点火和装在电绝缘凯芙拉壳体内的推进剂药柱内部电场积聚有关,在寒冷、干燥的气候下,静电荷通过发动机沿着不同介电材料放电导致着火。

(8)电磁环境

研究证实,在电磁辐射条件下加铝的AP基推进剂能够被点燃,其敏感度水平与推进剂样品尺寸及力学性能、温度和铝粉的品质等许多因素有关。电磁场通过在推进剂药柱内产生电位梯度和介电损失导致温度上升而产生影响。

(9)核攻击环境

核攻击对固体火箭发动机安全性有巨大威胁。核武器爆炸,不仅释放的能量巨大,而且反应过程非常迅速,微秒级的时间内即可完成。在核爆炸周围不大的范围内将形成极高的温度,加热并压缩周围空气使之急速膨胀,产生高压冲击波。地面和空中核爆炸,还会在周围空气中形成火球,发出很强的光辐射。核反应还会产生各种射线和放射性物质碎片;向外辐射的强脉冲射线与周围物质相互作用,造成电流的增长和消失过程,其结果又产生电磁脉冲。这些不同于化学炸药爆炸的特征,使核武器具备特有的强冲击波、光辐射、早期核辐射、放射性沾染和核电磁脉冲等杀伤破坏作用。

(10)反导突防环境

反导、突防要求对固体火箭发动机的安全性提出了新的挑战。反导武器系统中采用的新技术如高能激光武器、动能武器,其攻击可能使固体火箭发动机遭受热、冲击、感应等危险刺激并导致出现 DDT(爆燃转爆轰)、SDT(冲击起爆)等危险反应。

以上列举了几种环境威胁因素,针对具体固体火箭发动机型号,应该根据其全寿命周期中所面临的环境条件及其自身状态,具体分析各阶段可能面临的各种危险情况,识别其中对固体火箭发动机安全性有实际威胁的因素,并对其威胁程度进行评定。表5-3是固体火箭发动机典型危险工况。

表5-3 固体火箭发动机的典型危险工况

典型危险工况		威胁因素分析
意外跌落	导弹发射后发动机未点火	最大坠落高度,发动机落地姿态,落点的地面状态等
	吊装、转运过程中意外跌落	最大坠落高度,发动机落地姿态,落点的地面状态等
撞击	储运过程遭受外物意外撞击	撞击物的材质、形状、质量、撞击速度等等
子弹撞击		不同情况下子弹的类型、质量、速度和撞击方向等
碎片撞击、破片冲击		不同情况下碎片/碎片的材质、形状、质量、速度、撞击方向、撞击密度等,以及伴随的冲击波
射流冲击		冲击波强度以及伴随的射流碎片材质、形状、质量、速度、撞击方向、撞击密度等
快烤环境	储运和战备状态下环境失火	火源距离、火焰温度及其时间历程等
慢烤环境	邻近弹药库或飞机起火	火源距离、火焰温度及其时间历程等
爆炸环境	周围环境发生爆炸	爆炸产生的冲击波的强度
静电环境	装填、退弹及运输时摩擦产生的静电	静电电压值及周围的介质环境
电磁环境	储运和战备状态下的电磁威胁	所处环境中由于供电、通讯、电子对抗等设施产生的电磁发射频率、电平值和发射方位等
温湿度环境	极端温湿度的储存环境	贮存温度、湿度及其变化速率、周期等
振动环境	运输振动	车载、舰载、机载等不同运输状态下的振动方向、幅度、频率及运输时间
	发射振动	导弹从武器装载平台发射过程及发射后的振动方向、幅度、频率及发射和飞行时间
其他意外刺激		略

5.1.4　固体火箭发动机安全性试验项目

固体火箭发动机安全性考核的内容包括：为评估弹药存储、运输、吊装、维护、操作等勤务过程中环境刺激对固体火箭发动机的安全性影响而进行的温湿度循环试验、振动试验、跌落试验；在作战环境下，由于受到敌方武器攻击导致的平台起火、临近飞机或弹药库起火、子弹攻击、破片弹药攻击、聚能射流弹攻击、临近武器或平台发生爆炸对固体火箭发动机安全性影响的子弹撞击试验、碎片撞击试验、快速烤燃试验、慢速烤燃试验、射流冲击试验、破片冲击试验和殉爆试验；以及其他可能引起弹药发生安全事故的环境试验，如电磁干扰、静电、拦截着陆等附加试验。表 5-4 为固体火箭发动机安全性考核的主要试验项目，具体内容将在下节进行介绍。

表 5-4　固体火箭发动机安全性考核的主要内容

试验类型	试验项目		
勤务安全试验	28 天温湿度：考核固体火箭发动机从装备部队到进入战备状态所经历的长期贮存环境对其安全性的影响		
	振动：固体火箭发动机在运输情况下承受的运载平台的振动环境影响		
	4 天温湿度：作战部署后的短期存储环境对固体火箭发动机安全性的影响		
	安全跌落：安装或转运过程中，可能会遇到的吊装跌落刺激对固体火箭发动机安全性的影响		
作战安全试验	快速烤燃（FCO）：模拟储运和战备状态下环境失火对固体火箭发动机的威胁		
	慢速烤燃（SCO）：模拟邻近弹药库或邻近飞机起火时，其热环境对附近固体火箭发动机的影响		
	子弹撞击（BI）：主要模拟枪弹对固体火箭发动机的威胁		
	碎片撞击（FI）：模拟碎片弹药攻击或爆炸产生的碎片对固体火箭发动机的威胁		
	殉爆（SD）：模拟周围环境爆炸冲击波和碎片对固体火箭发动机的威胁		
	射流冲击（SCJI）：模拟聚能射流弹攻击对固体火箭发动机的威胁		
	破片冲击试验：模拟破片弹药攻击对固体火箭发动机的威胁		
附加安全试验	加速度	电磁脉冲	意外释放
	声学	电磁漏洞	高空模拟
	气动加热	静电放电	跌落
	闪电	浸泡	防爆
	弹射、拦截着陆	霉菌	故障单元
	双馈弹药	热枪烤燃	电磁辐射对军械的危害
	粉尘	盐雾	湿度
	电磁干扰	颠簸	空投
	电磁辐射	掺杂	泄漏-浸泡
	X 射线辐射	泄漏检测-卤素氦	空间模拟-无人驾驶试
	冲击	加压	炮口影响/影响安全距离
	太阳辐射	雨淋	压力点火
	材料兼容性验	空中爆炸时间	振动
	静态雷管安全	毒气	

5.2 试 验 分 类

安全性试验从武器的使用状态分为勤务安全性试验和战时安全性试验。勤务安全性试验主要考核存储、运输、吊装、维护、操作等勤务过程中环境刺激对固体火箭发动机安全性的影响;作战安全性试验主要考核作战环境下,由于受到敌方武器攻击导致的平台起火、临近飞机或弹药库起火、子弹攻击、临近武器或平台发生爆炸对固体火箭发动机安全性的影响。

安全性试验从武器所受环境力的性质分为热安全性试验(包括快速烤燃、慢速烤燃),机械力安全性试验(跌落,子弹撞击),冲击波安全性试验(殉爆试验),静电放电安全性试验,电磁安全性试验等。下面对跌落、火箭橇撞击、快速烤燃、慢速烤燃、子弹撞击、碎片撞击、射流冲击、破片冲击及殉爆等典型安全性试验进行详细介绍。

5.2.1 跌落试验

跌落试验考核固体火箭发动机在装备吊装装运意外跌落、导弹发射后发动机未点火跌落的安全性。固体火箭发动机跌落后未发生燃烧或爆炸,则通过跌落试验安全性考核。

5.2.1.1 试验方法

1. 确定试件及起吊、释放装置

试验前应明确受试固体火箭发动机的重量、尺寸、质心、装药类型和装药量等。如需采用模拟件进行跌落试验,模拟件应尽量与受试固体火箭发动机保持一致,对于控制系统等非爆炸部件,可以采用等质量、相同几何尺寸和等导热系数的结构替代。

根据受试固体火箭发动机或模拟件(以下简称试件)的重量、尺寸和结构确定起吊装置、释放装置,包括提升装置的承载能力、试件与释放装置的连接方式、试件的释放方式及跌落面的尺寸等。

2. 确定跌落高度、姿态

跌落高度为下跌前试件最低点与基座的距离,根据威胁危险性评估(THA)的最坏情况,后勤跌落试验的一般跌落高度为 12 m。如果考虑试验件的寿命周期剖面,这个高度可能还需要增加。

跌落姿态包括水平、竖直或倾斜,试验具体跌落姿态由根据威胁危险性评估(THA)的最坏情况决定。

3. 安全距离估算

在跌落试验中,试件由于撞击可能会发生爆轰响应,产生冲击波和爆炸碎片,对参试人员和试验设备造成损坏,因此在该类试验中,需要测算试件一旦发生爆炸的冲击波安全距离和碎片安全距离,以便对人员和设备进行必要的防护。

(1)冲击波安全距离确定

冲击波超压估算公式:

$$\Delta P = 0.102 \frac{\sqrt[3]{w}}{r} + 0.399 \left(\frac{\sqrt[3]{w}}{r}\right)^2 + 1.26 \left(\frac{\sqrt[3]{w}}{r}\right)^3$$

式中　　ΔP——冲击波超压(MPa);

　　　　ω——战斗部装药 TNT 当量(kg)。

根据试验中战斗部装药的当量,以及冲击波对人员的杀伤准则 0.02 MPa,来计算安全距离。

（2）碎片安全距离估算

战斗部爆炸后，主要的毁伤元是碎片／破片。根据碎片／破片初速计算公式：

$$\nu_0 = \sqrt{2E}\sqrt{\frac{2m_e}{2m_s + m_e}}$$

式中　　$\sqrt{2E}$——炸药的格尼常数（m/s）；

　　　　m_e——炸药装药质量（kg）；

　　　　m_s——弹体金属质量（kg）。

在火箭橇撞击试验、慢速烤燃试验、快速烤燃试验、子弹撞击试验、碎片撞击试验、殉爆试验、射流冲击试验、破片冲击试验中均可能存在爆炸危险，本节的安全距离估算适用于下述各项试验，因此，在以下各小节中不再赘述。

（3）试验环境要求

试验应在无雷、雨、雾、沙尘，地面风速不大于 5 m/s，能见度满足测试要求的条件下进行。

5.2.1.2　试验装置

跌落试验装置包括跌落试验塔架、试验基座、提升机构、释放装置、安全防护设施等部分，图 5-6 所示为一个跌落试验装置。跌落塔架为龙门架结构，提升机构为卷扬机，保证试件平稳上升到跌落高度，提升能力不小于试件重量的 2 倍，跌落塔架周围建塔身防护墙。

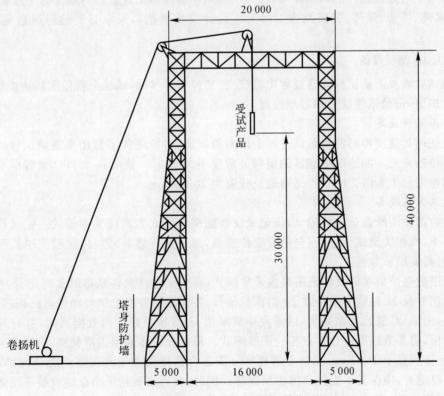

图 5-6　跌落试验装置的示意图（单位：mm）

（1）试验基座

试验基座由混凝土基座和钢板组成，钢板铺设在混凝土基座上。冲击面为平滑钢板，最小厚度 75 mm，布氏硬度介于 HB186.3～227.7 之间。钢板应水平固定在最小厚度为 610 mm

的混凝土基座上,该混凝土基座由最低抗压 $28~kN/m^2$ 的钢筋混凝土或 $460~mm$ 的碎石构成。钢板的表面应平整,其长、宽尺寸至少是式样样本最大尺寸的 2 倍,以保证试件在倾倒等情况下仍能跌落在钢板上。试验时,应保持冲击面的顶部没有水、冰或其他碎片。冲击面应该在水平面 2° 以内。

(2)提升机构

常用的提升机构包括吊车、卷扬机等。吊车作为提升机构,提升速度平稳,操作简单方便,且能够满足提升高度和提升重量要求。卷扬机采用调速装置,运行平稳,不产生振动、噪声。

(3)释放装置

常用的释放装置包括爆炸螺栓、航空挂钩。

1)爆炸螺栓:采用一对 U 形板环与电起爆爆炸螺栓作为释放机构,通过爆炸螺栓使试件自由跌落。爆炸螺栓旋合在上下两个 U 形板环上,卡板的一端通过 U 形卡环连接在试件吊具上,另一端连接在吊车吊钩上。

2)航空挂钩:航空挂钩采用电磁释放原理,能快速释放并具有自锁功能,确保在提升过程中不自行解锁,在启动信号发出后能迅速投放。

(4)安全防护设施

试验架应有避雷设施,提升和释放机构应可靠接地,接地电阻应小于 $4~\Omega$。试验应选择在人烟相对稀少的地区进行。如无此条件时,应参照中国兵器工业总公司颁布的兵总质[1990]2号文件《火药、炸药、弹药、引信及火工品工厂设计安全规范》,采取必要的防爆措施,如防爆墙等。

5.2.1.3 测试设备

跌落试验需要测量试件跌落过程中的应变、加速度等参数,试验全程使用高速摄像和红外摄像进行拍摄,记录试件跌落和着地过程。

1.数据测试设备

试验使用加速度传感器测量试件冲击地面的加速度,应变传感器用来测量试件冲击地面瞬间各部位的应变。加速度传感器的横向灵敏度不大于 5%,精度在 2% 内,量程应不小于试件最大加速度的 1.5 倍。应变传感器的量程应为 $20~000~\mu\varepsilon$。

2.数据采集设备

测量数据使用瞬态记录仪记录,该记录仪数据采集模式为离线采集模式。记录仪安装在跌落试件上,与相关测试传感器(包括应变传感器,加速度传感器)连接,试验完毕后回收该记录仪,即可得到试验数据。

多通道数据采集存储设备采用离线采集模式,可用于跌落试件跌落时实时记录并存储 12 路加速度信号及 12 路应变信号共 24 路模拟信号,各通道信号经过信号调理电路调理后,经过模拟开关,由 ADC 进行数据采集,试验完毕后采用 USB 接口对存储数据回收,并对其进行事后处理分析,将参数还原成数据或相应图线形式。设备外壳体采用铝质材料,内壳体采用高强度钢材,整体质量小于 5 kg。其核心部件——固态存储器保存于高强度钢壳体内部,通过缓冲材料加以灌封,确保其不受外部撞击而损坏。同时,多通道数据采集存储设备应用防火隔热措施,确保其具备一定的防火能力。

3.录像设备

试验全程使用高清摄像、高速摄像、红外摄像和普通录像进行拍摄,记录试件跌落和着地过程。

(1)试验全过程高清摄像

试验使用多台摄像机,一台拍摄释放机构释放情况,两台从不同角度拍摄试件跌落到跌落面的状态。以监测试件着地点、跌落姿态及试件的反应状况。

(2)高速摄影

跟踪拍摄操作平台上快速同步释放机构释放试件的情况及试件跌落到跌落面的状态,以监测试件跌落姿态、着地点及试件的反应状况。

(3)红外摄影

对于跌落试验,尽管其发生爆炸的风险较小,可以通过使用该类设备,采集分析试件发生是否出现局部热点,即是否可能引发燃烧、爆炸、爆轰等反应。

(4)试验现场全局普通摄像

实现试验现场全局布控,以保障人员和设备的安全。

5.2.1.4　试验流程

试验流程如下:

1)运送试件至试验现场;

2)进行试验前的试件的状态检查确认并拍照;

3)测点传感器连线,所有测点传感器与数据记录仪连接;

4)安装跌落释放机构,连接至起吊设备;

5)把试件用绳索按规定的正常吊装状态挂于释放结构上;

6)在试件底部黏结好跌落高度等高的高度尺;

7)启动普通录像设备;

8)起吊设备启动,将试件提升至一定高度(不大于 0.5 m),目视检查试件是否保持正常吊装状态,若满足则继续平稳缓慢提升至跌落高度;

9)试件悬停至稳定状态,确定试件姿态、高度满足跌落技术要求后,试验准备阶段完毕,现场人员撤离至安全区域;

10)所有测试、摄像设备就位;

11)试验全程测量现场风速,风速大于 5 m/s 时,立即终止试验;

12)启动并重置所有测试设备,包括录像设备和冲击波超压测试设备,并且对所有设备进行运行检查;

13)将所有与启动跌落控制系统无关的人员疏散到安全区域;

14)连接跌落控制启动装置,所有人员撤退到安全区域;

15)启动跌落电磁释放机构。在试件跌落之后到检查试件之前的 30 min 内,所有人员在安全区域待命,30 min 后确认无异常,相关人员方可进入现场查看跌落后试件状态;

16)回收瞬态记录仪,检查数据采集系统和图像采集设备;

17)通过高速录像判读试件第一落点位置、反弹次数、落点及运动轨迹;

18)通过高速录像判读试件跌落过程姿态;

19)检查跌落后试件的状态,记录检查结果并拍照。

5.2.1.5　数据记录及处理要求

数据记录及处理有如下要求:

1)批号、试验项目类型,以及每个试验项目的库存号;

2)试验装置的描述和试验事件的描述;

3)试件跌落过程、着地姿态、着地速度及测点的应变和过载等数据;

4)如果发生爆轰的话,收集空气冲击流过压数据,包括峰值压力和试验项目达到峰值压力的时间；

　　5)试验项目反应的视频或照相记录；

　　6)试验项目的静态图像。

5.2.2　火箭橇撞击试验

　　火箭橇利用推力强大的火箭助推器，推动测试物体在类似铁路的专业滑轨上高速前进的试验装置。火箭橇撞击是将被测试件固定在火箭橇上，通过火箭橇加速模拟设定的撞击速度，当轨道末端达到撞击速度时，试件与火箭橇分离，试件以规定的姿态和速度撞击在靶板上，考核固体火箭发动机的撞击安全性。试验现场配备高速录像设备，对整个试验过程进行记录。

5.2.2.1　试验方法

　　在试验前需要明确被考核固体火箭发动机的总重、装药类型和装药量。如需采用模拟件进行火箭橇撞击试验，模拟件应尽量与被考核的固体火箭发动机保持一致，对于控制系统等非爆炸部件，可以采用等质量、相同几何尺寸和等导热系数的结构替代。还需明确受试固体火箭发动机及模拟件（以下简称试件）的撞击速度和撞击姿态。根据试件的重量及撞击速度，为火箭橇选择合适推力的火箭助推器，设计合适工装将试件安装在火箭橇上，保证在火箭橇加速运行过程中，试件与火箭橇连接可靠；当试件达到撞击速度时，采用爆炸螺栓分离火箭橇和试验件，试验件单独撞击垂直靶，而火箭橇在分离后沿轨道向下继续滑行，并被回收。分离方案示意图如图 5-7 所示。试验前应测量地面气候，包括气温、风向、风速。其中，风速不大于 5 m/s 时方可进行试验。

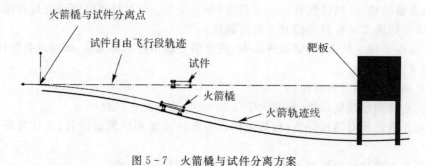

图 5-7　火箭橇与试件分离方案

5.2.2.2　试验装置

　　火箭橇撞击试验图如图 5-8 所示，包括火箭橇运载设备（火箭橇橇体、助推发动机、试件装配槽）、滑轨、靶板、锁紧-分离装置等。

　　（1）火箭橇运载设备

　　运载设备的运载能力应大于试件质量的 2 倍，速度控制精度应高于±10 m/s，在加速过程中产生的力学振动环境应不会对试件和试验结果造成影响。

　　（2）滑轨

　　滑轨应可靠稳定，平直顺滑，试验前应进行轨道精度检查调校，然后进行火箭橇通过性检查，校正橇轨匹配性，在靶板附近，试件与火箭橇分离后，轨道能将火箭橇导引至其他位置，防止试验发生爆炸对火箭橇橇体造成的损坏。

　　（3）靶板

　　靶板应平整，且无明显的凸起和凹坑，不可有杂物附着，靶板受撞击面的面积应为试件撞击截面的 3 倍,确保撞击时试件整个撞击面撞击在靶板上。靶板的强度和硬度应能满足试验要求,通常采用钢或混凝土材料,在试件撞击后,其撞击面应无明显变形和位移。

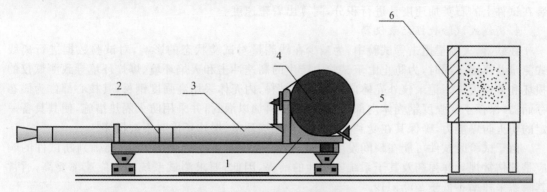

图 5-8　火箭橇撞击试验原理图

1—试件装配槽;　2—助推发动机;　3—火箭橇;　4—试件;　5—锁紧-分离装置;　6—靶板

（4）锁紧-分离装置

在火箭橇撞击试验中,若火箭橇与试件同时撞击靶板,不仅会影响试验考核的状态,还会因为火箭橇上携带的助推火箭而严重影响试验结果,因此,为保证只有试件以一定的速度撞击靶板,在靶板附近,火箭橇应与试件进行分离。通常在火箭橇上设置含有爆炸螺栓的锁紧-分离装置,此装置在锁紧状态下可以保证试件被固定在火箭橇上不会脱落;需要分离时,给予爆炸螺栓启动信号,爆炸螺栓断开,令锁紧装置打开,实现试件与火箭橇的瞬间分离。被分离后,试件以自由状态向前飞行单独撞击靶板,火箭橇则沿轨道进入回收装置。

5.2.2.3　测试设备

1. 冲击波超压测试

冲击波超压测试系统包括压力传感器、数据调理及采集系统、计算机、配套测试及处理软件、传输线、供电及附件等组成。压力传感器将爆炸后产生的爆炸冲击波压力信号转换成电信号,输入数据调理及采集系统,数据调理及采集系统通过传输线与计算机连接,然后配套的数据处理软件对采集到的数据进行数据读取和处理,得到各测试点的压力峰值及其对应的时间。

2. 加速度测试

试验中,选用加速度传感器时需要考虑其量程、非线性度、响应频率、外形尺寸等参数。由于火箭橇是以火箭作为动力装置,带动试件以一定的加速度向前运动,在其启动、加速向前的过程中,其加速度可能会非常大,在试件撞击靶板瞬间产生的冲击和加速度会更大,可能会达到几千个 g。试验前需要计算火箭橇试验中的最大加速度值,并以该值的 1.5 倍作为参考量程选择加速度传感器。火箭橇撞击试验中,试件撞击靶板是在瞬间完成的,也就是说要求传感器和测试设备的响应频率也应该较高,所以在选择加速度传感器时其响应频率应该不小于 1 kHz。外形尺寸方面主要考虑其在试件上的安装是否方便、是否会影响撞击试验的结果。安装传感器时,应先将加速度传感器专用工装粘贴在试件外表面,再将加速度传感器安装在工装上。

3. 着靶速度测试

断靶法是目前应用最为广泛的一种测量火箭橇某一时刻速度的方法,对于火箭橇撞击试验,在轨道末端布置多道靶线,精确记录靶线之间的间隔距离,火箭橇在与试件分离前最后时刻先后切断多道靶线,采集靶线断电信号的时刻,即可计算出试件的着靶速度。通常断靶法的测量精度为±1 m/s。

除断靶法外，还可以通过高速摄影和标尺判断出试件的着靶速度。另外，也可以通过对安装在试件上的石英加速度计进行积分，测算出着靶速度。

4. 离线式试验数据记录仪器

在跌落、火箭橇撞击等试验中，为减少在线测量对试验状态的影响，对试验数据进行离线式测量及存储。同时，为防止由于试验中产生的高速冲击和火焰环境、爆炸环境导致测试仪的损坏和数据丢失。记录仪外壳体应采用铝质材料，内壳体采用高强度钢材，其核心部件为固态存储器，保存于高强度钢壳体内部，通过缓冲材料加以灌封，并采用防火隔热措施，使其具备一定的防火防爆能力，确保其在受到外部撞击和火焰环境、爆炸环境时不被损坏。

由于试验时试件可能在瞬间发生爆炸、燃烧转爆轰、冲击起爆等反应，准确判断试件的响应是评估常规导弹弹药及其子系统安全性的前提，因此，要求测试系统的响应速率要高，通常其瞬态采样率不低于 200 kHz。

在触发方式上，由于试验发生爆炸的具体时间很难提前确定，而测试系统的响应频率又较高，如果提前设定记录时间，一旦爆炸提前发生可能采集不上数据，导致数据丢失，若爆炸延后发生，数据存储满了，依然无法获得有效数据，最终也会导致数据丢失。因此，触发方式对于离线式试验数据记录仪尤为重要，需要设备具备断靶触发方式。

离线式试验数据记录仪应该能够实现在高冲击环境下数据的可靠存储，且具有存储容量大，断电不丢失数据，能够承受大冲击、大过载的恶劣环境。在正常读写状态下，其读写次数不应低于 10 000 次/存储单元。同时，在试验结束后，即使在数据采集存储设备损坏的情况下，也可以通过记录模块专用读数设备，读取内部记录的信息。为保证在恶劣条件下不损坏记录的信息，记录模块设计为单独的电路单元，可通过数据接口写入和读出数据。

在供电方面，为保证数据采集存储设备在离线下能正常工作，其供电设备应为电池供电，建议采用充电锂电池，电池电源经过滤波后，转换为数据采集存储设备所需的电源。在正常工作情况下，数据采集存储设备应该可以满足火箭橇撞击试验所需的调试、待命和测试时间。

为保证安装方便，记录仪应采用常用接口，接插件应位于记录仪的一侧，试验时将其安装在试件上，可以实时记录并存储冲击信号和应变信号，试验完成后回收数据并处理。

数据处理软件采取模块化设计原则，以按钮方式选择不同功能。其主要功能有：数据读取、自动检测、曲线绘制、打印及存盘等。当数据记录仪与计算机连接时，数据处理软件可对数据记录仪进行参数设置、状态检测和数据读取。另外，数据处理软件还可对回收数据进行图形显示、时间测量、频率测量和幅值计算，也可以将数据根据需要导出为 JPG 或 TXT 格式的文件以便使用第三方软件进行数据分析。图 5-9 所示为数据处理软件界面图。

5. 高速录像

摄影机布置方式如图 5-10 所示，使用高速摄影机 2 台、普通摄影机 2 台。所有摄影机配备相应的防护措施。2 台普通录像机对试验进行跟踪录像，主要摄录火箭橇滑行过程、撞击点、撞击后效果。2 台高速摄影机用于监测试件撞击姿态、撞击点及试件的反应状况。

- 视野：视野范围要求包括试验件、靶板、靶板前约 2 m。
- 幅面：1 280 d/i×800 d/i；
- 每秒帧数：6 200 帧/s。

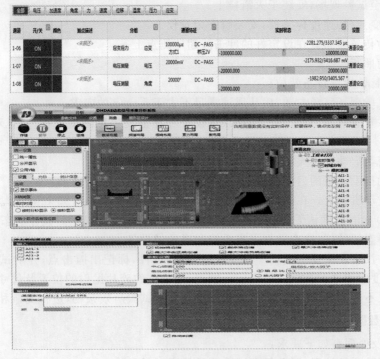

图 5-9　数据处理软件界面图

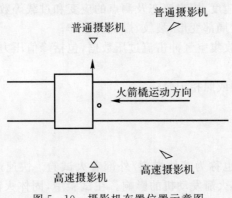

图 5-10　摄影机布置位置示意图

5.2.2.4　试验流程

试验流程如下：

1）准备能够满足动力需求的助推火箭和满足试件承载要求的火箭橇。

2）对轨道进行精度检查调校，确保轨道平直顺滑。

3）进行橇轨匹配性校验，确保火箭橇可以在轨道上可靠稳定运行。

4）安装调校用助推火箭，调校火箭橇的速度。

5）平整冲击波超压测带。

6）设置掩体，挖电缆沟。

7）布测试线，连接冲击波超压数据采集系统。

8)试件运至试验现场,安装于火箭橇上。

9)安装应变片、加速度传感器,安装瞬态记录仪。

10)将压力传感器布置在设定好的冲击波超压测点上。

11)试验前照相。

12)所有测试、摄像设备就位。

13)测试试验现场气象参数,确认风速满足不大于 5 m/s 的要求。

14)启动并重置所有测试设备,包括录像设备和冲击波超压测试设备,并且对所有设备进行运行检查。

15)将所有与启动助推火箭无关的人员疏散到安全区域。

16)连接助推发动机的启动装置,所有人员撤退到安全区域。

17)助推发动机点火。在试件撞击靶板之后到检查试件之前的 30 min 内,所有人员在安全区域待命,30 min 后确认无异常,相关人员方可进入现场查看撞击后试件状态。

18)回收瞬态记录仪,检查数据采集系统和摄录像设备。

19)若试件没有发生反应或反应程度较轻,检查试件,标记出撞击点,并对试件拍照,作为评估其反应程度的依据。若试件反应较为剧烈,记录试件碎片抛射的位置及尺寸,并对反应程度进行评估;在不影响安全的前提下,收集所有重要的试验后残余物,进行测量和称重。

5.2.2.5 数据记录及处理要求

数据记录及处理有如下要求:

1)批号、试验项目类型,以及每个试验项目的库存号;

2)试验装置的描述和试验事件的描述;

3)试件撞击过程、撞击速度、撞击姿态及测点的应变和过载等数据;

4)撞击后试件是否产生局部变形、裂纹、燃烧和爆炸;

5)如果发生爆轰的话,收集空气冲击流过压数据,包括峰值压力和试验项目达到峰值压力的时间;

6)试验项目反应的视频或照相记录;

7)试验项目的静态图像。

5.2.3 快速烤燃试验

快速烤燃试验(FCO),也称为液体燃料/外部着火试验。快速烤燃试验用于模拟储运和战备状态下环境失火对固体火箭发动机的影响。在试验中,固体火箭发动机在液体燃料火焰中被快速加热,记录弹药随时间变化发生的反应。导弹及其动力装置——固体火箭发动机处于火焰中心区域或边缘地带时可能产生意外爆炸的情况是武器系统易发生的重要安全问题。

5.2.3.1 试验方法

(1)确定试件

试验前应明确试件重量、尺寸、质心、装药类型和装药量等。如需采用模拟件进行快速烤燃试验,模拟件应尽量与被考核固体火箭发动机保持一致,对于控制系统等非爆炸部件,可以采用相同几何尺寸和等导热系数的结构替代。

(2)火焰温度

平均火焰温度至少应达到 800℃,这个温度是从火焰达到 550℃到弹药反应完成时间的平均温度。燃油燃烧 30 s 后火焰温度须达到 550℃,用 4 个铠装热电偶中的两个进行测量,550℃以上直到反应结束用另外两个热电偶测量。反应时间应把到达 550℃之前的这段时间去掉。

合适的液态烃类燃料包括:JP-4、JP-5、Jet A-1、AVCAT(NATO F-34 或 F-44)和商用煤油(Class C2/NATO F-58)。

(3)燃油量

燃油量应能满足试验的要求,燃油量储备应为预计试验反应时间的 1.5 倍。如果需要,可以通过压力软管加水,加水是为了控制燃油面和试验样本之间的距离,要求水面上的燃油在整个试验过程中厚度至少保持 15 mm,原因是阻止由于辐射热产生的水沸腾现象。

(4)点火

为迅速建立一个稳定的燃烧区域,在炉床中央和四周同时设置点火器,由同步点火控制系统发出点火信号实现同步点火。一般同步点火控制系统可采用遥控方式。

(5)火焰与试件的位置关系

试件应高于燃面,并完全浸没于火焰中;为了保证试样不放置在火焰过冷或过热区域,当开始试验时,试样底面和燃油表面之间的距离应不小于 0.3 m。

(6)试件固定方式

如图 5-11 所示,可采用悬挂或支撑方法对试验件进行固定,并水平放置在燃烧区域的中心。

图 5-11　快速烤燃试验试件固定方式

(7)约束

考虑到试件在试验过程中有可能产生助推,造成安全隐患,应采取合适的约束方式。约束装置能够在火焰温度下保持约束强度,且不能过多地吸收辐射热。设计人员和试验人员必须仔细考虑约束的细节。

(8)支承托盘

如果需要,在试样的底部可以放置一个打孔的支承托盘,该托盘距试样四周为 1 m,目的是在火烤中试样出现了下陷或部分溢出时仍能部分暴露于火焰中。支承托盘的设计、结构和定位应该由设计或试验人员确定,能够承受试样重量和冲击。考虑到在试验中支承托盘具有足够的强度且不会影响燃料燃烧,要求支承托盘至少在燃料面以下 50 mm。

(9)试验环境条件

快速烤燃试验不能在雨天进行,也不能在风速不小于 10 km/h 情况下进行。

5.2.3.2　快速烤燃试验装置

采用燃料燃烧试验法,将试件置于平均温度 800℃ 的热环境中,试验设施主要包括火焰环境设施、燃油面控制系统、点火装置等部分。

快速烤燃试验设计原理图如图 5-12 所示。

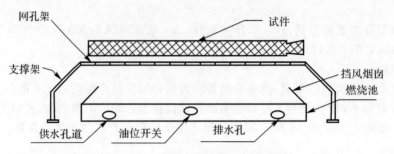

图 5-12　快速烤燃试验设计原理图

（1）火焰环境设施

火焰环境设施为火焰燃烧池，燃烧池四周及顶部安装防护网以防止试件碎片抛射。在燃烧池中注入一定量的水，水面之上是一定高度的液体燃油，试验过程中可通过调节水位实现油面高度的控制，使用多个点火器同时点火以实现快速、均匀的燃烧。试验架放置在燃烧池中，调节油面高度使试件和火焰的位置关系满足要求。根据试验要求，选择燃烧方式：悬吊燃烧或托架支撑燃烧。当采用托架支撑燃烧方式时，燃烧池各边缘距试验对象距离至少 1 m，并且燃烧池提供的火焰能够完全包围试验样本。

（2）燃油面控制

燃油面控制可采用以下两种方式：

1）平衡补偿方法。即根据燃油理论计算的消耗速率值，补给同体积的水，以维持燃面保持不变。

2）自动控制方法。燃烧池箱体侧部分别设置上下两个管接头，下位为补水进口，上位接头通过软管接油位测量装置。油位测量装置的适当位置设置滤油网，以缓冲油位波动，使油膜表面平滑，根据伯努利原理，连通管道忽略摩擦阻力则油位测量装置的液面即为燃烧池的油位高度。当油位大于等于设计值时，浮子压力开关接通，其输出信号使进水电磁阀 1 为断开状态；反之若油位小于设计值时，浮子压力开关断开，其输出信号使进水电磁阀 1 为导通状态，同时油位与设计值的偏差对电磁阀 2 的导通角进行控制，实现进水速度的调节，使燃烧池油位保持恒定。油位测量技术实现方式较多，如液浮式、电容式、光电式、接近开关等。其中液浮式开关简单可靠，应而获得广泛应用。测控原理如图 5-13 所示。

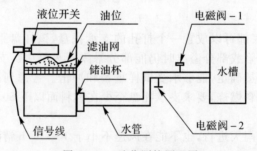

图 5-13　油位测控原理图

（3）点火方案

为保护试验人员安全，需要实现燃油自动远程点火，使燃烧池整个油面快速引燃。为迅速建立一个稳定的燃烧区域，采用遥控点火方式，在燃烧池中央和四周同时点火。为了提高燃烧传播速率，尤其在低室温条件下，应确保每一个燃点四周漂浮 20～30 L 油，并尽量缩短燃料放置与点火之间的时间,以减少燃油因蒸发或散射造成额外损失。

5.2.3.3　测试设备

测试设备主要包括温度测试设备、高速摄像机、红外摄影、普通摄影设备等。

(1)温度测试设备

在温度测试设备中热电偶为镍-铬/镍-铝热电偶,采用铠装形式,能够经受 1 200℃的高温。

(2)试验全过程高速摄像

高速摄像机拍摄试件在火焰场中的反应情况,准确捕捉试件发生反应的时间点和反应状态,为评判试件反应的剧烈程度提供依据。

(3)红外摄影

为监控试件是否发生爆轰、部分爆轰、爆炸、爆燃、燃烧等现象,采用红外摄影设备对试件进行监控。

(4)普通摄像设备

摄像机应安装在防护罩里,且放置在逆风处,并对试验样本进行如下静态拍摄,获得:①试验前后样本静态照片;②试后所有残留物照片;③试验过程中摄像。

5.2.3.4　试验程序

试验程序如下:

1)根据试件准备燃烧池;

2)根据试验方案给水槽和燃烧池注水;

3)按照预计量给燃烧池加注燃油;

4)在燃烧池中间和四周安装同步点火器;

5)平整冲击波超压测带;

6)设置掩体,挖电缆沟;

7)布测试线,连接冲击波超压数据采集系统;

8)安装试验工装,试验工装不能过多地吸收辐射热,如果试件在试验过程中可能产生推力,造成安全隐患,则在工装上需要考虑合适的约束方式;

9)定位和安装试件,一般试件应沿水平轴线放置在炉床中央,样本下表面应该高于初始油面位置,并保证在该位置时试验件可以完全浸没于火焰中;

10)在试件的底部安装支承托盘;

11)安装温度传感器;

12)将压力传感器布置在设定好的冲击波超压测点上;

13)对安装好的试件、工装和试验装置进行拍照;

14)启动并重置所有测试设备,包括录像设备和冲击波超压测试设备,并且对所有设备进行运行检查;

15)将所有与启动同步点火控制系统无关的人员疏散到安全位置;

16)接通同步点火控制系统,将所有人员疏散到安全位置;

17)启动同步点火控制系统,测试设备和摄像设备工作,记录相关测试数据和图像数据;

18)在燃烧池火焰熄灭之后到检查试件之前的 30 min 内,所有人员在安全区域待命,30 min后确认无异常,相关人员方可进入现场查看试验后试件状态;

19)回收瞬态记录仪,关闭数据采集系统,关闭图像采集设备;

20)若试件没有发生反应或反应程度较轻,检查试件,并对试件拍照,作为评估其反应程度的依据。若试件反应较为剧烈,记录试件碎片抛射的位置及尺寸,并对反应程度进行评估;在不影响安全的前提下,收集所有重要的试验后残余物,进行测量和称重。

5.2.3.5 数据记录及处理要求

数据记录及处理有如下要求:

1)批号、试验项目类型,以及每个试验项目的库存号;

2)试验装置的描述和试验事件的描述;

3)时间温度历程数据处理;

4)如果发生爆轰的话,收集空气冲击流过压数据,包括峰值压力和试验项目达到峰值压力的时间;

5)对观察板的损害记录静态照片、位置和书面描述;

6)试验项目反应的视频或照相记录;

7)试验项目的静态图像。

5.2.4 慢速烤燃试验

慢速烤燃试验的目的是为了评估固体火箭发动机在邻近弹药库或飞机起火环境下的反应程度和反应时间。固体火箭发动机在试验后未发生比爆炸更剧烈的反应,则通过慢速烤燃试验的考核。

5.2.4.1 试验方法

(1)确定试件

试验前应明确试件重量、尺寸、质心、装药类型和装药量等。如需采用模拟件进行慢速烤燃试验,模拟件应尽量与被考核固体火箭发动机保持一致,对于控制系统等非爆炸部件,可以采用相同几何尺寸和等导热系数的结构替代。

(2)升温速率

试验件应以 3.3℃/h 的升温速率逐渐加热直至反应发生,并以时间-温度曲线进行记录。启动之前,以大约 5℃/min 的升温速率将慢烤试验箱加热至 50℃,并维持 8 h,使试件达到热平衡要求。

5.2.4.2 试验装置

慢速烤燃试验设备主要包括慢烤试验箱、温控设备等。

(1)慢烤试验箱

在慢速烤燃试验中,通常将试件放置在一个简易的慢烤试验箱内,用循环加热的空气进行加热,慢烤试验箱能够以设定的速度将空气加热到预定的温度范围,并以同一温度在试件周围形成循环,流入和流出的空气是有温差的,但应不大于 5℃。为使加热均匀,试件与慢烤试验箱内壁每侧应至少留有 200 mm 的间隙。慢烤试验箱需绝缘,且箱体内部温度须可测量,至少使用两组(4 个)热电偶对试件表面温度进行监控(也可放置于试件内部,但不能干扰温度场)。将热电偶安装在试件相对的两个外表面,一组分别靠近于空气的入口和出口,另一组置于相反的方向。慢烤试验箱的构造应能够预防可能会出现的一些激烈反应,并有一个可供视频监测的窗口。

(2)温控设备

温度控制由智能仪表和慢烤试验箱共同实现。试验箱设置铠装 K 型热电偶,试验箱内的温度变化由热电偶传送至温度控制仪表,通过内部电路将信号调理为标准信号。该实时采集的温度信号与对应的预设温度控制值 SV 信号比较,得出偏差。利用仪表内部自带的模糊控制系统与传统 PID 控制相结合,修正此偏差,得到对应的控制量,控制继电器开关,继电器开关控制可控硅模块实现可控硅导通角的调节,使慢烤试验箱内部的高温陶瓷加热丝导通、断开或按设计规律变化,进而使升温速率达到规定值(通常为 3.3℃/h)。

5.2.4.3　测试设备

1. 温度测量装置

温度测量宜采用 K 形热电偶,温度测量范围为 0~600℃,测量精度为 ±0.5℃。

2. 录像设备

(1)高速摄像

高速摄像机拍摄试件在慢烤试验中的反应情况,准确捕捉试件发生反应的反应状态,为评判试件反应的剧烈程度提供依据。

(2)红外摄影

为监控试件是否发生爆轰、部分爆轰、爆炸、爆燃、燃烧等现象,采用红外摄影设备对试件进行监控。

(3)普通摄像

实现试验现场全局布控,以保障人员和设备的安全。

3. 超压传感器

强烈建议测量冲击波超压。理想情况下,通过引爆慢烤试验箱内受试弹药来校准测试设备并由此确定第一种反应类型的最大输出量。慢烤试验箱的存在将影响冲击波超压,因此慢烤试验箱体应尽量薄。将锥形测试仪在离试件不同距离处离地安装。最好的结果是获得的测量值范围可以像理想的爆炸超压一样在 3.5~70 kPa。

4. 验证板

验证板可用于碎片的收集,利用验证板能够有力地抵挡来自试件的爆炸冲击并为试验后破坏效应的评估提供依据,验证板材料的选择取决于爆炸碎片的类型和速度。对于钢壳重型弹药,推荐使用至少 25 mm 厚的钢材料作为验证板;而如果弹药用的是铝壳或者很薄的钢壳,一个铝质的验证板就可以了,又如果弹药是塑料壳或者复合材料的话,也可以不用验证板。理想情况下,验证板与试件至少有 200 mm 的间距才能不影响试件的受热情况。验证板可能会对来自试件的冲击波压力产生影响,因此不能将其放在超压传感器的方向上。

5.2.4.4　试验程序

试验程序如下:

1)准备慢烤试验箱;

2)平整超压冲击波测带;

3)设置掩体,挖电缆沟;

4)布测试线,连接冲击波超压数据采集系统;

5)安装试验工装,试验工装不能过多地吸收辐射热,如果试件在试验过程中可能产生推力,造成安全隐患,则在工装上需要考虑合适的约束方式;

6)定位和安装试件,一般试件应沿水平轴线放置在慢烤箱内;

7)安装温度传感器;

8)将压力传感器布置在设定好的冲击波超压测点上;

9)对安装好的试件、工装和试验装置进行拍照;

10)重置所有测试设备,包括录像设备和冲击波超压测试设备,设置升温控制设备的相关

参数,并且对所有设备进行运行检查;

11)将所有人员疏散到安全位置;

12)测试设备和摄像设备工作,记录相关测试数据和图像数据;

13)启动升温设备,以大约 5℃/min 的升温速率将试验舱加热至 50℃,并维持 8 h,使试验件达到热平衡要求;

14)然后以升温速度 3.3℃/hr 对达到热平衡的试件进行加热直至试件发生反应;

15)在试件发生反应之后的 30 min 内,所有人员在安全区域待命,30 min 后确认无异常,相关人员方可进入现场查看试验后试件状态;

16)检查数据采集系统和图像采集设备;

17)对残余试件拍照,作为评估其反应程度的依据;记录试件碎片抛射的位置及尺寸,并对反应程度进行评估;在不影响安全的前提下,收集所有重要的试验后残余物,进行测量和称重。

5.2.4.5　数据记录及处理要求

数据记录及处理有如下要求:

1)各试验对象的批号和库存号;

2)试验装置的描述和测试事件的叙述;

3)反应类型、相关碎片尺寸以及空间分布;

4)各个温度传感器测量的调节箱和试验对象发生反应的温度随时间变化的数据;

5)观察板损伤的静态照片;

6)对试验对象反应采用视频或照相记录;

7)对慢速烘烤试验前后的试验对象和试验场地进行拍照。

5.2.5　子弹撞击试验

子弹撞击(BI)试验用来确定固体火箭发动机对轻型弹药攻击的反应。试验中,试件将经受 1~3 枚、12.7 mm 的 M2 穿甲弹的射击,射击速度约为(850±20) m/s,发射时的转速应该在(600±50) r/min,子弹发射间隔为(80±40) ms。子弹撞击试验至少需要两个试验样本,其中一个针对装药量最大的部位,另外一个针对冲击感度最高的部位(尤其是点火/起爆装置)。试件通过子弹撞击安全性考核试验的标准是没有出现比燃烧(类型 V)更为剧烈的反应。

5.2.5.1　试验方法

试验前应明确试件重量、尺寸、质心、装药类型和装药量等。如需采用模拟件进行子弹撞击试验,模拟件应尽量与被考核固体火箭发动机保持一致,对于控制系统等非爆炸部件,可以采用相同几何尺寸和等导热系数的结构替代。

根据试件在其寿命环境剖面过程中最有可能存在的枪弹威胁,选择试件的射击部位,通常将试验件卧式放置;其次,选择子弹射击的方向、子弹类型及配套发射装置等并确定子弹的发射速度和射击距离;发射距离和角度应能够根据试验要求进行调节,典型的子弹撞击试验装置如图 5-14 所示。

5.2.5.2　试验装置

通常,子弹撞击试验采用的是标准子弹(M2、口径 12.7 mm 装甲弹),发射时的转速应该在(600±50) r/min,子弹发射间隔为(80±40) ms,试验使用的子弹发射装置应满足以上要求。若试验有特殊要求,如需要模拟 20 mm AP M2 子弹攻击常规导弹时导弹的响应程度,则使用能够发射该口径子弹的狙击步枪。

除子弹发射装置外,子弹撞击试验还需要验证板和碎片遮掩板等装置,如试件在试验过程中有可能产生助推,还需要在试件的工装上设计限位装置,以防止试件产生推进,发生危险。

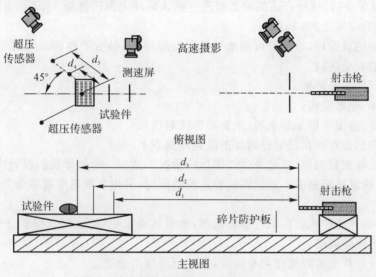

注：d_1:枪口到测速屏第一个屏的距离
d_2:枪口到测速屏第二个屏的距离
d_3:枪口到试验件的距离
d_4:枪口到第一个超压传感器的距离
d_5:枪口到第二个超压传感器的距离

图 5 - 14　"典型的"子弹撞击试验装置

注:d_1:枪口到测速屏第一个屏的距离;d_2:枪口到测速屏第二个屏的距离;d_3 枪口到试验件的距离;
d_4 枪口到第一个超压传感器的距离;d_5:枪口到第二个超压传感器的距离

5.2.5.3　测试设备

(1)测速装置

在子弹撞击、碎片撞击试验中,通常采用光幕靶测试撞击试件瞬间子弹、碎片的速度。光幕靶是以光电转换为基础的弹丸飞行速度测量仪器,通常由一对发射装置和接收装置组成,发射装置和接收装置用固定杆连接。测速系统由两个光幕靶组成。两个光幕靶发出两组平行光幕,1 靶为起始靶,2 靶为停止靶,起始靶光幕 1 为计时仪,提供起始信号,停止靶光幕 2 为计时仪,提供停止信号。当弹丸垂直穿过 1,2 光幕,计时仪记录相应的飞行时间,再根据光幕 1 和 2 之间的靶距,求出弹丸穿越此段距离的平均速度。

(2)其他测试设备

在子弹撞击试验中需要对试件受撞击点进行应变、冲击等参数测量,由于试验也有可能产生爆炸,还需要测量冲击波超压,此外,还需要进行高速摄影和红外摄像等视频记录。

在试验中采用高速摄像系统记录子弹撞击的过程(包括子弹的发射、飞行轨迹、运动状态、撞击瞬间等)和试件在撞击后发生的反应类型。其中一台高速摄像机跟踪监测子弹的运动状态,另外两台高速摄像机分别从不同角度监测子弹撞击瞬间试件的反应,尤其是对于穿透弹药或试件不发生剧烈反应的试验,一台摄像机的机位应能监测到子弹穿入瞬间,另一台摄像机的机位应能保证监测到子弹穿出瞬间。

5.2.5.4　试验流程

试验流程如下。

1)参考试验项目的工程设计图纸,确定最大装药量和冲击感度最高的位置。试件结构应采用其寿命周期阶段所采用的构型。

2)根据 THA 分析,选择合适的冲击弹药。默认的冲击弹药选择 12.7 mm 口径 M2 类型穿甲子弹,速度为(850 ± 20) m/s。

3)选择合适的试验场,地面尽可能水平且没有障碍物,参考子弹的最大射程,在试验目标后面设置足够的安全区域。

4)平整超压冲击波测带。

5)设置掩体,挖电缆沟。

6)布测试线,连接数据采集系统(采集冲击波超压)。

7)将压力传感器布置在设定好的冲击波超压测点上。

8)将摄影设备放置到位,以记录试件的反应情况。至少一个摄影机的视野应足够大,分辨率足够高,以便确定反应强度。建议在试验进行的同时,采用常规速度视频全景记录试验场的情况。

9)将碎片/破片遮护板放在试件位置前部,如果试件发生爆轰,可以保护子弹发射装置免受碎片或破片危险的威胁。

10)安装、校准并放置好速度测量装置,用于记录撞击速度。

11)在安装夹具上固定好正确口径的子弹发射装置,对准并同步。

12)启动并重置所有测量设备,包括摄影设备和速度测量设备。

13)试射三枚子弹,发射间隔为(80 ± 40) ms,以确定试验装置是否工作正常并且撞击速度是否在要求的范围内。如果速度不在要求的范围内,必须对装置进行参数修正,重复步骤10)~13),直至速度达到要求。为防止试件发生反应,试射过程中采用惰性子弹,其目的是调试子弹发射装置使其能够达到试验所要求的精度。

14)对试件进行拍照和目视检查。

15)在试件下方放置验证板,为试件的反应评估提供证据。

16)将试件固定在夹紧装置上。

17)如果试件结构包括发射筒或装运集装箱,可以采用同样材料和厚度的平面目标显示板来模拟集装箱。在每个目标显示板上或试件的外表面,绘制或放置一个圆形和十字头目标,用于武器瞄准。

18)将所有仪表设备全部重置,包括速度测量装置、录像设备和超压传感器,并且对所有仪表进行运行检查。

19)发射三发子弹,射击间隔为(80 ± 40) ms,射击位置瞄准试件装药量最多的位置。

20)发射三发子弹后,在检查试验场地之前,观察一段时间,一般为 30 min。

21)检查试件,标记出撞击点,并且对试件拍摄照片。如果试件发生反应,对反应强度进行初步估计,记录试件碎片的抛射位置,并收集所有重要的试验后残余物,测量碎片尺寸和碎片重量。

5.2.5.5 数据记录及处理要求

数据记录及处理要求如下:

1)各试件的批号和库存号;

2)子弹的类型、批号和库存号;

3)试验装置的描述(包括所有超压传感器的位置)和试验过程的描述;

4)撞击点;

5)子弹撞击速度;

6)反应类型、相关碎片尺寸和空间分布；

7)收集的冲击波压力数据,包括峰值压力、冲击波压力达到峰值压力的时间(如果发生爆轰的话);

8)对验证板发生的损伤进行拍照、定位和书面描述;

9)对试件的反应进行视频或照相记录;

10)对撞击前后的试件进行拍照。

5.2.6　碎片撞击试验

碎片撞击试验主要模拟战场环境中固体火箭发动机受到高速弹体碎片(包括轻型碎片、重型碎片)直接撞击作用时的可能响应及破坏模式,并依据试验结论提出导弹及发动机实际贮存以及使用状态下应采取的安全防护措施。碎片的撞击速度一般为 2 530 m/s 左右。

5.2.6.1　试验方法

试验前应明确试件重量、尺寸、质心、装药类型和装药量等。如需采用模拟件进行碎片撞击试验,模拟件应尽量与被考核固体火箭发动机保持一致。对于控制系统等非爆炸部件,可以采用相同几何尺寸和等导热系数的结构替代。

通常情况下,试件按其水平轴向放置在能够保证试验顺利进行的某适当高度的台体上。试件状态也可按实际需求进行调整。可采用限制装置防止推力的产生,但该限制装置不能干扰周边仪器也不能严重影响负荷或导致试件壳体破裂、碎裂。

采用18.6 g 钢片以 2 530 m/s 的标准试验速度对试件进行撞击。当危险性分析表明弹药在其寿命周期中受到 2 530 m/s 碎片撞击的概率极低(小于 0.000 1)时,可将撞击速度改为1 830 m/s。

撞击目标点的选择:①装药量大的部位(如弹头主装药或发动机推进剂);②冲击感度最高的部位(如发动机点火装置、弹头传爆装置)。

为保证试验结果的准确性,应避免在极端环境条件(风、雨、温度)下进行试验。

5.2.6.2　碎片撞击试验装置

图 5－15 所示为某试验中心的碎片撞击试验装置示意图,包括碎片发射装置、弹托分离装置、试件工装等。其中碎片撞击速度为 1 830 m/s 的发射装置采用 30 mm 的口径炮,碎片撞击速度为 2 530 m/s 的发射装置采用 40 mm 的口径炮,并在口径炮周围设置防护墙。图5－16所示为该试验中心碎片发射装置的试验照片。

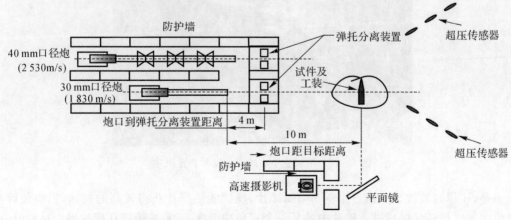

图 5－15　某试验中心的碎片撞击试验装置示意图

图 5-16 碎片发射装置试验照片

碎片撞击试验的核心是模拟实战状态下爆炸或碎片弹药攻击所产生的碎片材质、质量、形状、速度、攻击角度、侵彻深度等,以更加真实地反映在实战状态下,常规导弹弹药在受到该类威胁时的安全性,研制能够实现特定材质、形状和发射速度的碎片发射装置,是该试验项目的研究重点。碎片发射装置主要采用枪炮系统和爆炸碎片发射装置,枪炮系统包括火炮系统、轻气炮、电磁炮和激光炮,碎片发射装置包括 EFP 和炸药碎片投射器。

(1)火炮系统

传统火炮利用火药燃烧产生高压燃气来推动碎片,这种碎片加速技术已相对成熟,发射速度控制准确,能发射各种形状的碎片,同时该类装置体积较小,容易运输,被认为是较为经济的方案。图 5-17 所示是某试验中心的火炮发射装置照片。

图 5-17 某试验中心的火炮发射装置照片

但是,用爆轰波波后产物直接驱动金属碎片,虽然能使碎片获得较高的初速,但也使碎片的熵值增加。炸药起爆后进入碎片中的是一个三角冲击波,三角冲击波在碎片界面反射时,向碎片内部入射一个较强的冲击波,所以碎片太厚就会导致其内部发生层裂,给整个装置的设计造成了一定困难。

(2)电磁炮

电磁炮的发射能源来自于电磁能,工作时,强电流流入导轨,产生流回,形成磁场,推动碎片或弹丸射出。由于其工作原理与传统火炮不同,碎片或弹丸的最大速度不受气体膨胀速度的限制。但是要使电磁炮达到使用阶段还需要攻克一些关键技术,尤其是能源方面,因为电磁炮必须有大电流才能产生强磁场,其电源的体积相当庞大,我国该技术还处于探索发展阶段。由于其技术不成熟、成本高,目前不适用于碎片撞击安全性考核试验。

(3)激光炮

激光炮的工作原理是利用小型固体脉冲激光器产生激光脉冲辐照附着在透明窗口上的金属膜,烧蚀一部分膜层,产生高温高压等离子体,利用等离子体的高压驱动剩余的膜层以高速飞行。激光加载技术的优点是可在很短的时间内将碎片加速至超高速状态。但此技术发展得还不是很成熟,目前只限于加速大截面尺寸、微米级厚度的超薄飞片,对于应用在碎片撞击试验中还有很多技术问题有待于进一步解决。

(4)爆炸发射装置

爆炸式发射装置的原理与预制碎片战斗部的原理相同,通过起爆爆炸装置内部的装药,驱动预制碎片飞散,对周围的目标实现高速碎片撞击。国外有将爆炸式发射装置应用于碎片撞击试验的相关报道。其优点是可以实现多个碎片同时撞击受试弹药,缺点是较难实现碎片状态的控制,如撞击位置、碎片的撞击存速、方向等,因此很难满足标准的要求。

(5)轻气炮

轻气炮是一种利用高温下低分子量气体工质膨胀做功的方式来推动弹丸,使之获得极高速度的发射系统,可以分为单级气炮和多级气炮两类,单级轻气炮碎片初速一般在 1 500 m/s 以内,也有个别达到 1 730 m/s 的。多级轻气炮可以发射出速度极高的弹丸,20 世纪 60 年代已达11 000 m/s,80 年代突破了 12 000 m/s,90 年代超过了 13 000 m/s(如美国国家实验室)。

图 5-18 所示是二级轻气炮的工作原理及结构示意图。轻气炮是一种通用的装置,技术成熟、发射速度控制准确,能发射各种形状的弹丸,其弹丸的质量、尺寸和材料有很广的适应范围,使用方便,无废气噪声污染。它最突出的优点是碎片或弹丸在承受较低的加速度和较小应力的情况下,能获得高速度,不会对碎片或弹丸造成破坏。

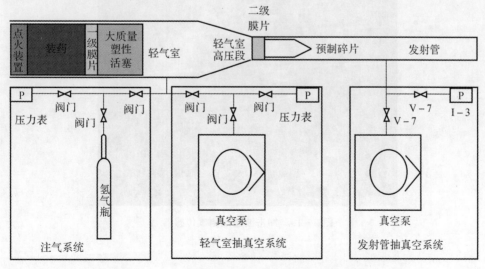

图 5-18　二级轻气炮的工作原理及结构示意图

通过点火装置引爆装置起始端的装药,爆炸导致装药室压力迅速上升,致使一级膜片破裂,强大的爆炸冲击波发射塑性活塞,大质量的活塞以较平稳的速度压缩泵管内预先注入的轻质气体(氢气或氦气),使轻气室内的压力和温度不断上升。当轻气室内高压段的气体压力达到某预定值时,二级膜片破裂,开始驱动预制碎片运动。随着气体的不断压缩和压力驱动,使碎片在发射管内不断加速,达到所需的初始速度,最终从发射管发射出来。二级轻气炮主体结构包括安装点火装置和主装药的装药室、充填一定压力的轻气室和发射管等主要部件组成。其中膜片到膜片之间为第一级(压缩级),膜片之后为第二级。装药室装填的主要是火药,轻气室内充入一定压力的轻质气体,两个气室分别是独立的,由膜片隔离密封。在轻气室末端为强度高、尺寸大的高压段。三个部件要能分离,以便更换破裂的膜片、变形的活塞和预制碎片。在设计时,各段管子之间可以采用法兰连接方式,它的优点是结构简单,容易安装和调整,而且不漏气。

5.2.6.3　测试设备

(1)速度测试

可以通过高速摄影和标尺判断出碎片的撞击速度。也可以采用光幕靶测速装置测试碎片撞击速度,具体参见子弹撞击试验(详见5.2.5.3)。

(2)冲击波超压传感器

冲击波超压传感器将爆炸后产生的冲击波压力信号转换成电信号,通过信号适调仪输入数据采集仪,由压力传感器的灵敏度和信号传输、记录系统的放大倍数,计算冲击波超压时程(冲击波超压-时间曲线),确定峰值超压。测点处的超压峰值可以作为衡量碎片撞击试验中试件反应程度的依据之一。

图5-19所示为CYG型超压传感器,该传感器由两部分组成,即传感器部分和信号调理部分。传感器部分以单晶硅为基体,按照特定晶面,根据受力形式分别加工成杯、梁、膜等形状,采用集成电路工艺技术扩散成四个等值电阻,组成一个惠斯登电桥。传感器受力后,电桥失去平衡,输出一个与压力成比例的电信号。电路部分为0~5 V输出,三线制模式,采用差动输入式仪表放大器进行放大,具有稳定性好,共模抑制比高,输入阻抗高,抗干扰性能好等优点。

图5-19　冲击波超压测试传感器

5.2.6.4　试验流程

试验流程如下：

1）参考试验项目的工程设计图纸，确定最大装药量和冲击感度最高的位置。试件的结构应采用其寿命周期阶段所采用的构型。

2）将与试件有效面积、形状相同的模拟器沿碎片发射迹线放置在与试验中试件相同的位置上。

3）选择合适的试验场，地面尽可能水平并且没有障碍物，根据碎片发射的最大射程，在试件后面应设有足够的安全区域。

4）平整超压冲击波测带。

5）设置掩体，挖电缆沟。

6）布测试线，连接数据采集系统（采集冲击波超压）。

7）将一个钝感模拟件放置在合适的位置上。

8）调整碎片发射装置，撞击模拟件的指定位置，准备合适的速度测量系统以记录碎片的撞击速度。

9）启动速度测量系统。

10）启动碎片发射装置。

11）根据测速数据确定发射装置是否达到碎片撞击速度和撞击位置要求。

12）若没有达到试验要求的撞击速度和撞击位置，重复步骤 7）～11），直至满足试验要求。此时，模拟件所调整到的位置即为正式试验时试件所处的位置。

13）将验证板直接放置在试件位置下方，以便为试件的反应提供证据。

14）将摄影设备放置到位，以记录试件的反应情况。摄影机的视野应足够大，分辨率足够高，以便确定反应强度。建议在试验进行的同时，采用普通摄像设备全景记录试验场的情况。

15）将试件固定在调整好的试验工装上，如试验过程中试件可能产生助推，试验工装中应设计限位装置。

16）对装配好的试件及试验装置进行拍照和目视检查。

17）将压力传感器布置在设定好的冲击波超压测点上。

18）将所有仪表设备全部重置，包括录像设备和超压传感器，并且对所有仪表进行运行检查。

19）将所有与碎片发射装置无关的人员疏散到安全区。

20）准备好碎片发射装置，启动速度测量系统，所有人员撤退到安全区域。

21）启动碎片发射装置。

22）在碎片撞击试件之后的 30 min 内，所有人员在安全区域待命，30 min 后确认无异常，相关人员方可进入现场查看试验后试件状态。

23）检查数据采集系统和图像采集设备。

24）对试件进行检查和拍照，标记出撞击点，并且记录碎片的撞击速度。如果试件发生反应，对反应强度进行初步估计，记录试件碎片的抛射位置，收集所有重要的试验后残余物，测量试件碎片的尺寸和重量。

5.2.6.5　数据记录及处理要求

数据记录及处理要求如下：

1）各试件的批号和库存号；

2）碎片的材料、质量、形状；

3)试验装置的描述(包括所有超压传感器的位置)和试验过程的描述;

4)撞击点;

5)碎片撞击速度;

6)反应类型、试件爆炸碎片的尺寸和空间分布;

7)收集的冲击波压力数据,包括峰值压力、冲击波压力达到峰值压力的时间(如果发生爆轰的话);

8)对验证板发生的损伤进行拍照、定位和书面描述;

9)对试件的反应进行视频或照相记录;

10)对撞击前后的试件进行拍照。

5.2.7 聚能射流冲击试验

现代战争中很多武器都是利用炸药对金属药型罩的作用产生高速金属射流以摧毁目标。高速、高温的聚能射流产生的冲击速度最高达到 8 000 m/s,可以穿透几百毫米的金属钢板,对弹药的防护、贮存构成了极大的威胁。

聚能射流冲击试验能够很好地模拟实战环境下常规导弹弹药及其子系统所受到的射流冲击威胁,并根据试验结果对固体火箭发动机在射流冲击下的安全性进行评估。图 5 - 20 所示是射流冲击试验典型配置图,包括射流弹、调节板、试验件、屏蔽层、测试板等。

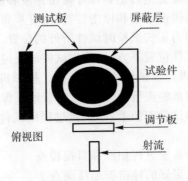

图 5 - 20　射流冲击试验的典型配置图

试件在受到聚能装药射流冲击时,可能发生的响应:冲击起爆(SDT)、弓形激波冲击起爆(BSDT)或受损含能材料点火。影响反应程度的因素:试件的冲击感度、含能材料的约束条件、含能材料受损程度及 DDT 感度。

5.2.7.1　试验方法

(1)确定试件

试验前应明确试件重量、尺寸、质心、装药类型和装药量等。如需采用模拟件进行射流冲击试验,模拟件应尽量与被考核固体火箭发动机保持一致,对于控制系统等非爆炸部件,可以采用相同几何尺寸和等导热系数的结构替代。

(2)射流强度

冲击载荷的作用强度在爆炸材料初期的作用机理与射流速度的二次方乘以射流直径($V^2 d$)具有比例关系。常见威胁对应的射流冲击载荷的最小 $V^2 d$ 值见表 5 - 5。表中所示值在该项试验中具有可重复性和结果再现性。射流介质密度影响初始过程,试验常用铜喷嘴射流。为了在敏感药表面获得 $V^2 d$ 的等量值,有必要调节射流速度。采用的方法是在射流与试件之间放置一块可调钢板,可调钢板的作用是调节射流载荷(V^2d)的分布值。通过调节钢板角度与位置来改变射流速度,该技术已被北约国家熟练掌握。如果采用调节机构,在极小的情形下有可能产生碎片,这将对试件的反应产生影响。在此情形下必须在试件与调节机构之间保证最少 2 倍射流锥形直径的距离,以尽量减少碎片的影响。

表 5 - 5　铜喷嘴射流的标准化 V^2d 值

威　胁	特征值 $V^2d/(\text{mm}^3 \cdot \mu s^{-1})$
顶部攻击弹药箱	200
具有 50 mm 壳壁的射流弹	360
火箭弹	430
反坦克制导导弹	800

（3）弹丸轨迹

根据判断选择合适的弹丸轨迹,以便考核试件受到射流冲击时最危险的情况。例如,当试件的含能材料具有较大空腔时,如固体火箭发动机药柱中心部位,使射流尽可能穿过空腔(通常该类区域的反应更为剧烈),同时应该选择含能材料中最长的路径以加剧反应程度。另外,在选择弹丸轨迹时还应避开那些与药柱尺寸相比较小的目标,如点火器等。

（4）射流距离

根据 THA 所确定的位置对实际射流位置进行定位。由于喷射距离直接影响 V^2d 大小,因此必须将喷射距离看作是射流特性的一部分。考虑到试验结果的再现性和可比较性,最好的情形是一旦喷射距离确定,要求射流微粒在未到达试件的含能材料前不再碎化。

5.2.7.2　试验装置及测试设备

试验装置及测试设备包括金属射流弹、起爆装置、冲击波超压测试、高速摄像机、红外摄影等。

金属射流弹的药型罩材料一般为金属铜,射流速度为 5 000 m/s,金属穿透深度为 100 mm 厚装甲钢板。

高速摄像机拍摄试件在射流冲击环境中的反应情况,准确捕捉弹药发生反应的时间点和反应状态,为评判常规导弹弹药在考核试验的反应的剧烈程度提供依据。

红外摄影可以监控弹药是否发生爆轰、部分爆轰、爆炸、爆燃、燃烧等现象。

同时试验现场全局摄像,实现试验现场全局布控,以保障人员和设备的安全。

5.2.7.3　试验流程

试验流程如下。

1)在参考试验项目工程设计图纸的同时,应确定含能材料内是否存在空腔。如果存在空腔,应选择能使聚能装药穿过最大空腔的冲击位置。否则的话,应选择能使聚能装药穿过最多含能材料的冲击位置。试件的结构应与其战备状态下所采用的结构一致。

2)根据 THA 分析,选择合适的射流弹。对于陆军弹药来说,射流弹一般可采用 50 mm 顶部攻击的聚能装药。

3)选择合适的试验场,地面尽可能水平且没有障碍物;试验应考虑射流弹的最大射程,并保证试件后面有足够的安全区域。

4)平整超压冲击波测带。

5)设置掩体,挖电缆沟。

6)布测试线,连接冲击波超压数据采集系统。

7)将摄影设备放置到位,以记录试件的反应情况。摄影设备的视野、分辨率应满足试验要求,能够确定试件的反应程度。在试验进行的同时,还应该采用普通摄像装置全景记录试验场的情况。

8)对试件进行拍照和目视检查。

9)将验证板放置在试验项目的后部和两侧,以便为试件的反应程度提供证据。

10)将试件固定在试验工装上。

11)将压力传感器布置在设定好的冲击波超压测点上。

12)启动所有测试设备,包括录像设备和冲击波超压测试设备,并且对所有设备进行运行检查。

13)使射流弹对准试件,并将试件固定在所选位置。

14)将所有与启动射流弹无关的人员疏散到安全区域。

15)接通射流弹的引爆机构,所有人员撤退到安全区域。

16)启动引爆机构,在射流弹发生爆炸之后到检查试件之前的 30 min 内,所有人员在安全区域待命;30 min 后确认无异常,相关人员方可进入现场查看试验后试件状态。

17)检查数据采集系统和图像采集设备。

18)若试件没有发生反应或反应程度较轻,检查试件,标记出冲击点,并对试件拍照,作为评估其反应程度的依据。若试件反应较为剧烈,记录试件碎片抛射的位置及尺寸,并对反应程度进行评估;在不影响安全的前提下,收集所有重要的试验后残余物,进行测量和称重。

5.2.7.4 数据记录及处理要求

数据记录及处理要求如下:

1)试件的批号和库存号;

2)射流弹类型、批号以及库存号;

3)试验装置的描述和试验过程的描述;

4)反应类型、相关碎片尺寸以及空间分布;

5)采集的冲击波超压数据,包括峰值压力、冲击波超压达到峰值压力的时间(如果发生爆轰的话);

6)对验证板的损伤拍摄静态照片、记录位置和书面描述。

5.2.8 破片冲击试验

破片冲击试验目的是确定被考核固体火箭发动机对聚能射流热破片撞击的反应。试件通过破片冲击试验考核的准则是不出现持续性的燃烧反应。破片冲击(破甲装药射流破片冲击)试验是在破甲装药射流冲击试验的基础上研究射流冲击形成的装甲破片对武器系统的威胁。

5.2.8.1 试验方法

试验前应明确试件重量、尺寸、质心、装药类型和装药量等。如需采用模拟件进行破片冲击试验,模拟件应尽量与被考核固体火箭发动机保持一致,对于控制系统等非爆炸部件,可以采用相同几何尺寸和等导热系数的结构替代。

典型试验装置如图 5-21 所示。破片是用 81 mm 精确成型装药撞击 25 mm 厚的轧压均质装甲板(RHA)来产生的。81 mm 精密成型装和 RHA 板之间的相隔距离应为 147 mm。试验有效区域的破片分布最小应达到 4 块破片/6 450 mm²。试验应至少进行两次。

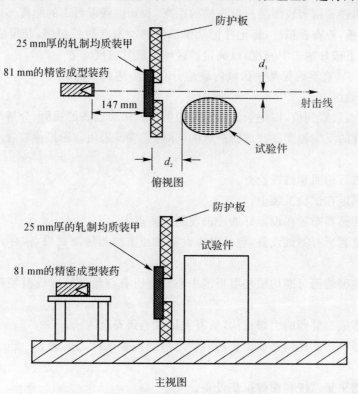

图 5-21　"典型的"破片冲击试验装置

5.2.8.2　试验装置和测试设备

破片冲击试验中的破片是由均质装甲板在受到精密成型装药撞击后产生的,因此试验需要由不会碎裂的防护板固定会碎裂的 25 mm 厚均质装甲板。

如果试件在试验过程中有可能产生助推,在设计试验工装时需要考虑限位装置,整个试验工装不会影响破片对试件的撞击。

精密成型装药启动装置可选用远端继电器控制点火回路,实现远程启动,电路设计上一般采用多道解锁方式串联,防止由于干扰或误操作导致的意外启动。

测试设备包括冲击波超压测量系统、高速摄像系统、红外摄像系统等。

5.2.8.3　试验流程

1)选择合适的试验场,地面尽可能水平且没有障碍物。

2)试验应考虑 81 mm 精密成型装药的最大射程,并保证试件后面有足够的安全区域。

3)平整超压冲击波测带。

4)设置掩体,挖电缆沟。

5)布测试线,连接冲击波超压数据采集系统。

6)将 25 mm 轧制均质装甲板(RHA)及防护板垂直放置在距 81 mm 精密成型装药 14.7 cm处,并与精密成型装药射击线垂直。

7)采用模拟件对聚能射流破片装置进行校准试验,该模拟件应与试件在形状和有效承载面积上保持一致。校准过程中将模拟件放置在均质装甲板后某一位置上,且与射击线偏离一定角度,记录模拟件到精密成型装药射击线的距离,和到屏蔽板后部的距离。启动精密成型装药撞击均质装甲板,检查模拟件,标记并记录模拟件的冲击点数并拍照,获得模拟件在该位置时特定承载面积下破片的击中密度,以确定该区域的破片密度。

8)重复步骤6),直至确保某一区域内破片分布最小达到 4 块破片/6 450 mm²,并将该区域确定为试验有效区。

9)将摄影设备放置到位,以记录试件的反应情况。摄影设备的视野、分辨率应满足试验要求,能够确定试件的反应程度。在试验进行的同时,还应该采用普通摄像装置全景记录试验场的情况。

10)对试件进行拍照和目视检查。

11)将试件固定在试验工装上。

12)将压力传感器布置在设定好的冲击波超压测点上。

13)启动并重置所有测试设备,包括录像设备和冲击波超压测试设备,并且对所有设备进行运行检查。

14)将精密成型装药对准均质装甲板的中心。将所有与启动精密成型装药无关的人员疏散到安全区域。

15)接通精密成型装药的引爆机构,所有人员撤退到安全区域。

16)启动引爆机构。在精密成型装药启动之后到检查试件之前的 30 min 内,所有人员在安全区域待命。

17)检查数据采集系统和图像采集设备。

18)若试件没有发生反应或反应程度较轻,检查试件,标记出冲击点,并对试件拍照,作为评估其反应程度的依据。若试件反应较为剧烈,记录试件碎片抛射的位置及尺寸,并对反应程度进行评估;在不影响安全的前提下,收集所有重要的试验后残余物,进行测量和称重。

5.2.8.4 数据记录及处理要求

1)试件的批号和库存号;

2)精密成型装药的类型、批号和库存号;

3)对试验装置和所有校准试验及正式试验过程的描述和记录;

4)反应类型、相关试件碎片尺寸和空间分布;

5)如果试件一直保持安全,记录破片冲击的数量。

5.2.9 殉爆试验

当弹药发生爆炸时,爆炸所产生爆轰波和爆炸碎片导致间隔一定距离的另一弹药发生爆炸的现象。换而言之,某一装药的爆炸能够引起与其相距一定距离且被惰性介质隔离的装药的爆炸,这一现象叫作殉爆。激发爆轰的装药称为主发装药,被激发爆轰的装药称为被发装药。由于殉爆的存在,使弹药的储存更加复杂,要考虑各个弹药之间以及弹药库的距离,否则一旦一个弹药意外引爆会引起其他弹药及弹药库引爆,造成无法挽回的后果。

殉爆试验是通过引爆主发装药,观察在主发装药爆炸能量的作用下,是否引起放置在规定距离的爆炸性物质、爆炸性物品包件、无包装爆炸性物品发生殉爆的现象;采用验证板和冲击波超压作为试验判别的依据,从而判定弹药在受试状态下,生产、贮存、运输和销毁过程是存在殉爆危险。

殉爆试验通常有以下作用:①评估在服役状态下,当主发装药发生最坏反应时,一个或多个被发装药的响应,对应的服役状态为勤务贮存、运输和战备状态下的储存环境;②确定弹药对殉爆反应的敏感度;③为弹药包装、隔离设备及掩体的有效性提供指导;④获得弹药的临界殉爆距离和殉爆安全距离。

5.2.9.1　试验方法

试验前应明确试件重量、尺寸、质心、装药类型和装药量等。如需采用模拟件进行射流冲击试验,模拟件应尽量与被考核固体火箭发动机保持一致,对于弹上控制系统等非爆炸部件,可以采用相同几何尺寸和等导热系数的结构替代。还需了解试件是否有点火装置、有无包装、包装类型等,并对主发装药爆轰后的冲击波超压、殉爆安全距离等进行估算,从而为确定测试点、选择超压传感器量程、被发装药放置确定等提供依据。

(1)试验测点设计

采用以冲击波为主的殉爆试验测点设计,根据主发药试件的装药类型和装药量,按照对应公式计算其 TNT 当量。

在主发药的另一侧布置冲击波超压测试带。为了使确定的相对爆炸效率尽可能准确可靠,将测量的压力传感器布置在冲击波峰值超压小于 0.4 MPa,大于 0.02 MPa 的范围之内,而且压力传感器个数不能少于设定个数。图 5-22 所示为某试验中确定主发装药激发能力的冲击波超压测点布局图。该试验中以主发装药为顶点,在 x 轴和 y 轴两个方向上共布置 16 路测点。

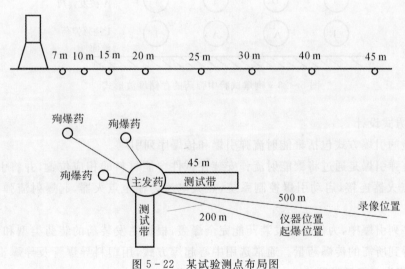

图 5-22　某试验测点布局图

(2)殉爆距离的确定

殉爆安全距离是主发装药爆炸而不引起被发装药爆炸的最小距离。殉爆与以下 3 方面因素有关。

1)主发装药的激发能力,表示这方面性质的量主要是与主发装药冲击力有关的量,例如主发装药的质量、能量,以及引爆方向。

2)被发装药接受激发的能力,主要表征量为被激发装药的感爆特征,例如被发装药的热感度和冲击感度等。

3)主发装药和被发装药间介质的性质和条件,例如主发装药和被发装药之间的介质可能是空气,也可能是水、墙、钢板等密实材料,其条件可能是正常条件,也可能是二者之间有某种渠道相通或某些障碍相隔。

按照冲击峰值超压和冲量的相似准则,在其他条件确定的条件下殉爆距离与药量的关系可表示为

$$R = Km^{\frac{1}{6} \sim \frac{2}{3}}$$

式中　R——殉爆设防安全距离(m);

m_e——主发装药药量(kg);

K——系数。

(3)弹药的数量及分布

在存储堆放的形式下,主发装药应该被发装药包围,并且在外围用钝感被发装药围堵,这种堆放的最小体积不小于 0.15 m³,如果主发装药和一个被发装药体积超过 0.15 m³,则需要2 个被发装药,最好是 3 个。图 5-23 中,使用 3 个被发装药,应排列为 3 个被发装药中的两个应处于最直接的位置,即被对角攻击的位置。包装情况下,一般不允许使用钝感试验件代替被发装药。

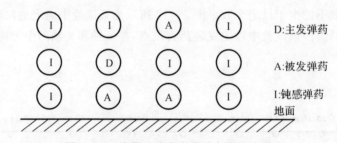

图 5-23　殉爆试验中弹药的存储堆放形式

(4)引爆方式设计

殉爆试验的引爆方式包括聚能射流弹引爆和传爆序列引爆。

聚能射流弹引爆是通过将聚能射流弹安装在试件含能材料的相应位置,并将引爆控制系统与射流弹点火器连接,启动引爆控制系统,点火电流传输至点火器,起爆射流弹,引爆主发装药。

在传爆序列引爆中,为保证主发装药能完全爆轰,根据主发装药的装药类型和装药量,结合理论计算得到所需的传爆药量。通常选用中心起爆方式,用塑料导爆管及导爆雷管为一级激发源,B 炸药为二级激发源。

5.2.9.2　试验装置及测试设备

殉爆试验的试验装置包括引爆控制系统和试件工装。如试件在试验过程中可能产生助

推,在设计工装时应考虑限位装置。

殉爆试验设备主要包括冲击波参数测量系统(冲击波超压传感器、高速数据采集系统)和高速摄像机等。

1.冲击波参数测量系统

冲击波超压参数的测量是判断主发装药激发能力和被发装药响应程度的重要依据。冲击波超压传感器将爆炸后产生的冲击波压力信号转换成电信号,通过信号适调仪输入数据采集仪,得到冲击波超压时程(冲击波超压-时间曲线),确定峰值超压。

(1)冲击波超压传感器

1)压力传感器类型的选择:由于被测压力冲击频响较宽,建议选用电荷型压力传感器,该类传感器具有频率响应范围宽,使用温度范围宽和良好的线性及重复性等特性。

2)压力量程的确定:

$$\Delta p = 0.102 \frac{\sqrt[3]{w}}{r} + 0.399 \left(\frac{\sqrt[3]{w}}{r}\right)^2 + 1.26 \left(\frac{\sqrt[3]{w}}{r}\right)^3$$

其中　　w——TNT 量(kg);

　　　　r—— 距离(m);

　　　Δp—— 冲击波超压(MPa)。

(2)高速数据采集系统

高速数据采集系统用来采集冲击波超压等数据。采集系统包括供电系统、测试系统(数据采集模块、信号调理及模数转换模块)、信号传输系统、计算机及数据处理软件等。

由于殉爆试验的危险性,其通常是在野外作业,所以需要考虑设备供电问题,应该配备野外作业供电系统。为保证供电方便可靠,一般供电系统可由发电机和 UPS 系统组成,当发电机意外停机时,UPS 可继续为测试设备供电。

对于测试系统,要求其具备高速响应能力,因为殉爆试验可能在瞬间发生爆炸、燃烧转爆轰、冲击起爆等反应,准确判断试件的响应是评估常规导弹弹药及其子系统安全性的前提,因此,要求试验测试系统的响应速率非常高:连续采样率应该达到 512 kHz/通道。另外,由于殉爆试验采样频率高,极短的时间内其数据就会将内部的数据备份系统写满。如果提前设定记录时间,一旦爆炸提前发生可能采集不上数据,导致数据丢失,一旦爆炸延后,数据存储满了,依然无法获得有效数据,最终也会导致数据丢失。因此,触发方式对于殉爆试验尤为重要,需要试验设备在试验开始时就采集数据,当冲击波压力达到一定值时,对该点以前一段时间和之后一段时间的数据进行存储,就会保证准确获得有效的爆炸数据,不会丢失数据或采不上数据,所以要求测试系统具备负延迟触发方式。

对于信号传输系统,考虑到外场试验及其安全性,测试设备在前台,通过垒沙袋、挖防护坑道并采用防护罩对测试设备进行保护,人员和测控车则在安全距离之外。此时测控车与冲击波超压测试设备之间的距离可能会达到几百米甚至几千米,为保证数据的可靠传输可以通过光端设备采用光缆传输。

数据处理软件采取模块化设计原则,以按钮方式选择不同功能。其主要功能有数据读取、自动检测、曲线绘制、打印及存盘等。当数据记录仪与计算机连接时,数据处理软件可对数据记录仪进行参数设置、状态检测和数据读取。另外,数据处理软件还可对回收数据进行图形显示、时间测量、频率测量和幅值计算,也可以将数据根据需要导出为 JPG 或 TXT 格式的文件以便使用第三方软件进行数据分析。

2.录像设备

使用高速录像机殉爆试验全过程,高速机录像采集速率可达 6 000 幅/s,分辨率 1 280×800 像素,如降幅使用,采集速率可提高到 10 000 幅/s 以上,分辨率则会降低在 1 280×400 像素左右。

使用普通录像机记录殉爆试验全过程,并对信号进行同步传输,将试验实时视频传导至远程测试车内,参观人员可在测试车内观察试验现场情况。

录像设备需要相应的防护装置,要求能够观测爆炸反应火球直径和火球长大速度,能够观察到殉爆反应历程。

5.2.9.3 试验流程

试验流程如下。

1)参考试件的 THA 分析,确定能够代表最大理论殉爆威胁的存储或运输配置。如果试件的数目足够多,可以考虑进行多种配置或某一单一配置的重复试验,考虑包装的对称性,确定哪种所选配置的试件可以用假弹模拟,哪种包装配置的试件可以用来代表主发弹药和被发弹药。

2)获得所选存储配置的假弹的正确数量。

3)确定主发弹药,起爆状态尽量采用主发装药的原有配置。

4)如果试件中含有火箭发动机或推进装置,应设计一种适当的工装或抑制机构,当殉爆试验期间发生推进反应时,该工装或机构可以用来牵制试件以防止其发生助推。

5)选择合适的试验场,试验场地应远离居民区及公共交通设施且足够开阔。

6)平整超压冲击波测带。

7)设置掩体,挖电缆沟。

8)布测试线,连接冲击波超压数据采集系统。

9)将压力传感器布置在设定好的冲击波超压测点上。

10)进行标定试验,以确定主发装药产生的冲击波超压的近似量值。应该采用以下步骤。

a.采用压力传感器来测量主发装药所产生的冲击波超压。传感器的安装位置应与地表等高或者在地面以上,传感器的感应面应与预计的爆轰气流方向平行。如果传感器的安装高于地表,应设计传感器安装夹具,来降低气流扰动对测试的影响。

b.选择用于标定试验的标定装药代替主发装药。

c.将标定装药放置在试件应该放置的位置上。

d.启动所有测试设备,包括录像设备和冲击波超压测试设备,并且对所有设备(包括传感器)进行运行检查。

e.将所有与启动标定装药无关的人员疏散到安全区域。

f.接通标定装药的引爆机构,所有人员撤退到安全区域。

g.启动引爆机构引爆标定装药,记录传感器的所有压强数据。

h.在标定装药启动之后到检查试件之前的 30 min 内,所有人员在安全区域待命。

i.处理压强数据,确定标定装药在各测点对应的峰值压力。

11)将验证板放置在预定位置,如主发装药的下部、侧面和包装配置的顶部等。

12)检查压力传感器,确保其状态正常。

13)将用来记录试件的反应高速摄影设备调整至待触发状态,摄像机的视野应能够覆盖整个试验场地,以记录反应的剧烈程度。整个试验场地的视频图像应与试验控制区域的监视器相连。在试验进行的同时,还应该采用普通摄像装置全景记录试验场的情况。

14)对主发装药和被发装药进行拍照和目视检查。

15)按照步骤 1)所选的配置放置主发装药和被发装药。如果试件中包含火箭发动机或推进装置,将可能产生助推的试件安装在步骤 4)中描述的工装或抑制机构上。

16)对组装好的配置进行拍照。

17)启动并重置所有测试设备,包括录像设备和冲击波超压测试设备,并且对所有设备进行运行检查。

18)将所有与启动引爆机构无关的人员疏散到安全位置。

19)连接引爆机构,将所有人员疏散到安全位置。

20)启动引爆机构引爆主发装药。测试设备和摄像设备工作,记录相关测试数据和图像数据。在主发装药启动之后到检查试件之前的 30 min 内,所有人员在安全区域待命。

21)检查数据采集系统和图像采集设备。

22)对残余的试件和验证板进行检查和拍照。对反应强度进行初步评估,记录试件碎片抛射位置;在不影响安全的前提下,收集所有重要的试验后残余物,进行测量和称重。

5.2.9.4　数据记录及处理要求

数据记录及处理要求如下:

1)批号、试件类型(主发弹药或被发弹药),以及每个试件的编号;

2)试验装置的描述(包括所有压力传感器的位置)和试验过程的描述;

3)被发弹药反应类型、相关碎片尺寸以及空间分布;

4)如果采用了压力传感器,采集冲击波超压数据,包括峰值压力和峰值压力对应时间(如果发生爆轰的话);

5)试后观察板静态照片,书面描述验证板上碎片的位置和分布情况;

6)试件反应的视频或照相记录;

7)在主发弹药发生爆轰前后,所有试件的静态图像。

5.3　安全性试验评估技术

由于固体火箭发动机作为常规导弹的动力系统,在其寿命周期内面临的威胁因素非常多,安全性标准体系不可能覆盖所有威胁因素,因此,武器使用和研制部门、试验机构应全面评估武器系统在其全寿命周期内可能受到的威胁,及受到威胁时的战术和后勤方面的安全性,以此确定参照安全性标准体系的试验是否充分,并选择最有可能的、可信的及对生命、财产或战斗力造成最大伤害的激励,调整试验项目及确定试验参数,并提供相关数据以支持评估。

5.3.1　反应类型

反应类型包括爆轰、部分爆轰、爆炸、爆燃、燃烧、助推、无反应等。

(1)Ⅰ型(爆轰反应 detonation reaction)

爆轰反应是最激烈的爆炸。爆炸波在含能材料中自行传播,其反应区向未反应物质中推进的速度大于声速,并对周围介质,例如空气或水,产生激烈的冲击,使金属等材料产生非常迅速的塑性变形和广泛的分裂,所有含能材料将消耗。影响包括大规模的地面弹坑,碎片和超压爆炸气流冲击损坏附近的结构。

(2)Ⅱ型(部分爆轰反应 partial detonation reaction)

部分爆轰反应是第二激烈的爆炸。部分含能材料参与爆轰反应,形成强烈的冲击,使一些物质分成小碎片;能生产地面弹坑,邻近金属板可能被损坏,将会有超压爆炸气流损坏附近的结构。在压力破裂(脆性断裂)情况下部分爆轰也可以产生大量碎片。相对爆轰反应,其损害的数额取决于引爆材料。

(3)Ⅲ型(爆炸反应 explosion reaction)

爆炸反应是第三猛烈的爆炸。点火并迅速燃烧,在含能材料局部形成高压,导致破坏性压力,使结构产生断裂。金属件产生大的碎片,往往抛出很远。未反应和燃烧的含能材料被抛出,火和浓烟的危害继续存在。空气中产生的冲击可能造成附近结构的损害。爆炸和高速碎片可能会造成轻微的地面弹坑和邻近金属板的损坏,爆破压力低于爆轰。

(4)Ⅳ型(爆燃反应 deflagration reaction)

爆燃反应是第四猛烈的爆炸。含能材料点火燃烧导致低强度压力释放或排气关闭。物质可能破裂,但不形成碎片,并且未燃烧或燃烧的含能材料可能被抛出并加强火势。推进系统可能产生不安全的试验项目,造成了额外的风险。没有爆炸或大的碎片破坏周围环境,只有高能材料燃烧产生的热和烟雾造成的损害。

(5)Ⅴ型(燃烧反应 burning reaction)

燃烧反应是最轻微的爆炸。含能材料进行剧烈的氧化还原反应,伴随发光和发热现象,含能材料可能会裂开、熔化或变脆,让燃烧释放的气体排放。碎片停留在火内,该碎片不会造成人员伤害也不会被抛出超过 15 m。

各种反应的具体表象见表 5-6。

表 5-6 各种反应的具体表象

响 应	含能材料(EM)	壳 体	爆 炸	碎片或 EM 抛射	其 他
爆轰 (Ⅰ型)	一旦反应发生,所有 EM 瞬间消耗	壳体发生快速的塑性变形,产生大范围高速剪切碎片	冲击波的幅值及时间尺度=计算值或标定试验实测值	穿孔,碎裂和/或验证板塑性变形	地面弹坑大小与弹药 EM 含量有关
部分爆轰 (Ⅱ型)	部分,但不是全部壳体发生快速的塑性变形,产生大范围高速剪切碎片	部分,但不是全部壳体发生快速的塑性变形,产生大范围高速剪切碎片	冲击波的幅值及时间尺度<计算值或标定试验实测值	穿孔,塑性变形和/或相邻金属板碎裂; 燃尽或未燃尽的 EM 广泛分布	地面弹坑大小与发生爆轰的 EM 含量有关
爆炸 (Ⅲ型)	一旦反应发生,所有或部分 EM 快速燃烧	金属壳体碎片较大,广泛分布	试验测得的压力波峰值≪标定试验实测值	验证板损坏; 燃尽或未燃尽的 EM 广泛分布	造成弹坑

续表

响　应	含能材料(EM)	壳　体	爆　炸	碎片或 EM 抛射	其　他
爆燃 （Ⅳ型）	所有或部分 EM 发生燃烧	壳体破裂	压力随时间、 空间变化	燃尽或未燃尽 的 EM 抛射距离 通常大于 15 m	所产生推力可 能将弹药推进至 15 m 以外
燃烧 （Ⅴ型）	所有或部分 EM 低压燃烧	壳体可能发生 破裂	压力不明显	燃尽或未燃尽 的 EM 抛射距离 通常小于 15 m	未发现产生推 力的证据
无响应 （Ⅵ型）	无响应	无响应	无	无	无

5.3.2　评判准则

表 5-7 给出了跌落试验、火箭橇撞击试验、快速烤燃试验、慢速烤燃试验、子弹撞击试验、碎片撞击试验、聚能射流冲击试验、破片冲击试验、殉爆试验的评判准则。

表 5-7　各类安全性试验的通过准则

序　号	试验类型	通过准则
1	跌落试验	没有爆炸反应，没有试验件破裂或爆炸材料泄漏。试验件可以按正常爆炸物处理程序进行安全处理
2	火箭橇撞击试验	在某一特定速度下，不发生比 Ⅴ 型更剧烈的反应
3	快速烤燃试验	不发生比 Ⅴ 型更剧烈的反应
4	慢速烤燃试验	不发生比 Ⅴ 型更剧烈的反应
5	子弹撞击试验	不发生比 Ⅴ 型更剧烈的反应
6	碎片撞击试验	不发生比 Ⅴ 型更剧烈的反应
7	聚能射流冲击试验	不发生比 Ⅲ 型更剧烈的反应
8	破片冲击试验	不发生比 Ⅴ 型更剧烈的反应
9	殉爆试验	不发生比 Ⅲ 型更剧烈的反应

5.3.3　判定流程

通常，安全性试验需要根据其试验中试件残骸、碎片抛射情况、含能材料消耗情况等判定安全性试验的反应类型，图 5-24 所示为安全性试验判断反应类型的简易流程图。在简易流程图无法精确判定反应类型的情况下，可以结合试验中获得的冲击波超压、温度数据和高速摄影、红外摄影图像进行进一步的分析和判定。

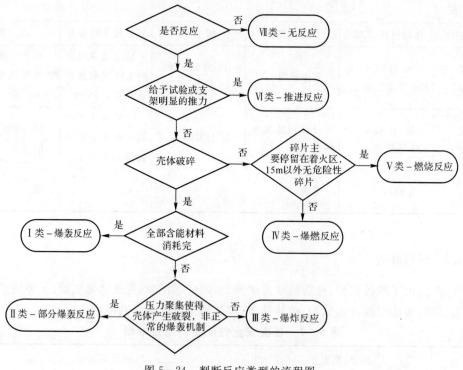

图 5-24 判断反应类型的流程图

5.4 安全性试验技术的发展与展望

随着现代战争的快速变化,战场环境的日益恶化以及恐怖袭击手段的多变和不可预测性,各国日益重视常规导弹弹药及其动力系统-固体火箭发动机的安全性问题,北约等军事强国的经验证明:制定常规导弹弹药安全性考核标准,规范常规导弹弹药及其子系统-固体火箭发动机的安全性试验项目和试验方法,是健全常规导弹弹药考核的范畴,也是提高军队生存力和战斗力的重要保障。

安全性考核是通过一系列安全性试验来完成的,为保证试验评估的有效性,试验应该由专门的机构来完成,这类机构不仅要有承担常规导弹弹药安全性考核试验的技术实力和试验条件,还应该具备军方认可的资质。所以,在具备相应技术能力的单位增加试验测试条件,建立跌落、快烤、慢烤、射流、殉爆、碎片撞击、子弹撞击等试验设施,提升试验机构的仿真计算、数据分析和试验破坏机理及危害评估分析能力,最终成立安全性试验评估中心,可以对固体火箭发动机,甚至对全弹进行安全性试验,为固体火箭发动机和常规导弹弹药的评定、改进、包装及防护配置、堆放要求及弹药架的设计提供依据,并最终为武器弹药定型及装备决策提供服务。

固体火箭发动机安全性试验技术研究的内容包括试验需求和环境分析技术、单项试验方法及其测试技术、试验数据分析及试验结果评估技术、试验工装、激励装置、测试装置和综合评价等技术。为减少试验成本,降低试验危险性,并大幅度提升试验效率,需要建立仿真模型,通过数值仿真预估其安全性试验的反应剧烈程度;同时研究缩比试验的有效性;最终建立综合评价技术,通过危险性评估流程实现对常规导弹弹药安全性的预估。建立试验数据库,合理外推试验数据,对大型固体火箭发动机安全性试验数据进行补充。试验件选取方面,由于控制部件是成本最高的部分,开展等效试验方法的研究,在试验中保留含能部件,其余部件可以用等效几何尺寸和导热率的材料替代,降低试验成本。在单项试验方法研究中,研制碎片发射装置,使其碎片撞击速度能够达到(2 530±90) m/s,并以一定的角度攻击常规导弹的薄弱部位等。

尤其近几年,在传统试验项目方面,由于民众对环境保护的意识越来越强,北约国家纷纷研制可以有效减少污染的试验装置,如快速烤燃。其中,瑞典"博福斯试验中心"设计了一种利用液化丙烷气体(简写为 LPG)作为燃料的小型试验装置(见图 5 - 25)。该装置由若干 LPG 火炉、钢支架、钢丝网、钢杆、点火控制等组成,通过调节钢杆可以实现 LPG 火炉高度和角度的调整。系统的点火和熄灭采用远程控制。该装置环境污染小、燃料消耗低、安装快捷。

图 5 - 25 LPG 火炉试验装置

美国海军空战中心武器开展了可控制热通量燃烧器的设计和研制。该装置(见图 5 - 26)能够提供均匀的和恒定的热通量水平,对小比例的样品进行加热,以模拟原尺寸设备在燃料着火试验中经历的热流渗透。燃烧室可重复使用。一台五马力风扇电动机使空气运送通过直径 12 cm 的不锈钢空气管道,空气质量流率约为 0.5 kg/s(1.0 lb/s)。燃料通过 8 个喷射器从位于空气管道尾部的铝进气管注入。

图 5 - 26 可控制热通量燃烧器

另外,随着新材料和新技术的应用,钝感弹药的发展逐渐面临新的技术挑战,其动力装置-固体火箭发动机的安全性测试和评估都必须进行适时的修改和完善。针对正在发展的超声速/极超声速武器弹药和太空武器弹药,发动机的评估可能需要增加一系列新的试验项目,包括激光加热试验、光子鱼雷爆炸试验(见图 5 - 27)等(具体应该根据弹药的服役和作战环境分析来增加试验项目）。

激光加热 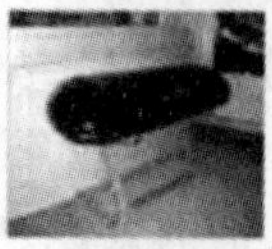 　光子鱼雷爆炸  　乖离速率热稳定性  　涡孔变形  　反物质污染

图 5 - 27　未来可能增加的安全性试验项目

因此，对于从事安全性试验的人员来说，安全性试验依然还有很多技术有待研究和突破。

"没有生存就没有战斗力"，随着现代战争的快速变化，高新武器的发展，弹药载体的存储量倍增，武器平台的大规模扩容，尤其是随着社会的不断进步，人的生命愈加珍贵，弹药发射平台（舰艇、战机、航母等）也愈加先进，价值日益高昂。一旦弹药在受到恐怖袭击以及外军远程攻击，由于固体火箭发动机的安全性引发安全事故，将对部队造成不可估量的损失，甚至成为影响战争胜负的重要因素。可以预见，安全性考核将不仅仅局限于个别固体火箭发动机型号的研制需求，而是关系到整个常规导弹弹药的评估和定型工作，必将会成为未来武器装备技术发展的热点。因此，开展固体火箭发动机和导弹弹药安全性考核及技术研究已迫在眉睫，以技术研究为依托，建立健全试验考核标准体系，不仅可以对武器装备进行更加全面的考核，还可以促进钝感弹药的研制，降低弹药在勤务过程中由于意外因素和在战争环境中受到敌方武器攻击发生安全事故的可能性，最大限度地保证人员和装备安全，提升弹药及武器平台的生存力和战斗力，最终为赢得未来战争奠定坚实的基础。

第 6 章　地面试验测量与控制技术

　　固体火箭发动机地面试验设备与系统庞大,试验过程复杂,不同种类试验又各有不同特点,除试验前准备与试验后处理外,其基本工作内容可概括描述为:①将受试发动机通过适当的台架、工装固定安装在发动机试验台体上;②按照特定的时序和要求控制发动机点火工作,或对发动机施加要求种类和量值的不同载荷;③对试验过程中发动机的各类工作参数、响应特性进行测量。由此可见,测量与控制是发动机试验工作的两项核心任务,测控技术也是发动机试验技术的重要组成部分。本章将重点对固体火箭发动机地面静止试验测量与控制技术进行介绍。其他类型地面试验的测量和控制在技术原理及设备方面有较多相同或类似之处,可以参考本章内容。

　　控制技术部分,针对几种主要的地面静止试验类型,从过程控制需求和控制系统基本原理两个方面进行了论述。

　　参数测量部分,鉴于目前广泛采用"传感器＋基于计算机的数据采集系统"的通用技术架构,因此将从传感器的选择与使用、主要参数类型及其测量原理、通用测试系统等几个方面进行介绍。新一代测试系统基于计算机及其总线技术,往往集成了信号调理、数据采集、控制输出以及处理功能,兼有试验参数测量、试验过程控制和伺服控制的能力,因此也常常称作测控系统。

　　最后对典型参数定义及其数据处理方法分别进行了讲述。

6.1　试验过程控制

　　发动机试验过程控制按照被控对象可分为两类:一类是受试对象的控制,如发动机与其他起爆元件点火控制、可动喷管摆动控制等;另一类是参试设备的工作状态控制,如各种仪器设备的启动与关机控制,高空模拟试验舱抽真空与补气控制等。

　　发动机试验过程控制可保证发动机地面试验有序、安全、可靠地进行。

　　本节介绍几种典型试验过程的控制。

6.1.1　常规试验过程控制

　　常规试验控制程序如下:程序启动后即开始计时,控制系统按预先设定的顺序依次启动各测量记录仪器设备,同时检查各设备状态;确信全部设备工作均正常后,在倒计时到零秒的时刻发出点火指令,使控制点火的继电器或其他开关器件动作,接通点火线路,点火电压加到点火装置上,使其发火进而点燃推进剂药柱,发动机开始工作;当发动机工作到预定时间后,按规定时间控制各设备关机;若点火前检查设备状态出现异常,则在倒计时至零秒的时刻不发出点火指令,程序终止运行,待查明故障原因,一切恢复正常后,重新开始。

6.1.2 推力终止试验过程控制

固体火箭发动机的推力终止方法有两种:一种是使推进剂药柱停止燃烧(如采用向燃烧室中喷射液态冷却剂的方法);另一种是打开一些特制的孔,产生与主推力方向相反的力来抵消主推力,而使作用于发动机的合力为零。

产生反推力的装置通常称为推力终止机构,在大多数情况下,采用打开反喷管的方法来实现推力终止。反喷管按轴对称排列,安装在发动机壳体的前封头上,每个孔都用堵盖封住。推力终止指令发出后,引爆堵盖内的炸药,将盖子抛出,打开反喷管,推进剂燃烧产物通过这些孔喷出,从而产生反推力。

推力终止试验控制除常规试验的控制内容外,还增加了推力终止机构的控制。

推力终止控制指令发出的时刻,可以由时间、燃烧室压强或压强冲量来决定。按时间控制时,控制系统预先设定发出推力终止指令的时间。当发动机点火后工作到预置时间时,控制系统发出终止指令,使控制终止机构点火的开关器件动作,接通起爆器的点火电源,打开反喷管,实现推力终止。

采用延时继电器控制推力终止时,由于延时继电器本身精度不高,并且终止指令发出时间是在发动机开始工作之前设定的,如果发动机工作情况与设计状态有差异,推力终止可能达不到预期的目的。因此,设计部门希望按燃烧室压强或压强冲量来确定终止指令发出的时刻。这就需要采用具有测量、计算与分析判断等功能的计算机控制系统。在计算机上预先设定发出推力终止指令时刻的压强值或压强冲量值。发动机点火后,计算机采集燃烧室压强数据,经过计算,与预置压强值或压强冲量值相比较。当两者之差进入规定误差范围之内时(对于按压强控制,还应在发动机工作一定时间之后),计算机发出推力终止控制指令,点火电流加到起爆器使其引爆,打开反喷管,实现推力终止。反喷管通常是多个对称排列,要求各反喷管打开时间同步,否则可能产生极大的侧向力和力矩。设计控制系统时,必须认真考虑。

6.1.3 高空模拟试验过程控制

高空模拟试验是指发动机在模拟高空低气压条件下进行的点火试验。发动机工作过程中,会排出大量高温高压燃气,为保持试验舱处于稳定的低压条件下,必须采用一定的方法和设备。按照排气系统排出方式,高空模拟试验台分为两种:主动引射试验台和被动引射试验台。高空模拟试验过程控制除常规试验的控制项目之外,特别要注意的是与试验舱有关的设备的控制。

1. 被动引射式高空模拟试验过程控制

被动引射式高空模拟试验点火前应监视试验舱压强和扩压器冷却水,只有在达到规定的真空度且冷却水压力或流量满足要求的条件下,才能进入点火程序。当发动机开始工作一段时间后,燃烧室压强下降到接近于扩压器的启动压强,扩压器即将失去引射作用时,需立即对试验舱补气,保持试验舱内外压力平衡,以防止燃气回流污染或烧毁试验舱,或者气流冲击喷管扩散段和造成测量元器件损坏。从点火到补气的时间间隔可以预先设置,由控制台按照设置好的时序加以控制。另外,补气时间也可由燃烧室压强来确定。采用计算机测控系统,对燃烧室压强进行实时测量,当压强下降到规定值时,对控制补气机构发出工作指令,执行补气动作。

2. 主动引射式高空模拟试验过程控制

主动引射式高空模拟试验控制任务主要包括燃气发生器供应系统各种阀门控制、燃气发生器点火控制、真空阀控制、发动机点火控制、试验时序控制和条件判断控制等。

试验前将能源供应系统燃料充填满,安装发动机及测试设备后关闭试验舱。试验时,首先启动辅助引射系统将试验舱抽至真空状态,到达设定值后开启系统冷却水,然后燃气发生器点火、燃气引射器启动,舱压达到预定值后打开真空闸板阀,此时工况控制系统按预定时序保持运行状态。发动机工作后期,工况控制系统按预定时序打开真空舱补气阀、关闭一级引射器、关闭二级引射器、关闭冷却水,点火时序结束。

点火时序结束后,依次进行供应系统泄压、关闭真空泵等工作,试验结束。

6.1.4　推力矢量控制试验过程控制

推力矢量控制方式主要有喷管摆动、舵机摆动,迫使发动机燃烧气流受喷管摆动、舵机摆动来产生控制力,实现导弹的飞行控制。摆动喷管有各种不同的结构,目前柔性密封喷管被广泛采用。

柔性喷管的摆动是利用液压能源作动力,由伺服作动器推拉动作的。

发动机与弹上伺服系统地面联合试验时,按试验时序控制燃气发生器和主发动机工作。伺服控制系统按照预定的摆动程序发出喷管摆动控制指令,经伺服控制器等,最终使作动器推拉发动机喷管按相应角度摆动。

伺服系统的动态性能对于成功实现推力矢量控制至关重要。试验的目的是测定伺服系统和柔性喷管在不同控制指令作用下的动态特性,包括位置特性、频率特性、速度特性、暂态特性。要求伺服控制系统发出的控制指令信号的波形准确,幅值精度和数据输出速率高,并保证各控制指令之间的时序精准。

6.1.5　级间分离试验过程控制

多级火箭发动机的级间分离与发动机特性和级间结构形式密切相关,需要在地面进行级间分离试验,以验证分离方案的合理性,考核近于真实工作环境下分离结构的性能,测定级间环境参数对分离的影响和热分离过程对发动机推力上升特性的影响,检验分离过程中有关系统的适应性和相互间的协调性。

两级发动机由级间段连接在一起,采用以上面级发动机的喷流为分离动力,以炸药索为分离元件的分离方式。地面试验可采用配重件来代替下面级发动机。开排焰窗,两级分离和抛减重片,均采用电爆管来实施。

级间分离试验控制系统除应具有常规试验的控制功能外,还特别要求能以精确的时序依次发出发动机点火、开排焰窗点火、两级分离点火和抛减重片点火控制指令。

6.1.6　固体火箭冲压发动机试验过程控制

对于固体火箭冲压发动机试验,直连式试验和自由射流试验过程控制任务基本相同,主要包括加热器和燃气发生器各种燃料供应阀门的控制、燃气发生器点火控制、加热器点火控制、发动机点火控制、试验时序控制和条件判断控制等。

试验前应手动开关各种气动控制阀门检查工作状态,对试验控制时序进行综合测试检查控制系统的工作状态,进行试验时序控制和发动机点火控制合练;点火前要对点火器进行手动点火,检查点火情况,对加热器酒精路和燃气发生器酒精路进行氮气吹除;试验过程中密切监视系统工作状态,如出现意外情况应实施紧急关机,保护试验产品和系统安全。

6.2 试验控制系统

目前试验控制系统主要有点火控制系统和伺服控制系统。

6.2.1 点火控制系统

点火控制系统是应用于发动机静止试验点火时序控制的关键部分,该系统可靠与否将直接决定发动机试验的成败,因此该系统除具备试验所需的各种控制功能外,特别要求其运行可靠,稳定性好,精度高。

1. 点火控制系统组成

点火控制系统由硬件和软件组成,硬件系统由自动控制系统、手动控制单元及执行机构组成。软件包括软件开发平台、控制应用软件。

为了保证系统运行可靠,应使操作尽量简单方便,能由自控系统完成的工作就不用人工来进行。因而,控制台面板上可进行手动操作的器件应尽量少。一般只设"启动""复位""紧急关机""警报"按钮和点火电源"解锁"开关。此外,面板上还配备有计时显示、点火电压显示与声光报警等设备。

自动控制系统由主控计算机和可编程控制器(PLC)两部分组成。前者完成控制参数的设置、实时设备状态监视、实时时间显示等功能,不直接控制设备的开启或关闭,所有的控制均由PLC完成。对于一次试验需要多次点火和牵动控制时,要求各控制指令之间有严格的时序。而执行机构不可避免地会产生时延,这就要求控制器必须具备精确的时序调节能力,一般精确到1 ms。

手动控制单元包括点火电源解锁开关、设备启动控制、紧急关机控制及系统复位控制四部分。

点火电源解锁开关是为防止误点火而在点火回路中加入的一级手动控制开关,解锁开关平时处于常开状态,闭合后点火电压加到点火继电器上,等待PLC执行控制指令,吸合点火继电器,完成点火控制。点火电源解锁开关不可随意操作,只在点火电流测量、合练、正式试验时进行操作,使用完成后应及时复位至常开状态。

发动机点火之前,各有关仪器设备必须准备就绪。设备启动控制按钮按下,向处于待机状态的PLC发出高电平启动指令,PLC按预先设置好的参数执行点火控制、牵动控制等任务。

在启动按钮按下后,系统进入倒计时状态而发动机尚未点火期间,若出现异常情况应立刻紧急关机。紧急关机按钮按下后,就立即切断点火继电器的供电电源,使点火控制回路无法闭合,同时通过数字I/O口将停机信号反馈到计算机和PLC,停止程序执行,保持当前状态。计时显示为停机时间。急停后,停机信号始终发出,此时计算机和PLC无法进行任何操作,直至紧急关机按钮复位,停机信号取消,复位信号发出后,整个系统才能重新进行操作。

用于控制的执行机构是电磁继电器。由于被控对象的不同,对继电器的功率要求也不同。PLC直接驱动的继电器功率较小,可用作牵动控制或点火控制的中间继电器。该继电器负载能力一般在 5A 以内,配合其他设备可提供开关信号、TTL 信号、电压信号等,可根据不同的牵动控制需要加以选取。

控制点火的最后一级开关器件可以是普通继电器、固态继电器和大功率开关管,选用时主要考虑点火电流的动作时间要求。不同类型试验的点火电流不同,一般在直流几安至几十安范围内。对于一次试验需要多次点火时,还要求各点火指令之间有严格的时序。大功率继电器具有驱动简单、运行可靠、便于状态监测等优点。采用大功率继电器作为点火的执行机构,既能满足大电流需要,又能做到对其状态的实时监测。它的唯一不足在于动作速度较慢,会带来一定的时延,这就需要在参数设置时加以考虑,满足时序要求。

2. 点火控制系统的主要功能

点火控制系统的主要功能有:点火控制、设备启动和关键控制、设备状态检测、工作步序和时间显示、紧急关机等。此外,还应具有发警报、解锁、提供时统信号和系统自检等能力。

3. 点火控制系统的基本控制原理

点火控制系统的基本控制原理是通过计算机编程来确定执行机构的各项参数,参数确定后由计算机写入可编程控制器(PLC),在得到设定参数后,由可编程控制器(PLC)进行各执行机构的状态确认并反馈给计算机。此时,主控单元及各执行机构均处于待机状态,等待执行指令。主控单元接到启动指令后,按设置好的参数控制被控对象,分别执行点火控制、牵动控制、计时显示等功能。在发动机点火前出现异常情况需紧急关机时,采用手动控制单元切断点火继电器的供电电源,使点火控制回路断开,并通过数字 I/O 口反馈到主控单元,由主控单元停止所有操作,保持当前状态。

6.2.2　伺服控制系统

伺服控制系统为发动机地面试验中伺服系统提供指令信号和程切信号,提供柔性喷管(舵机)摆动所需的各种控制指令。根据弹上伺服控制方式不同,发动机地面试验的伺服控制系统采用模拟信号输出、数字信号输出两种,目前大多采用 1553B 数字总线控制方式。地面试验时,系统按喷管(舵机)摆动控制指令的波形、幅值、频率、时序、偏置等编写控制信号输出程序。伺服控制系统由点火控制系统牵动,以保证按试验要求的时序输出。

1. 1553B 总线简介

1553B 总线最初是在 20 世纪 70 年代末为适应飞机的发展由美国提出的飞机内部电子系统联网标准,其后由于它的高可靠性和灵活性而在其他的机动武器平台上也得到了较广泛的应用。

1553B 总线是 MIL-STD-1553B 的简称,其全称是飞机内部时分制指令响应式多路传输数据总线。由于其传输速率高,设备之间连接简单灵活,噪声容限高,通信效率高而且可靠,为美军标所采用,将其作为机载设备相互通信的总线标准。从推出到现在,经过三十年的发展,1553B 总线技术也在不断地改进。目前 1553B 总线已经成为在航空航天领域占统治地位的总线标准。

1553B 总线是一种集中式的时分串行总线,其主要特点是分布处理、集中控制和实时响应。其可靠性机制包括防错功能、容错功能、错误的检测和定位、错误的隔离、错误的校正、系统监控及系统恢复功能。采用双冗余系统,有两个传输通道,保证了良好的容错性和故障隔离。按软件设置可具有三种功能:执行终端(RT),总线控制(BC)和总线监听(BM)。

2. 1553B 数字总线伺服控制系统组成

1553B 数字总线伺服控制系统硬件包括 1553B 板卡 3 块(BC,BM 和 RT 各一块)、工控计算机、数字 I/O 板卡(用于时序牵动)、1553B 总线电缆、耦合变压器和终端匹配电阻。

1553B 数字总线伺服控制系统软件包括 BC 系列软件、BM 系列软件、RT 软件。BC 系列软件包括数据生成软件、冷试和热试控制软件、1553B 综合程序(含负载标定、单向极限摆角、合成极限摆角功能)。BM 系列软件包括 BM 记录软件、数据查看软件、数据处理软件。RT 软件用于配合 BC,BM 联调。

6.3　试验主要参数的测量

固体火箭发动机试验中测量的参数大多是随时间变化的动态参数。

各种试验参数测量过程主要包括以下内容。

1)选择传感器。按照被测参数类型及幅值、精度、频响等要求,选择合适的传感器。

2)准备电缆及接插件。按照所选传感器类型及通道数,准备电缆及接插件。

3)传感器校准。传感器在试验使用前一般都需要在实验室采用专门设备进行校准,以确定其性能。其性能指标有灵敏度、分辨率、非线性、迟滞、重复性、精度等。当性能指标合格方可用于试验中。

4)选配测量记录仪器。根据所用传感器的变换特性以及测量记录与数据处理要求,选配适合的信号调节与记录仪器。

5)电源。各测量系统应独立供电,同一测量系统各仪器尽可能由同一电源供电。电源必须接保护地线。在正式试验过程中不允许开、关与测量系统接在同一电源上的仪器设备,或连接、拆除同一电源上的仪器设备。

6)系统连接。正确连接系统中各仪器设备,各环节之间应按规定的+、-极性连接。整个测量系统中各部分的屏蔽应连续,并在一端(通常在测量仪器端)按正确方法可靠接地。电缆各芯线之间及芯线与屏蔽之间,接插件各焊点之间及焊点与外壳之间,均应绝缘良好,否则将产生严重的干扰。

7)系统调节。调节全系统的零点、增益或幅值等,使符合测量要求。

8)测量系统与控制系统联调。各测量系统或设备按要求与控制系统联调,确保启动、关机、状态检测及时统信号等正常。

9)测量系统校准。采用标准物理量或电量按照规定方法对测量系统进行校准,以确定测量系统的输入、输出特性,并判断其是否满足试验要求。

10)安装传感器。将传感器安装到各被测部位。若推力采用原位校准,应先按试验状态将传感器安装好,校准完成后,工作传感器不动,只需卸下标准传感器,脱开加力装置即可。压强传感器一般通过螺纹接头安装到发动机的测压孔上。温度、应变传感器通常采用粘贴的方法安装到各测点。振动传感器通常用螺栓连接在安装座上,而安装座用粘贴方式固定在测量位置。

11)系统检查。将各传感器连接到测量仪器的对应通道。各仪器工作状态应保持与校准时相同。检查系统零位、干扰等,与校准时相比无明显变化,系统工作无任何异常。

12)记录试验数据。点火前记录试验台环境温湿度、压强和热电偶冷端温度。发动机点火前数秒,启动记录设备,记录点火前零点,并继续记录至发动机工作结束后一段时间。一般参数记录至系统恢复零位即可,而壁温在发动机工作结束后可能继续上升,应按试验任务要求记录至规定时间。

13)试验后检查。检查全系统工作及试验数据是否正常。若有异常应查明原因,必要时还可进行系统校准。

14)试验数据分析处理。按各被测量参数的数据处理要求,对试验数据进行分析处理。

6.3.1　推力测量

火箭发动机所产生的推力,是推进剂燃烧产物作用于燃烧室和喷管内表面上的压力与作用于发动机外表面上的外界压力的合力,表现在发动机外部是一个集中的力。它通过推力架和测力组件传递到推力传感器上。

推力测量主要过程如下。

(1)传感器选择

固体火箭发动机试验中,推力测量一般选用电阻应变式力传感器。选择传感器的原则如下:

1)按照测量不确定度要求选择传感器的精度等级,目前大多采用 0.02～0.05 级的高精度力传感器;

2)大推力发动机试验测量中采用抗侧向载荷性能优良的剪应力式传感器,小推力发动机试验测量采用正应力式传感器;

3)选择具有温度补偿的传感器;

4)选择具有良好稳定性的传感器;

5)选择具有多路输出的传感器,并要求各路对侧向力的敏感度尽量一致。

(2)传感器校准

推力传感器在出厂时都要经过校准,以确定传感器的精度等级和主要技术指标。对于出厂时间长或使用一定次数的传感器来说,其精度和某些技术指标可能已经发生了变化,另外对发动机试验来说,一般要求测力系统精度较高,因此使用前要重新对传感器进行校准。

推力传感器的静态校准是在静态校准条件下(温度(20±5)℃,相对湿度不大于 80%,大气压强(10±1.05) kPa,且无振动冲击的环境),采用一定的标准力源(其精度需为被校准传感器的 3～5 倍以上),对传感器重复(不少于 3 次)进行全量程逐级加载和卸载的测试过程。校准系统框图如图 6-1 所示。

图 6-1　推力传感器静态校准系统框图

校准时由标准力源给出的力作用到待校准的传感器上,传感器输出的变化量由高精度数字电压表(或计算机)直接读出。然后计算出传感器静态精度等指标。

(3)系统校准

推力测量系统组成框图如图 6-2 所示。

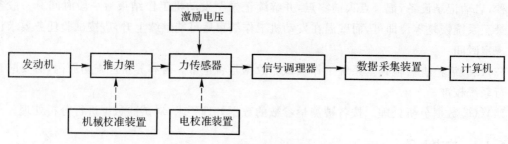

图 6-2　推力测量系统组成框图

测量系统所记录的结果是离散的数字量或连续变化的曲线,为了求得这些数字量或曲线上的点所代表的被测量物理量的值,就需要在试验现场对测量系统进行校准。校准是在尽可能与试验条件相同的情况下,利用一定的设备,对测量系统施加一系列标准量,记录系统的输出,然后根据记录结果,计算得出系统的输出与输入的对应关系,作为处理试验数据的依据。同时,还可以计算各项静态精度指标,以判断校准是否正常,系统性能是否满足试验要求。

按照所用标准量,可将校准分为机械校准和电校准。

1)机械校准。机械校准是直接对传感器施加标准力来实现对整个测量系统的校准。系统校准也可以同传感器校准一样,由二等标准测力机提供标准力。但由于试验现场条件很难满足标准测力机的要求,因此现场校准通常采用专门设计的加力装置作为力源。加力装置有机械加载和液压加载两类。

推力测量中,不仅电测系统影响测量结果,而且传感器、发动机、试车架的安装以及它们之间的相互作用,也会影响测量精度,为了消除安装的影响及试验与校准环境差异等因素带来的误差,高精度测量中采用了"原位校准"方法。原位校准是对处于待试状态的包括发动机、推力架、传感器及信号调节与采集设备在内的整个推力测量系统进行校准。校准完成后,卸下标准传感器,脱开加力装置,即可进行点火试验。

2)校准。电校准是用电量模拟传感器的输出来对测量系统的电特性进行校准。方法简单,操作方便。采用应变式传感器的测量系统有两种电校准方法:电压替代法和并联电阻法。电校准的缺点是不能对传感器的机械量转换为电量的特性和推力架的传力特性进行校准。

推力测量系统校准时,常常用机械校准。其校准时使用专用测量软件中的校准功能进行校准。校准时先设置参数、增益(放大倍数)、量程等,一般把量程分为 6~7 个校准台阶,进行 3 个循环的校准。其性能指标有非线性 L、迟滞 H、重复性 R、校准精度 A 及推力系数和截距 a。

(4)传感器安装

传感器安装时,必须使其轴线与试验架轴线、发动机轴线一致,传感器与测力装置之间不能存在间隙,一般多采用砝码连接或加预紧力装置来消除安装间隙。

(5)数据记录与处理

将各传感器连接到测量仪器的对应通道,检查系统零位、干扰等,与校准时相比无明显变化,启动记录设备,按试验任务要求记录至规定时间。试验后按照数据处理要求对所采集的数据进行相应的计算。

6.3.2　压强测量

通过压强-时间曲线可以看出压强随时间的变化关系,知道发动机的设计是否合理,装药能否正常燃烧,药柱是否符合要求等。由压强-时间数据还可以间接计算出发动机的推力、药柱的燃烧速度和发动机的流量系数等。

压强测量主要过程如下。

(1)传感器选择

固体火箭发动机试验中,压强测量普遍采用电阻应变式和压阻式压强传感器。一般选用结构简单、输出灵敏度较高的高精度传感器。

(2)传感器校准

压强传感器静态校准一般用二等标准活塞压力计作为标准压力源。压强传感器校准与推力传感器校准所用仪器和校准过程相似。

(3)系统校准

压强测量系统组成框图如图 6-3 所示。

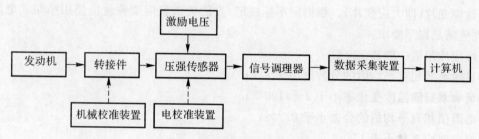

图 6-3　压强测量系统组成框图

测量系统在试验现场一般使用机械校准,也可用电校准。压力测量系统电校准方法与推力测量系统相同。机械校准采用二等标准活塞式压力计作为压力源。传感器连同安装转接件一起装在压力计上,测量系统按照试验状态连接和调节,压力计产生的标准压力施加于传感器,对整个测量系统进行校准,此法可以得到较高的测量精度。使用专用测试软件 ACQ_CAL_1413CV10.EXE 中的校准功能进行校准。校准时一般把量程分为 6~7 个校准台阶,进行 3 个循环的校准。其性能指标有非线性 L、迟滞 H、重复性 R、校准精度 A 及压强系数和截距 a,其中压强校准精度应优于 0.3%FS(FS 为满量程的英文缩写)。

(4)传感器安装

1)传感器在使用时(包括校准)应预先加转接头,使用过程中传感器的装、卸均应通过转接头进行。

2)清理并检查发动机测压孔及其测压组件的密封面,密封面上不允许有明显划痕。

3)测压孔及测压组件各密封面之间均需加装密封垫圈。重新装配时,垫圈也需同时更换。

4)传感器安装力矩必须符合规定。力矩过小会因密封不良引起泄漏。不适合的力矩(过大或过小)还会影响传感器的灵敏度等性能指标。

5)传感器安装好后,进行系统检查,并尽可能通过对发动机的充气检漏,检查传感器安装后的密封情况。

(5)数据记录与处理

同 6.3.1 小节推力测量相关内容。

6.3.3　应变测量

发动机试验中应变的测量是通过应变计算应力,以分析发动机壳体和喷管组件等的应力分布情况,确定其结构强度,为验证和改进设计提供依据。应变测量使用电阻应变计作为变换元件。

应变测量主要过程如下。

1. 传感器选择

应变片的结构形式和性能根据选用材料和制作工艺的不同而有较大差异,其量程有应变量为几千 $\mu\varepsilon$ 的,也有高达数万 $\mu\varepsilon$ 的,甚至更高的应变片。从测量温度的范围区分有高温应变片(温度达 800℃以上),也有中、低温应变片(−200~400℃)。发动机壳体采用材料不同,它工作时的应力变化范围有极大的差异,同时发动机工作时测点位置不同,它的工作温度也有极大差异。因此,要根据试验任务书提供的测点位置温度和应变量范围选用合适的应变片。对于非金属的应变测量一般选用纸基丝式应变片,对于金属材料、纤维复合材料,选用纸浸胶基丝式塑性应变片(即大应变片)。根据国军标规定,发动机试验应变测量应使用粘贴式电阻应变片,并应满足以下要求:

1)应变片阻值一般选 120 Ω;

2)灵敏系数相对平均值的分散度小于 2%;

3)灵敏系数随温度变化率小于 2%/100℃;

4)电阻值相对平均值的公差小于 0.2%;

5)横向效应系数小于 1%;

6)应变片的引出线在 DC100V 电压下,与其基体间的绝缘电阻应大于 100 MΩ。

2. 传感器校准

应变片的性能参数中,最重要的是灵敏系数 K。为了测定应变片的灵敏系数 K,要对应变片进行抽样测定,以确定应变片的灵敏系数的平均名义值和偏差范围。K 值的校验装置是一种能产生已知应变 ε 的装置。K 值的计算公式为

$$K=(\Delta R/R)/\varepsilon \tag{6-1}$$

应变片的电阻变化率 $\Delta R/R$ 用电桥电路测出。

3. 系统校准

应变测量系统组成框图如图 6-4 所示。

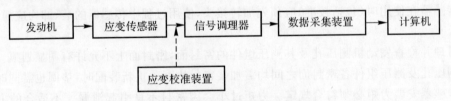

图 6-4　应变测量系统组成框图

应变传感器粘贴到发动机上之后,需要进行电校准。应变测量系统的电校准通常采用精密电阻模拟应变传感器的电阻变化来实现。根据电阻与应变的对应关系,采用若干性能稳定

的精密电阻组成应变校准装置(标准电阻箱),其精度可以做得很高。使用时,将其代替应变传感器接入测量系统,按照测量范围要求选择标准应变值。校准时,由零逐点加模拟应变值至最大校准值,然后退回至零,可求出系统转换系数。

4.传感器安装

(1)检查应变片

应变片外观应无锈斑、无破损或变形,电阻值、绝缘电阻符合出厂给定范围。

(2)试件表面处理

试件表面的清理对于能否保证应变片的粘贴质量起着重要的作用。首先,除去试件表面的漆层和氧化层,然后用规定粒度的纱布与粘贴轴线成 45°夹角的方向交叉打磨表面,最后用丙酮、四氯化碳和无水乙醇等溶剂擦拭被测表面。在清理干净的表面上,沿纵向和横向画出定位标志线。

(3)粘贴应变片

粘贴方法因所用黏合剂和应变片种类不同而异,无论采用何种粘贴方法,都应保证胶层薄厚均匀,无气泡,应变片无扭曲变形,定位准确,绝缘良好。

(4)粘贴层的固化

粘好的应变片应按一定的规范进行固化处理。固化的过程是溶剂挥发或单体聚合的过程。有些黏合剂需要加热固化,通常所使用的黏结剂为常温固化。

(5)粘贴质量检查

应变片粘贴在试件上之后,即对粘贴质量进行初步检查。应变片外观无破损变形,并确定应变片无短路和断路现象后方可进行固化处理。目前应变片多采用南大硅橡胶防护。

固化完之后,主要检查以下内容:

1)应变片粘贴前后电阻值之差在允许的范围内;

2)应变片引线与金属试件之间的绝缘电阻大于 $100~M\Omega$;

3)胶层中不能有影响测量性能的气泡。

(6)应变片的连线、防护

为保证应变片长期工作的稳定性,应采取防潮湿、防水溅等措施。最好采用中间连线将应变片引线引出。

5.数据记录与处理

应变测试系统校准完成后,拆卸下标准电阻箱,将发动机上粘贴的应变传感器与测量仪器对应采集通道进行连接,接线完成后,应检查量程、增益、采样率等参数的设置情况及各路应变的零点情况。与校准时相比无明显变化,启动记录设备,按试验任务要求记录至规定时间。试验后按照数据处理要求对所采集的数据进行相应的计算。

6.3.4　温度测量

温度是一个重要的基本物理量,在火箭发动机试验中,需要测量试验现场的环境温度;发动机工作过程的壁温及其分布;在某些试验中要求测量温度场的分布,推进剂燃烧表面温度和燃气温度等。

温度测量系统组成框图如图 6-5 所示。

图 6-5 温度测量系统组成框图

温度测量主要过程如下。

1. 传感器选择

发动机试验中用的最多的测温元件就是热电偶,其结构简单,测温范围宽,热惯性小,精度和稳定性也较高,经济实用。

测量 300℃以下温度时,选用铜-康铜热电偶;测量 0～1 300℃温度时,选用镍铬-镍硅热电偶。

2. 热电偶的制作

发动机试验测温用的热电偶有它特殊的使用方法,而且往往是一次使用就被烧坏。这样就需要自行制作热电偶,制作的关键问题就是焊接热电偶的热接点。从原理上说,只要两热电极端点紧密结合就可作为热电偶的工作端,如将两根热电偶拧在一起即可。但从工作可靠、内阻稳定等要求出发,工作端通常应焊接在一起。

焊接质量将影响热电偶测温的准确性、可靠性及响应速度。因此一般要求工作端焊接牢固、可靠、表面圆滑、无夹渣、无裂纹、尺寸小等。

3. 热电偶的校准

对于新制作的热电偶,必须通过校准来确定其热电特性和精度。一般将新制作的热电偶送往计量单位在实验室进行校准。校准通常称为分度。常用的校准方法有固定点校准和比较法校准。固定点校准是在纯物质的熔点、沸点等固定温度点上进行的,校准精度高,对于大多数应用来说,采用比较法校准可以得到足够的精度。比较法是将被校热电偶和标准温度计一起放入加热设备中,使他们感受相同温度,用高精度测量仪表测出被校热电偶的电势值,与标准温度计的输出相比较,给出被校热电偶的热电势与温度的关系以及分度误差。此法简便、经济。

4. 温度测量系统的查线

温度测量系统校准可以采用温度量校准或电校准。但是在试验现场对热电偶加恒定热进行校准很难实现;电校准又不能对热电偶的热电特性进行校准。由于目前使用的测量系统输入阻抗比信号源阻抗(热电偶电阻)高几个数量级,可以认为热电势全部加在测量仪器输入端,而热电偶内阻和传输导线电阻对测量电压值的影响可忽略不计,因此通常的做法是事先在实验室对热电偶进行校准或校验,试验前只对测量系统进行查线,不进行系统校准,而直接用热电偶的分度值处理试验数据即可。测量系统查线时,先将传感器、线缆、测量设备连接好,用热源给传感器瞬间加热,经测量系统对信号放大,观测到测量输出电压有微弱变化,无干扰信号,即说明系统连接正常,可用于试验。

5. 热电偶的安装

(1)机械固定法

机械固定法即用专用的夹具把热电偶的热端压紧在被测位置上。使用这种方法时,要求夹具对被测处温度场的扰动尽可能小,热电偶的热端与被测点接触要十分可靠。

(2)胶黏法

将热电偶的热端首先焊接在小块薄铜片上,然后将小铜片胶黏在发动机壁面上,或直接将热电偶热端胶黏在发动机测温位置上。常用的胶黏剂有914,502或其他环氧树脂胶等常温固化胶。使用这种方法时要求胶液有较好的流动性，并尽量减小胶膜的厚度以减小胶膜的导热损失，为此在胶液固化前必须挤出多余胶液。

（3）注意事项

热电偶在发动机上安装时应注意以下事项：

1）热电极的测量端与被测表面直接接触后，应沿着被测表面等温度线敷设一段距离，该距离一般为热电极直径的50倍，然后把导线引离被测表面。

2）传感器的引线、补偿导线、连接导线必须有"正""负"极性标志；

3）当进行高空模拟试验时，在真空舱内的导线需要用密封接插件连接；

4）对传感器、电缆及接插件必须采用防护措施。目前，热电偶采用的安装方法多用黏接法和机械固定法，并采用南大硅橡胶防护。其中，黏接法所用黏结剂为高温胶带；机械固定法所用导热介质为云母片。

6.数据记录与处理

试验前将传感器粘贴在发动机指定位置上，将参考端置于恒温环境下（因一般试验时间都很短，能够满足短时间内的相对恒温），检查系统设置：量程、增益（一般为256倍）、采样率等，一切正常可进行记录。启动记录设备，按试验任务要求记录至规定时间。试验后按照数据处理要求对所采集的数据进行相应计算。

6.3.5　位移测量

线位移测量是发动机壳体结构、强度设计的主要参考依据。线位移是物体对于某参考坐标系中一点的距离的变化量，它是描述物体空间位置变化的物理量。发动机试验中测量的线位移是结构沿着某一直线移动的距离，又称为长度测量。发动机试验常用的位移传感器为电阻应变式传感器。

位移测量系统组成框图如图6-6所示。

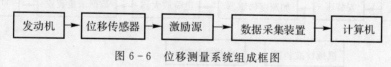

图6-6　位移测量系统组成框图

位移测量主要过程如下。

（1）传感器选择

固体火箭发动机试验中，位移的测量多采用电阻式位移传感器和拉线式位移传感器。

1）按照试验任务书要求选择传感器，要求铭牌清晰，螺纹无损伤且在检定周期内。

2）传感器应工作在其满量程的60%～90%范围内。

3）位移传感器的校准值由游标卡尺及量块给出。

4）多路测量时，应尽量选择性能指标相近的传感器。

5）卡尺或量块的误差应是传感器基本误差的1/3～1/5。

6）校准时校准架活动板与固定板基准之间的平行度应小于0.02 mm。

（2）系统校准

1）系统校准时，应给传感器加电（外接激励），一般为10 V直流电压。调整校准装置，按照任务书给定的位移值从零加到最大,从最大回零。此过程进行三次,记录传感器的零点输出。

2)从零至最大逐级加压,然后逐级回零,每级待稳定后记录传感器输出值,此过程进行三次,最后计算出位移系数。

校准进程中不能出现回程,回程中不能出现进程。

(3)传感器安装

1)按照测点要求选择位移工装。

2)安装后传感器动杆轴线和被测平面法线之间的夹角小于5°。

3)安装后传感器动杆在活动中要灵活,不能有卡杆现象。

4)传感器安装时,系统零点不能放在传感器量程的起点或终点,传感器应有一初始位移值作为测量系统零点。

(4)数据记录与处理

位移数据采集和推、压力数据采集一样,目前使用的是专用数据采集软件。试验前检查测量系统设置:量程、增益、采样率、激励电压等参数,与校准时相比无明显变化,启动记录设备,按试验任务要求记录至规定时间。试验后按照数据处理要求对所采集的数据进行相应的计算。

6.3.6 振动测量

发动机点火和关机时的冲击及整个工作过程中的不稳定燃烧,甚至正常工作状态,都会激起发动机振动。振动严重时,可能使发动机和试验设备结构强度下降、推进剂产生裂纹、弹上仪器设备失灵等。这不仅直接影响发动机的工作性能,甚至可能导致发动机试验和导弹飞行的失败。因此,振动测量具有重要意义。振动信号的变化速率和变化幅度往往分布在很宽的范围内,因此振动测量系统应满足被测对象频宽、振型和振级要求。发动机试验中的振动测量大多是加速度测量。

振动测量系统组成框图如图6-7所示。

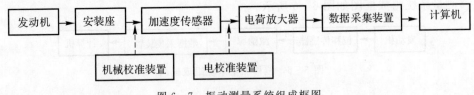

图6-7 振动测量系统组成框图

振动测量主要过程如下。

1. 传感器选择

选择振动传感器应注意以下几点:

1)要求高频响应好时,选用安装谐振频率为被测上限4倍以上的传感器;对于低频振动测量,选用低频特性好的传感器;对于冲击测量,应使用测冲击传感器;

2)精度满足测量要求;

3)在满足精度要求条件下,尽可能选用灵敏度高的传感器;

4)传感器本身质量对被测结果振动状态的影响尽量小;

5)传感器的结构和尺寸应便于安装;

6)采用三轴输出传感器;

7)环境特性满足使用要求。

2.传感器校准

测振传感器校准的主要项目是灵敏度、频率响应和线性度,有时也需要对横向灵敏度、温度响应、环境灵敏度等进行校准,以确定传感器的使用频率范围、工作幅值范围等。

下面就主要的校准内容进行介绍。

(1)灵敏度校准

传感器灵敏度的校准大多数是在振动台上进行的,而且是在单频(如 1 000 Hz)下校准。加速度计电压灵敏度:

$$S_a = U/a \tag{6-2}$$

式中　U——输出电压(V);

　　　a——输入加速度量(m·s^{-2})。

(2)频率响应校准

频率响应校准的主要目的是确定传感器所能使用的频率范围,如正常的压电式加速度计在低于其谐振频率 1/5 的频段内,灵敏度偏差一般在 ±10% 以内。另外,可以检查传感器有无异常的频响。

频率响应校准包括幅频特性校准和相频特性校准,通常应用较多的是幅频特性校准。幅频特性可反映传感器灵敏度随频率的变化情况。校准时,是在输入振动信号振幅固定的情况下改变频率,测出传感器的输出幅度变化,然后用此输出值除以标准的输入量,即得到不同频率时的灵敏度。用正弦波进行频率特性的校准时,在规定频率范围内至少应选取 7 个以上频率点。也可进行频率扫描,检查传感器在工作频段内有无局部谐振。计算频响偏差有两种方法:一种方法是在响应的平坦频段上选一频率,以此频率的灵敏度作为基准,计算其余各点与此点灵敏度的相对偏差;另一种方法是将响应的平坦频段上诸点的灵敏度取平均值为基础,计算各点的灵敏度与它的偏差。

相频特性表示测振传感器在不同频率时的输入信号与输出信号之间的相位差。对于压电加速度计来说,其阻尼很小,一般无须进行相频校准。传感器和滤波器一起使用时,则相位将随频率而变化,需要进行相频校准。

(3)线性度校准

线性度是反映测振传感器的灵敏度随输入振动幅值大小变化的情况,线性度可以确定传感器的工作范围(量程)和不同幅值的误差。

(4)谐振频率(固有频率)的校准

对于压电式加速度计来说,谐振频率的校准是其校准的主要项目之一,也是评价加速度计基本工作特性及工作状态的一种最好方法。用谐振频率可以准确地确定加速度计是否按单自由度系统工作,并通过谐振频率可以检测加速度计内部是否损坏。因单自由度系统仅有一个谐振峰(即只有一个固有频率),若出现多个谐振峰则说明其设计或工艺不太合理。

谐振频率的校准分两种情况进行:第一种情况是加速计谐振频率不超过 50 kHz 时,用高频振动台作正弦激振,一般要求振动台弹性体的谐振频率要高于加速计的谐振频率。而振动台运动部分的质量至少比加速度计的质量大十倍。可用比较法来确定谐振频率:一个办法是与谐振频率高于 50 kHz 的标准加速度计进行比较;另一个办法是与振动台的输入作比较,最大灵敏度所在的频率即为谐振频率。第二种情况是当加速度计谐振频率超过 50 kHz 时,采用冲击激振法进行谐振频率的校准。即将加速度计安装在钢砧上,冲击钢砧,使含丰富谐波的冲击加速度计谐振。在记录示波器上得到的输出波形,由外力冲击波和加速计谐振波叠加而成。根据示波器扫描速度,可确定被激发加速度计的谐振周期 T_n,然后计算出谐振频率。

3. 系统校准

振动测量系统在试验现场一般只进行灵敏度校准,而不进行频率特性校准。校准可用机械校准或电校准方法。

机械校准是用机械校准装置,如振动台、校准激励器等,对加速度计施加某一频率的已知加速度值来确定测量系统输出与输入的对应关系。

电校准有两种方法。一种是将加速度计从测量系统中断开,由专门的校准装置产生一定频率的正弦信号,加到放大器的输入端来进行校准。校准装置输出信号幅值按加速度计的灵敏度和校准加速度值来设定。另一种电校准方法是用信号发生器输出某一频率的正弦信号,直接加到测量仪器的输入端来完成校准的。信号的幅度根据所需校准的加速度值,按照加速度计的灵敏度和放大器的增益来调节。校准信号的频率按被测量振动信号的主要频率分量确定,一般选为 1 kHz。

4. 传盛器安装

(1)双头螺栓安装

将螺栓旋入固定孔内,然后将加速度计旋至螺栓上。当加速度计和振动体之间需要电绝缘时,可使用绝缘螺栓和薄云母垫片。若安装面不十分光滑,在用螺栓拧紧加速度计之前,最好在表面涂一薄层硅润滑油脂。

(2)磁铁安装

用永久磁铁吸引加速度计进行安装固定。

(3)粘贴法

使用黏合剂(一般多采用502胶和环氧树脂黏合剂)直接将传感器黏结在被测结构上。

(4)加转接块安装

对有些测点,因安装条件的需要,传感器与试件间用一转接块连接,转接块根据测点振动频率范围可选取胶木块或金属块(一般为铝块)。转接块与试件的连接可用胶粘,也可用螺栓连接。传感器与转接块的连接一般用螺栓连接,传感器与金属块连接时,应在传感器与其对接面涂一层凡士林或硅滑油脂,以增加绝缘性能。

5. 数据记录与处理

振动数据采集目前使用的是专用数据采集软件。试验前检查测量系统设置:量程、增益、采样率等参数,与校准时相比无明显变化,启动记录设备,按试验任务要求记录至规定时间。试验后按照数据处理要求对所采集的数据进行相应的计算。

6.3.7 红外测量

固体火箭发动机静止试验红外测量应用于发动机壳体、喷管等部件及尾焰的温度测量。

红外热成像测温的依据是斯蒂芬-波尔兹曼定律:当物体的温度超过绝对零度时,就会向外以红外线的形式辐射热能量,辐射能量的大小通常用辐出度来描述,即辐射源单位面积向半球空间所发射的功率。因此,可以通过测量物体的红外辐射功率来确定物体温度:

$$M = \varepsilon \sigma T^4 \tag{6-3}$$

式中　M—— 物体的辐出度$(\mathrm{W} \cdot \mathrm{m}^{-2})$；

ε—— 物体的发射率；

σ—— 斯蒂芬-波尔兹曼常数 $5.670 \times 10^{-8}(\mathrm{W} \cdot \mathrm{m}^{-2} \cdot \mathrm{K}^{-4})$；

T—— 物体的温度(K)。

红外热像测量通过探测物体的热辐射来测量物体表面的温度。固体火箭发动机点火过程中喷管、壳体以及喷出的高温燃气，都会产生较强的热辐射，红外探测器将探测到的这些辐射能量精确量化并转换为电信号，再通过图像处理技术转换为可见光图像，从而获得与物体表面的热分布场相对应红外热图像。对红外图像的进一步分析处理，可以获取被测物体的温度特征信息以及物体的工作状态信息。

红外热像测量系统结构示意图如图 6-8 所示。

图 6-8　红外热像测量系统结构示意图

由于发动机试验时现场强烈的振动、冲击和噪声等实际因素，为保证人员安全以及数据完整，试验台前端的测试设备和后台的记录机之间一般采用光缆传输模式。

固体火箭发动机试验中，红外测试分试前准备、正式试验、试后处理三个阶段进行，图 6-9 所示是红外测试流程图。

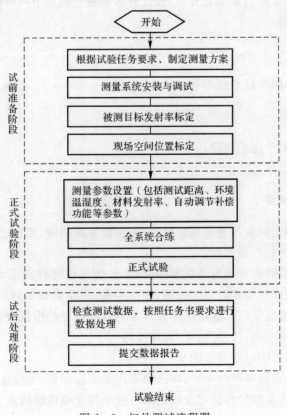

图 6-9　红外测试流程图

1. 试验准备

试验前，首先根据试验任务书要求，明确测试任务，制定测量方案，包括根据被测对象选择红外测量波段；确定机位、观测角度、镜头；预估被测目标的工作状态，确定采集频率；确定被测对象发射率标定方法和现场空间位置标定方法；明确数据处理要求等。

2. 测量方法

被测目标发射率标定一般采用经验值或现场测量的方法获得。

(1) 经验法

经验法是指查手册，找出相应材料发射率。

(2) 测量法

1) 利用热电偶等测温计测出测量对象的温度，在红外图像上标记同一位置点，调整发射率数值，直至热像仪显示数值与测温计测得的数值相等。

2) 利用已知发射率（一般要求发射率在 0.9 以上）的材料，置于被测对象同一温度环境中，调整被测对象的发射率数值，直至其显示数值与已知发射率材料测得的数值相等。

具体的标定方式可根据现场情况及仪器设备条件在上述发射率标定方式中选择。

3. 现场空间位置标定

将视场空间内相关点在计算机红外图像中进行标识。标定结果以能满足设计单位对发动机壳体、喷管等部件温度以及尾焰长度、轮廓尺寸等的测试要求为目标。标定完成后，应保证红外热像仪的位置、方向与测量视场固定，与被测对象之间空间位置不再发生任何变化。

4. 数据报告

根据试验任务书要求进行数据处理，一般红外数据报告包含下列内容：

1) 发动机型号、密级；

2) 试验日期；

3) 环境温/湿度；

4) 空间位置标定热图及试验说明；

5) 温度范围；

6) 温度点值；

7) 等温线轮廓图（对于尾焰测量）；

8) 视频文档（如有要求）。

6.3.8　高速摄像测量

固体火箭发动机静止试验高速摄像测量，应用于特定时间段、特定过程中固体火箭发动机相关部件/位瞬态动特性的拍摄测量。

在发动机试验中，当需要观察发动机某一部件/位的变化过程或运动轨迹时，使用高速摄像机在一定的时间内完成对高速目标的快速、多次采样，再以常规的速度播放时，所记录目标的变化过程就清晰、缓慢地呈现。运用图像分析工具对所记录的图像进行分析计算，就可以获得目标的运动参数（包括时间、位移、速度、加速度等）。

高速摄像测量系统结构示意图如图 6-10 所示。

由于发动机试验时现场强烈的振动、冲击和噪声等实际因素，为保证人员安全以及数据完整，试验台前端的测试设备和后台的记录机之间一般采用光缆传输模式。

固体火箭发动机试验中,高速摄像测试分试前准备、正式试验、试后处理三个阶段进行,图6-11 所示是高速摄像测试流程图。

图 6-10　高速摄像测量系统结构示意图

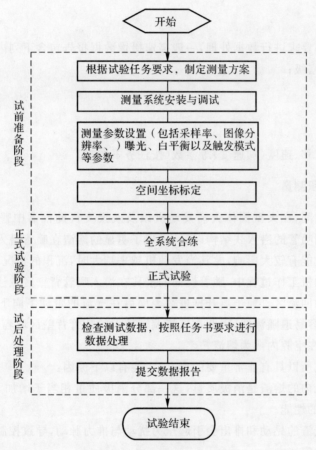

图 6-11　高速摄像测试流程图

(1)试验准备

试验前,首先根据试验任务书要求,明确测试任务,制定测量方案,包括:确定机位、观测角度、镜头;预估被测目标的工作状态,确定采集频率和图像分辨率;确定标识和现场空间坐标标定方法;明确数据处理要求等。

(2)现场空间坐标标定

对发动机进行动特性分析,可利用标杆进行空间尺寸(视场/计算机图像中的横向与纵向)的标定,并用标识贴在被测对象上做出标记,便于跟踪识别,务必在计算机图像中能够清晰地辨识标杆及标识。现场标定完成后,应保证高速摄像机与被测对象之间空间位置不再发生任何变化。

标识贴,通常采用两种,标识图如图 6-12 所示,测量条件不同,选取不同的种类和大小。

图 6-12 高速摄像标识图

(3)数据报告

根据试验任务书要求进行数据处理,一般高速摄像数据报告包含下列内容:

1)发动机型号、密级;

2)试验日期;

3)试验说明;

4)视频文档;

5)运动部件的位移、速度(加速度)等参数(按任务书要求)。

6.3.9 熔渣沉积测量

为了有效利用空间,在大型固体火箭发动机以及航天飞机助推器中普遍采用潜入喷管。固体火箭发动机采用喷管的潜入式结构以后,出现了明显的熔渣在喷管潜入区沉积的情况,熔渣沉积对于发动机性能有较大影响,尤其当发动机越来越大时,沉积的情况和其造成的影响也越来越剧烈。在发动机工作过程中,随着燃面的推移在潜入喷管背壁区域逐渐形成一个空腔,该空腔内存在复杂的回流区。粒子离开推进剂表面后在气流的带动下向下游运动,由于粒子具有较大的惯性,不容易追随流线,因此在气流偏转较大的喷管背壁区域容易同气流分离而进入回流区,继而沉积在空腔内成为熔渣。

粒子沉积测量之所以具有非常重要的意义,主要有以下原因:

1)残留在发动机内的熔渣是消极质量,这一部分消极质量相当于增加了发动机的结构质量,严重降低发动机的性能;

2)熔化的液态残渣的晃动和排出会引起压力扰动与推力脉动,导致控制上的问题,甚至可能引起发动机的不稳定;

3)为了准确计算飞行过程中发动机的质心,为整弹的飞行仿真提供可信的模拟数据,必须知道残渣沉积随时间的变化规律;

4)残渣形成的"熔池"给发动机后封头绝热层的热防护以及推力向量控制带来新问题,因此,探索熔渣沉积的机理以及熔渣沉积与排出的动态平衡过程,对于隔热设计、改善燃烧稳定性、减少熔渣沉积、提高发动机整体性能都是十分关键的。

粒子沉积实验研究主要集中在 3 个方面:

1)粒子尺寸分布规律及其对熔渣沉积的影响;

2)粒子加注边界条件;

3)熔渣沉积与溢出的动态过程。

目前国内外普遍采用 X 射线高速 RTR（Real-Time Radioscopic，实时荧屏分析）系统、冷流风洞和激光全息技术对发动机的粒子沉积过程进行观察，获得实验条件下的潜入喷管背壁区熔渣生成沉积数据和图像，进而分析探讨喷管潜入深度、喷管喉部面积对背壁熔渣生成和溢流过程的影响。

6.3.10　动态燃速测量

推进剂燃烧速度是固体推进剂重要的性能参数，它对药柱的燃气生成量、火箭发动机产生的推力以及为了达到预定生成量和推力应有的燃面面积等参数起着决定性的作用。为了全面了解和准确控制燃烧，需要获得实时的动态燃速数据。

目前国内对固体火箭发动机推进剂燃速测量的研究水平还相当低，主要采用水下声发射法和密闭燃烧器法测量，精度较低，而美俄则已经趋向采用非接触式测量推进剂燃速。

非接触式测量推进剂燃速主要有 X 射线方法和超声波测量方法，两种方法各有利弊。X射线方法适合于二维装药的测量，可以得到二维面的整体退移情况，但是对于三维情况、实际发动机等则无能为力，且设备移动不方便；而超声波测量比较灵活，可以进行三维装药的点测量，并且携带方便，但是需要考虑发动机工作环境等因素。

国外已经把采用超声波进行燃速测量这项技术应用到了超声波测燃速的试验发动机、侵蚀燃烧研究以及测试浇注前的推进剂药浆的燃速等方面，而国内则刚刚起步。

超声波动态燃速测试方法是基于超声波脉冲回波法测量厚度的基本原理。测量时，超声波换能器向一端燃烧的复合含能材料测试样品中发射超声波脉冲，当超声波遇到测试样品燃烧截面时，因声阻突变，将返回一个回波脉冲。通过记录超声波在耦合介质和复合含能材料测试样品中的渡越时间（即发射和接收的时间差），如果超声波在两种介质中的声速已知，便可计算出尚未燃烧的测试样品的厚度（长度）。超声波换能器周期性地发射超声波脉冲，便可获取复合含能材料测试样品厚度随时间变化的序列，对该序列求差分即可得到测试样品的动态燃速。

超声波实时燃速测量系统组成框图如图 6-13 所示，包括发动机（含推进剂试样）、耦合材料、探头、信号线、超声波发射与接收装置、数据采集设备和计算机等。

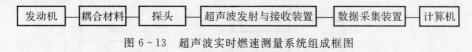

图 6-13　超声波实时燃速测量系统组成框图

通过相关软件可达到调节参数、显示传感器接收到的波谱、测量材料声速和试件厚度随时间的变化和实时测量燃速的功能。

6.4　测试系统简介

固体火箭发动机试验测试系统经历了由模拟采集系统转向数字采集系统发展阶段。所使用过的测试仪器有模拟示波器、磁带机、数字化仪、HP1000 采集系统、HP3852 采集系统、NEFF620 采集系统、NEFF490 采集系统、NI 采集系统、VXI1413C 采集系统、VXI1432A 采集系统和 PXI 采集系统。测量的参数包括推力、压强、应变、温度、振动、位移和伺服系统参数等。

6.4.1　测控系统主要功能

测控系统的主要功能如下。

1)实时测量:对需测量的数据进行实时采集和记录;

2)实时监视:监视试验过程,实时给出监视数据,进行比较判断,发出报警信息,并能通过显示器实时观察试验过程;

3)实时控制:按照预定条件,自动控制相应器件;

4)自动调整:计算机按照试验的实际情况进行分析判断后,自动对仪器进行调整,使其处于最佳工作状态;

5)自动校准:根据内部或外部基准,定期对仪器设备进行校准,并将校准所得的系统误差保存起来,用以对测量结果进行修正;

6)自动分析处理数据:数据处理的内容是很丰富的,包括一般的算术运算、多次测量数据的分析处理(如求测量值的平均值、最大值、方差、标准偏差等)、随机数据的统计分析处理、坐标转换、零点修正、非线性补偿等;

7)自动诊断故障:可以模拟和控制电路的故障检查及诊断,能在遇到故障后自动显示故障部位,可大大缩短排除故障的时间。

6.4.2　测控系统组成

1.测控系统组成

以计算机为中心的测控系统基本组成如图 6-14 所示。

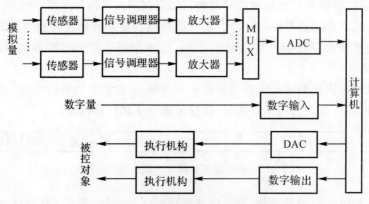

图 6-14　计算机测控系统组成框图

系统工作过程大致如下:传感器将被测的各种物理量(如推力、压强、温度等)变换为相应电量。经过高速数据采集系统装置中的放大器将传感器输出的低电平信号加以放大,再由模数转换器转变为数字信号后输入计算机。同时,受试对象的状态信息(如信号的高低、电路的通断等)经过数字输入功能模块送入计算机。计算机对所测得的数据按预定的程序进行分析处理,根据运算结果,按要求发出控制指令,由数模转换器变换为相应的模拟量,推动执行机构,改变被控对象的参数或状态,实现对它的控制。这一测量和控制过程连续不断地进行,直到达到预定要求为止。对一些不需要连续控制的试验过程(如接通或断开一个电路),可通过数字输出来实现控制。有些控制是定时的,不需对受试对象的状态或参数进行计算和判断,而是当程序运行到一定时间时,发出控制指令。进入计算机的测量数据,经计算处理所得结果可由打印机给出数据表或曲线。

2.测量系统组成

以计算机配多通道数据采集装置,选择与被测参数相适应的传感器及信号调节设备,组成发动机试验计算机测量系统,可完成多种参数的测量及数据处理。系统组成如图 6-15 所示。

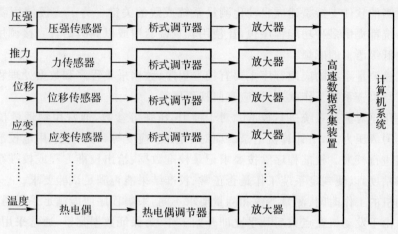

图 6-15　发动机试验计算机测量系统框图

配置计算机测量系统时,主要考虑以下几方面。

(1)信号种类与通道数

首先列出所需测量的参数及各需多少通道,然后选择相应的传感器。按照所用传感器的类型,选配适当的信号调节器。例如:对于应变式传感器,需选用桥式信号调节器;对于热电偶温度传感器,选用热电偶式信号调节器。对于应变式传感器和应变计,应按照传感器所推荐的激励电压或应变计的阻值,确定信号调节器的供桥电压值。

(2)分辨率

ADC 的分辨率通常有 8 位、12 位、14 位、16 位、24 位等多种。目前测试系统使用较多的是 16 位的 ADC。

(3)输入范围

选择适当的输入范围才能达到有效的测量精度。例如,被测量信号在 0～1 V 范围变化,如果选用 0～10 V 输入范围,那么只有 1/10 的范围起作用,会使测量精度降低。解决的办法是选择较小量程的 ADC 或将被测量信号放大到适合的范围。通常的做法是按照被测量的最大值、传感器的灵敏度、供桥电压值和 ADC 量程,选择各通道放大器的增益,使进入 ADC 的信号达到合适的电平,一般为 ADC 量程的 60%～90%。

输入范围除了电压范围外,还有单极性和双极性之分。单极性只有正电压,而双极性表示正、负电压。如果被测量信号完全是正电压,那么选择单极性输入将较双极性多获得一倍的精度。

(4)采样速率

ADC 的转换速率应能满足多通道测量时各通道对采样速率的要求。发动机试验测量一般选用转换速率为 100 kHz 或更高的 ADC。

(5)单端输入与双端输入

ADC 的各通道输入信号均有正、负两极。如果各通道的负极接到同一点,则称为单端输入方式;如果各通道的正、负极均独立,则称为差分方式(双端输入)。差分方式允许各通道分别测量独立浮空信号,且此方式抗噪声干扰能力强。

(6)系统软件及应用软件

是否有适当的软件支持是建立自动化测量系统成败的关键。为了支援使用者的应用,较高级的采集系统都提供多种功能程序包,让使用者直接套用或以高级语言直接调用,以避免使用者需要接触低级语言的麻烦。

发动机试验测量系统的应用程序主要有校准程序、数据采集程序和数据处理程序。此外,为了便于调试与检查系统工作状态,还应有监视程序等。

校准程序用于对测量系统进行校准。对于推力、压强等参数,通常用物理量校准,即对传感器施加标准力或压力值,由计算机记录。而对于温度、应变等参数,一般用电校准,即利用标准电压或电阻进行校准。校准程序除按要求记录校准数据、给出校准方程或校准系数外,通常还应计算静态精度,以便判定系统工作是否正常、校准结果能否满足试验要求。

不同发动机的工作时间、测量参数和测量要求不同,采集程序应能满足采样通道数和采样速率的要求。由于发动机在点火后几乎立即开始工作,为保证数据完整,通常采用软件判别的方法,取一个数字输入通道与点火控制系统相连,由控制指令启动采集程序,使数据采集与发动机工作同步。对需变速采样、需改变 PGA 的增益或滤波器的截止频率等,在采集程序中均应予以考虑。

数据处理程序按试验数据处理规范和要求对采集的原始数据进行处理,得出测量结果,并由打印机给出数据及曲线。

6.4.3 测量系统干扰抑制

组成测量系统时,除应选用抗干扰性能好的仪器设备外,还需采取各种可能措施降低噪声源电压(或电流),并使测量系统尽可能远离噪声源。系统中出现较大干扰,大多是因为使用连接不当所致。在实际工作中,根据具体情况,可采取下述措施:

1)在电子系统内,由于共用电源和地线,电阻耦合几乎总是存在的。解决这一问题的最好方法,是对每台电子仪器或设备单独供电,当所有电路都自成闭合回路时,就不存在通路间的传导干扰。但从经济和实用来看,这是不适宜的。通常采用的方法是按设备分类组合,对每组独立供电。一般是每套测控系统单独供电。交流电源本身可能引起噪声,应使用高质量的稳压电源。

2)电源线尽量不要与信号线、控制线或灵敏的电子电路接近,更不能平行。电路之间应采用分开或屏蔽的方法,使其相互隔离。

3)电子系统不能与电源电路合用公共的返回线。

4)按照被测信号的电平和频率,选用不同类型的导线。使用绞编屏蔽电缆或同轴电缆作为低电平信号的传输线。对于高频信号必须用同轴电缆,当同轴电缆的外导体传送信号电流时,有可能将噪声引入系统,必要时可采用双层屏蔽同轴电缆。

5)同一测量系统中的各仪器的接地端相连,按正确方法接地,并避免多点接地。通常在测量仪器端接地,而不在传感器端接地。接地必须可靠,最好采用焊接。不能用铰链、滚轮等活动部件接地,这会使系统工作不稳定,又难以发现故障所在。

6)传感器内部电路与外壳之间、传输电缆各芯线之间及芯线与屏蔽之间、接插件各接点之间及接点与外壳之间,均应绝缘良好。

7)电缆与接插件的各连接处均应焊接牢固,不允许存在虚焊。虚焊常常是测量系统中出现干扰的主要原因之一,而且不易发现。

8)按被传输信号的电平和频率将电缆分组敷设,布线整齐,并尽可能固定。特别是传感器的输出线,极易受发动机工作时产生的振动和气流影响而抖动或移动,故应采取妥善措施。

9)选择合适的接插件,否则有可能降低电缆固有的屏蔽效率。保证接插件的接点配合良好,否则会引起接触电阻变化,而产生宽频带的噪声。

10)紧固各接插件,尤其是传感器电缆接头,防止发动机工作时的振动使其松动而产生噪声。

11)选用差动输入放大器或隔离放大器作为前置放大器。放大器最好放置在传感器附近,将传感器输出的低电平信号转变成高电平后再远距离传输。

12)在大的接地系统中,如果不可能满足接地阻抗要求,系统的不同部分之间将存在电位差而产生干扰。可采用变压器耦合或电子耦合电路来实现电路隔离,从而降低或消除接地噪声。

13)采用滤波器来抑制噪声,但必须注意,不能影响对信号中有用频率分量的测量。

14)对于数字测量系统,如有可能,使模拟信号地、数字信号地和电源地均相互绝缘。

15)采用数字滤波法消除测量数据中的干扰。

6.5　数 据 处 理

燃烧室压强和推力是发动机试验中测量的最主要参数。本节主要讲述发动机进行常规试验和某些特殊试验时,燃烧室稳态压强和推力数据的处理方法,并简要介绍了温度、应变、振动及伺服系统参数的数据处理方法。

6.5.1　符号定义与计算公式

常规试验压强-时间曲线、推力-时间曲线分别如图 6-16 和图 6-17 所示。

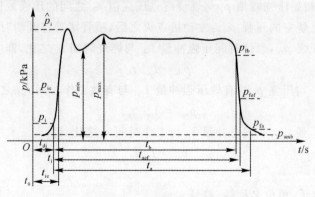

图 6-16　压强-时间曲线

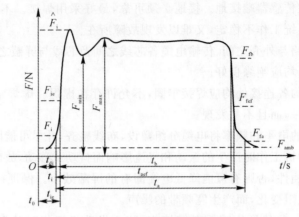

图 6-17　推力-时间曲线

在固体火箭发动机试验中,把压强-时间曲线定义为基准曲线。压强-时间曲线中的压强全部使用绝对压强,曲线中所标注的 p_{amb} 为环境压强。

(1)压强

压强用符号 p 表示,单位名称帕斯卡,符号 Pa。

燃烧室压强 p_c:固体火箭发动机工作时燃烧室燃气瞬时总压强。

初始压强 p_i:发动机点火之后,燃烧室压强上升到燃烧时间内设计平均压强 5% 时的压强值。通常规定燃烧室压强上升到 300 kPa 为初始压强。

预定初始压强 p_{ie}:发动机点火之后,燃烧室压强上升到设计预先规定的某个特定压强值。

初始压强峰值 $\hat{p}_i$:发动机点火之后,燃烧室压强-时间曲线上升段向平衡段过渡时所出现的压强峰值。

燃烧终点压强 p_{tb}:药柱肉厚燃烧终了的瞬时压强值。

有效工作终点压强 p_{tef}:发动机工作即将结束时,压强下降到设计预先规定的某个特定压强值。

工作终点压强 p_{ta}:通常规定为燃烧室压强下降到 300 kPa 为工作终点压强。

最大压强 p_{max}:在固体火箭发动机工作过程中,燃烧室压强-时间曲线上除初始压强峰和不稳定燃烧的异常压强值以外的最大压强值。

最小压强 p_{min}:初始压强峰值 $\hat{p}_i$ 与燃烧终点压强值 p_{tb} 之间的压强最低值。

堵盖打开时刻燃烧室的压强 p_{ocn}:发动机点火之后,喷管堵盖打开瞬时的燃烧室压强值。

燃烧时间平均压强 $\overline{p}_{tb}$:燃烧时间压强冲量 I_{pb} 与燃烧时间 t_b 之比,即

$$\overline{p}_{tb} = I_{pb}/t_b \tag{6-4}$$

有效工作时间平均压强 $\overline{p}_{taef}$:有效压强冲量 I_{pef} 与有效工作时间 t_{aef} 之比,即

$$\overline{p}_{taef} = I_{pef}/t_{aef} \tag{6-5}$$

工作时间平均压强 $\overline{p}_{ta}$:压强总冲量 I_p 与工作时间 t_a 之比,即

$$\overline{p}_{ta} = I_p/t_a \tag{6-6}$$

(2)时间

时间用符号 t 表示,单位名称秒,符号 s。

时间零点 t_0：固体火箭发动机点火信号或指令发出的时刻。

工作时间起点 t_i：固体火箭发动机点火后，压强上升段达到初始压强 p_i 时所对应的时间。

点火延迟时间 t_{di}：从时间零点 t_0 到初始压强 p_i 建立之间所对应的时间间隔。

预定初始时间 t_{ie}：从时间零点到预定初始压强 p_{ie} 建立之间所对应的时间间隔。

初始压强峰值时间 t_{pi}：以点火信号为时间起点，初始压强峰值出现的时刻。

初始推力峰值时间 t_{Fi}：以点火信号为时间起点，初始推力峰值出现的时刻。

最大压强值出现时刻 t_{pmax}：以点火信号为时间起点，燃烧室最大压强出现的时刻。

最小压强值出现时刻 t_{pmin}：以点火信号为时间起点，燃烧室最小压强出现的时刻。

最大推力值出现时刻 t_{Fmax}：以点火信号为时间起点，发动机最大推力出现的时刻。

最小推力值出现时刻 t_{Fmin}：以点火信号为时间起点，发动机最小推力出现的时刻。

喷管堵盖打开时间 t_{ocn}：以点火信号为时间起点，喷管堵盖打开的时刻。

燃烧时间 t_b：药柱燃烧表面开始点燃到肉厚燃烧结束的时间间隔。

有效工作时间 t_{aef}：初始压强 p_i 建立到有效工作终点压强 p_{aef} 之间所对应的时间间隔。

工作时间 t_a：从燃烧室初始压强 p_i 建立到工作终点压强 p_{fa} 之间所对应的时间间隔。

（3）推力

推力是作用在固体火箭发动机内外表面上所有力的合力。在具有推力终止机构的发动机中也叫主推力。推力用符号 F 表示，单位名称牛（顿），符号 N。

初始推力 F_i：与工作时间起点相对应的推力值。

预定初始推力 F_{ie}：与预定初始时间 t_{ie} 相对应的推力值。

初始推力峰值 $\hat{F}_i$：发动机点火之后，在推力-时间曲线上升段向平衡段过渡时所出现的推力峰值。

燃烧终点推力 F_{fb}：与燃烧终点时刻 t_{fb} 相对应的推力值。

有效工作终点推力 F_{fef}：与有效工作终点时刻 t_{aef} 相对应的推力值。

工作终点推力 F_{fa}：与工作终点时刻 t_{fa} 相对应的推力值。

最大推力 F_{max}：除初始推力峰值外，在推力-时间曲线上推力的最大值。

最小推力 F_{min}：在初始推力峰值和燃烧终点推力对应的时间间隔内所出现的最小推力值。

燃烧时间平均推力 $\overline{F}_{tb}$：燃烧时间冲量 I_b 与燃烧时间 t_b 之比，即

$$\overline{F}_{tb} = I_b/t_b \tag{6-7}$$

有效平均推力 $\overline{F}_{ef}$：有效冲量 I_{ef} 与有效工作时间 t_{aef} 之比，即

$$\overline{F}_{ef} = I_{ef}/t_{aef} \tag{6-8}$$

工作时间平均推力 $\overline{F}_{ta}$：总冲 I 与工作时间 t_a 之比，即

$$\overline{F}_{ta} = I/t_a \tag{6-9}$$

（4）推力冲量

推力冲量用符号 I 表示，单位名称牛（顿）·秒，符号 N·s

总冲 I：推力对工作时间 t_a 的积分，即

$$I = \int_{t_i}^{t_i+t_a} F \mathrm{d}t \tag{6-10}$$

有效冲量 I_{ef}：推力对有效工作时间 t_{aef} 的积分，即

$$I_{ef} = \int_{t_i}^{t_i+t_{aef}} F dt \tag{6-11}$$

燃烧时间冲量 I_b：推力对燃烧时间 t_b 的积分，即

$$I_b = \int_{t_i}^{t_i+t_b} F dt \tag{6-12}$$

（5）压强冲量

压强冲量符号为 I，单位名称帕（斯卡）·秒，符号 Pa·s。

压强冲量 I_p：燃烧室压强对工作时间 t_a 的积分，即

$$I_p = \int_{t_i}^{t_i+t_a} p_c dt \tag{6-13}$$

有效压强冲量 I_{pef}：燃烧室压强对有效工作时间 t_{aef} 的积分，即

$$I_{pef} = \int_{t_i}^{t_i+t_{aef}} p_c dt \tag{6-14}$$

燃烧时间压强冲量 I_{pb}：燃烧室压强对燃烧时间 t_b 的积分，即

$$I_{pb} = \int_{t_i}^{t_i+t_b} p_c dt \tag{6-15}$$

（6）其他

药柱肉厚 ω：保证发动机燃烧时间 t_b 的药柱初始表面沿法线方向到达其边界的距离。单位名称毫米，符号 mm。

药柱质量 m_{gr}：发动机燃烧室所装固体推进剂药柱的质量。单位名称千克，符号 kg。

药柱平均燃速 $\bar{r}$：药柱肉厚 ω 与燃烧时间 t_b 之比，即

$$\bar{r} = \omega/t_b \tag{6-16}$$

单位名称毫米／秒，符号 mm/s。

质量流量 q_m：单位时间流出喷管出口截面的燃气质量。单位名称千克／秒，符号 kg/s。

平均质量流量 $\bar{q}_m$：工作时间 t_a 内质量流量的平均值，即

$$\bar{q}_m = m_{gr}/t_a \tag{6-17}$$

比冲 I_s：单位质量推进剂产生的推力冲量，即

$$I_s = I/m_{gr} \tag{6-18}$$

单位名称牛（顿）·秒／千克，符号 N·s/kg。

特征速度 C_*：度量固体推进剂化学能大小和燃烧完全程度的一个特定参数。理论特征速度是喷管进口总压和喷管喉部截面积的乘积与质量流量之比。通过点火试验所得的特征速度为

$$C_* = \bar{A}_t \cdot I_p/m_{gr} \tag{6-19}$$

式中，$\bar{A}_t$ 为点火试验前、后喷管喉部截面积的平均值，单位名称米／秒，符号 m/s。

推力系数 C_F：表征喷管工作性能的重要参数。通过点火试验所得推力系数为发动机总冲与喷管喉部截面积平均值和压强冲量的乘积之比，即

$$C_F = \frac{I}{\bar{A}_t I_p} \tag{6-20}$$

推力系数是一个无量纲量。

6.5.2　常规试验数据处理

计算机采集的数据通常以电压值表示，进行数据处理时，先将电压数据（系统输出）转换

为被测物理量（系统输入），即根据对测量系统进行校准所得数据来确定系统输入与输出之间的特性关系，然后按照 6.5.1 节给出的定义和计算公式处理。常规数据处理方法的依据是标准 QJ1047－92 固体火箭发动机压强-时间推力-时间数据处理规范。

（1）计算瞬时值

由校准所得的特性方程

$$y = a + bx \qquad (6-21)$$

可得

$$x = \frac{y - a}{b} \qquad (6-22)$$

式中　y——计算机测得的燃烧室压强或推力数据（电压）；

　　　　x——计算出的燃烧室压强或推力值。

对每一采样点数据进行计算，即可得压强或推力的瞬时值及其对应时间。

（2）特征点时间的确定

工作时间起点 t_i 和工作时间 t_a 按 6.5.1 小节的定义确定。

燃烧时间 t_b 的确定一般采用角平分线法，即分别作压强曲线平衡段延长线和下降段延长线，过两直线交点作两直线夹角的平分线，与压强曲线交点即为终燃点，从工作时间起点至终燃点对应时刻时间间隔即为燃烧时间。

按照 6.5.1 小节的定义，分别从压强-时间、推力-时间数据中找出最大压强 p_{max} 及其对应时间 t_{pmax}、最小压强 p_{min} 及其对应时间 t_{pmin}、最大推力 F_{max} 及其对应时间 t_{Fmax} 和最小推力 F_{min} 及其对应时间 t_{Fmin}。

按式（6-4）～式（6-9）分别计算燃烧时间平均压强 $\overline{p}_{tb}$、有效工作时间平均压强 $\overline{p}_{taef}$、工作时间平均压强 $\overline{p}_{ta}$、燃烧时间平均推力 $\overline{F}_{tb}$、有效平均推力 $\overline{F}_{ef}$ 和工作时间平均推力 $\overline{F}_{ta}$。

按式（6-10）～式（6-15）分别计算总冲 I、有效冲量 I_{ef}、燃烧时间冲量 I_b、压强冲量 I_p、有效压强冲量 I_{pef} 和燃烧时间冲量 I_{pb}。

按式（6-16）～式（6-20）分别计算药柱平均燃速 $\overline{r}$、质量流量 q_m、平均质量流量 $\overline{q}_m$、比冲 I_s、特征速度 C_* 和推力系数 C_F。

（3）应变数据处理

用校准系数将试验测得数据换算为应变值，按要求的时间间隔给出应变-时间数据表，并给出各特征点值及其对应时间。

（4）温度数据处理

温度测量现一般采用热电偶测温系统，当用计算机数据采集系统测温时，可直接用热电偶的分度值处理数据。

由于热电偶的分度值是在参考端温度为 0℃ 时进行分度得出的，而试验中通常是使参考端保持在某一恒定温度。因此，在利用分度值处理数据时，需对测量数据进行修正。

一般采用近似修正法，即

$$t = t_m + t_r \qquad (6-23)$$

式中　t_m——由测量所得电势对照分度值给出的温度；

　　　　t_r——参考端温度。

（5）振动加速度数据处理

发动机工作过程中所产生的振动基本上是随机振动,并可认为是平稳的和各态历经的,且其瞬时值符合正态分布。振动测量大多是测量加速度。

1) 平均值和均方根。随机振动的幅值特性在时域内用平均值和均方根值来描述。

对于平稳随机振动,用以下公式计算:

平均值

$$\bar{x} = \frac{1}{T} \int_0^T x(t) \, dt \qquad (6-24)$$

均方根值

$$\sqrt{\overline{x^2}} = \sqrt{\frac{1}{T} \int_0^T x^2(t) \, dt} \qquad (6-25)$$

2) 频谱。频谱是各种频率分量的总体。对于随机信号波形,一般通过傅里叶变换的方法进行频谱分析。

傅里叶变换的基本公式为

$$F(\omega) = \int_{-\infty}^{+\infty} x(t) e^{-j\omega t} \, dt \qquad (6-26)$$

式中　$x(t)$——时间变量的函数;

　　$F(\omega)$——$x(t)$ 的傅里叶变换,常称为频率变量的函数。

3) 功率谱密度。功率谱密度表示每单位频率间隔上的功率,它是描述随机振动在频域上的统计性质的一种方法。它描述信号的各个频率分量所包含的功率在频域上是怎样分布的。

在指定的频率上,随机振动的功率谱密度定义为

$$w = \lim_{\substack{T \to \infty \\ \Delta f \to 0}} \frac{1}{T} \int_0^T \frac{x^2(t)}{\Delta f} \, dt \qquad (6-27)$$

式中　T——平均时间;

　　$x^2(t)$——信号在 Δf 内的瞬时值平方;

　　Δf——滤波器带宽。

采用有限时间和有限带宽时,功率谱密度为

$$w = \frac{\overline{x^2(t)}}{\Delta f} \qquad (6-28)$$

6.5.3　特殊试验数据处理

固体火箭发动机试验除常规试验外,还有推力终止试验和高空模拟试验等。这些试验的压强和推力数据处理各有其特殊要求,本小节分别予以介绍。

6.5.3.1　推力终止试验数据处理

对于推力终止试验,关机指令发出前的数据处理方法与常规试验相同,下面仅介绍关机后的数据处理。

推力终止试验压强-时间和推力-时间曲线如图 6-18 所示。推力终止前曲线上各特征点如图 6-16 和图 6-17 所示。

推力终止前各符号定义与计算公式见 6.5.1 小节,下面列出推力终止试验的特殊符号的定义与计算公式。

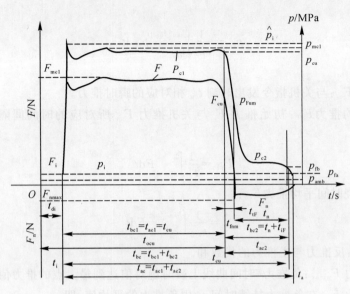

图 6-18　推力终止试验压强、推力-时间曲线

（1）时间

1）关机指令发出时刻 t_{cu}。

2）反向喷管开始工作时刻 t_{sri}：反向喷管上的堵盖被打开，火焰从反向喷管开始喷出的时刻；实际上是指粘贴在反向喷管有关部位的信号线被切断的时刻。i 是反向喷管的序号，$i=1$，$2,\cdots,n$，其中 n 为反向喷管数，通常 $n=4$。

3）反向喷管滞后时间 t_{dri}：每一个反向喷管开始工作的时刻 t_{sri} 与关机指令发出时刻 t_{cu} 之差，即

$$t_{dri} = t_{sri} - t_{cu} \tag{6-29}$$

4）反向喷管工作的不同步性 Δt_r：最后开始工作的一个反向喷管与最先开始工作的一个反向喷管开始工作时间之差，即

$$\Delta t_r = t_{srl} - t_{srf} \tag{6-30}$$

式中　t_{srl}—— 最后工作的反向喷管开始工作的时刻；

　　　t_{srf}—— 最先工作的反向喷管开始工作的时刻。

5）关机时间 t_{ocu}：从时间零点 t_0 到关机指令发出时刻 t_{cu} 之间的时间间隔。

6）推力终止时间 t_{tF}：从关机指令发出时间 t_{cu} 到主推力值下降到零所对应的时间间隔。

7）最大负推力 F_{nmax} 出现的时刻 t_{Fnm}。

8）负推力持续时间 t_n：从推力终止时刻 t_{tF} 到肉厚燃烧结束所对应的时间间隔。

（2）压强

1）关机压强 $\overline{p}_{cu}$：发动机关机瞬时的燃烧室压强。

2）关机前平均压强 $\overline{p}_{c1}$：初始压强 p_i 与关机压强 p_{cu} 所对应的时间间隔内压强的平均值，即

$$\overline{p}_{c1} = \frac{1}{t_{cu}} \int_{t_i}^{t_i+t_{cu}} p_{c1} \, dt \tag{6-31}$$

3）关机后平均压强 $\overline{p}_{c2}$：关机压强 p_{cu} 与燃烧终点压强 p_{fb} 所对应的时间间隔内压强的平均

值,即

$$\overline{p}_{c2} = \frac{1}{t_{bc2}} \int_{t_{ocu}}^{t_{ocu}+t_{bc2}} p_{c2} \, dt \tag{6-32}$$

（3）推力

1）关机推力 F_{cu}：与关机指令发出时刻 t_{cu} 相对应的瞬时推力。

2）关机前平均推力 $\overline{F}_{c1}$：初始推力 F_i 与关机推力 F_{cu} 所对应的时间间隔内推力的平均值,即

$$\overline{F}_{c1} = \frac{1}{t_{cu}} \int_{t_i}^{t_i+t_{cu}} F \, dt \tag{6-33}$$

3）关机后燃烧时间平均推力 $\overline{F}_{c2}$：

$$\overline{F}_{c2} = \frac{1}{t_{bc2}} \int_{t_{ocu}}^{t_{ocu}+t_{bc2}} F \, dt \tag{6-34}$$

4）负推力 F_n：反推力与主推力的代数和。

5）最大负推力 F_{nmax}：负推力-时间曲线上瞬时绝对值达到最大点的推力值。

6）平均负推力 $\overline{F}_n$：在负推力持续时间 t_n 内负推力的平均值,即

$$\overline{F}_n = \frac{1}{t_n} \int_{t_{ocu}+t_F}^{t_{ocu}+t_F+t_n} F_n \, dt \tag{6-35}$$

（4）推力冲量

1）关机前冲量 I_{c1}：从工作时间起点 t_i 至关机指令发出时刻 t_{cu} 时间间隔内的推力积分,即

$$I_{c1} = \int_{t_i}^{t_i+t_{cu}} F \, dt \tag{6-36}$$

2）负推力冲量 I_{Fn}：从推力下降到零的时刻至工作终点时间间隔内的推力积分,即

$$I_{Fn} = \int_{t_{ocu}+t_{tF}}^{t_{ocu}+t_{ac2}} F_n \, dt \tag{6-37}$$

（5）压强冲量

1）关机前压强冲量 I_{pc1}：从工作时间起点 t_i 至关机指令发出时刻 t_{cu} 时间间隔内的压强积分,即

$$I_{pc1} = \int_{t_i}^{t_i+t_{cu}} p_{c1} \, dt \tag{6-38}$$

2）燃烧时间压强冲量 I_{pb}：从工作时间起点 t_i 到肉厚燃烧结束时刻对应的时间间隔内的压强积分,即

$$I_{pb} = \int_{t_{ocu}}^{t_{ocu}+t_{bc2}} p_{c2} \, dt \int_{t_i}^{t_{ocu}} p_{c1} \, dt \tag{6-39}$$

3）压强冲量 I_p：从工作时间起点 t_i 到工作终点 t_{ac2} 对应的时间间隔内的压强积分,即

$$I_p = \int_{t_i}^{t_{ocu}} p_{c1} \, dt \int_{t_{ocu}}^{t_{ocu}+t_{ac2}} p_{c2} \, dt \tag{6-40}$$

4）主喷管的推力系数 C_F：主喷管的推力系数 C_F 按下式计算：

$$C_F = \frac{I}{A_t I_p} \tag{6-41}$$

6.5.3.2　高空模拟试验数据处理

高模试验除燃烧室压强和推力外,测量的另一个重要参数是试验舱压强（负压）。在计算

燃烧室压强和推力冲量时,需用舱压数据来进行修正。高空模拟试验压强-时间曲线与常规试验相同,舱压-时间曲线和推力-时间曲线如图 6 - 19 所示。

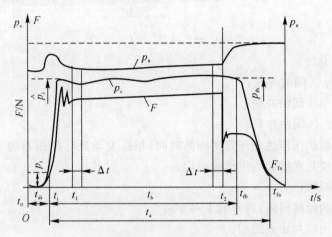

图 6 - 19　高模试验压强、舱压、推力-时间曲线

数据处理除按常规试验部分的定义与计算公式计算外,增加了舱压和真空冲量的计算。

(1)舱压计算

舱压测量通常采用差压传感器,传感器的一个测压口置于试验舱内,另一个测压口接至舱外,因此,测得的数据是相对于大气压的负压值,即零输出为大气压,输出越大表示真空度越高,绝对压强越低。因此,用绝对压强表示的舱压为

$$p_0 = p_{amb} - p_n \tag{6-42}$$

式中　　p_0—— 用绝对压强表示的舱压,即真空压强;

　　　　p_n—— 由差压传感器测出的舱压。

测量舱压的传感器通常需要采用连接管道安装到测压位置,如果管道较长,其延迟时间对测量数据的影响应予以修正。

(2)真空冲量计算

真空总冲分三段计算:$t_i \sim t_1$,$t_1 \sim t_2$ 和 $t_2 \sim t_a$。由于在发动机点火开始和补气后,引射器还未达到正常工作状态,这时推力-时间曲线在起始段和结束段出现较大波动,如果直接用推力数据计算真空冲量将会产生很大误差,故分别用 t_1 后一段时间内和 t_2 前一段时间内的燃烧室压强、舱压和推力数据,计算出系数 C_1 和 C_2,再由压强冲量来计算真空冲量。

计算公式如下:

$$I_1 = C_1 \int_{t_i}^{t_i+t_1} p_c \, dt \tag{6-43}$$

$$C_1 = \frac{\int_{t+t_{1i}}^{t_i+t_1+\Delta t} F \, dt + A_{ei} \int_{t+t_{1i}}^{t_i+t_1+\Delta t} p_0 \, dt}{\int_{t+t_{1i}}^{t_i+t_1+\Delta t} p_c \, dt} \tag{6-44}$$

$$I_2 = C_1 \int_{t_i+t_1}^{t_i+t_2} F \, dt + \overline{A}_e \int_{t_i+t_1}^{t_i+t_2} p_0 \, dt \tag{6-45}$$

$$I_3 = C_2 \int_{t_i+t_2}^{t_i+t_o} p_c \, dt \tag{6-46}$$

$$C_2 = \frac{\int_{t_i+t_2-\Delta t}^{t_i+t_2} F\,dt + A_{ef}\int_{t_i+t_2-\Delta t}^{t_i+t_2} p_0\,dt}{\int_{t_i+t_2-\Delta t}^{t_i+t_2} p_c\,dt} \tag{6-47}$$

$$I_v = I_1 + I_2 + I_3 \tag{6-48}$$

式中　I_v —— 真空总冲；

$\quad\quad I_1$ —— $t_i \sim t_1$ 区间的冲量；

$\quad\quad I_2$ —— $t_1 \sim t_2$ 区间的冲量；

$\quad\quad I_3$ —— $t_2 \sim t_a$ 区间的冲量；

$\quad\quad t_1$ —— 点火后扩压器达到正常工作的时间，根据发动机与扩压器的工作情况决定，通常是经几次试验后由经验确定；

$\quad\quad t_2$ —— 补气时间；

$\quad\quad \Delta t$ —— 规定的时间间隔，通常取 $1 \sim 2$ s；

$\quad\quad A_{ei}$ —— 喷管出口初始截面积；

$\quad\quad A_{ef}$ —— 试验后喷管出口截面积；

$\quad\quad \overline{A}_e$ —— 试验前后喷管出口平均截面积，即 $(A_{ei} + A_{ef})/2$。

（3）真空比冲计算

真空比冲 I_{sv} 按下式计算：

$$I_{sv} = I_v/m_{gr} \tag{6-49}$$

（4）真空推力系数计算

真空推力系数 C_{Fv} 按下式计算：

$$C_{Fv} = \frac{I_v}{A_t I_P} \tag{6-50}$$

6.5.3.3　伺服系统试验数据处理

伺服系统试验的数据处理一般包括暂态特性、位置特性、速度特性和频率特性 4 个部分。

1. 暂态特性

一般压差参数由于压差作动器本身的因素，在暂态特性的上升部分出现振荡（见图 6-20）。这时需要求出上升时间、峰值时间、过渡过程时间、振荡次数及超调量。

1）上升时间：t_{r1}（响应到达其稳态值时所需要的时间）。

$\quad\quad\quad\quad\quad\quad t_{r2}$（响应从稳态值的 10% 上升到 90% 时所需要的时间）。

2）峰值时间：t_p（响应超过稳态值，到达第一个峰值所需时间）。

3）过渡过程时间：t_s（响应到达并停留在稳态值的 $\pm 2\%$ 误差范围内所需的最小时间）。

4）振荡次数：N（t_s 时间内的振荡次数）。

5）超调量：TVP。

$$TVP = \frac{y(t_p) - y(\infty)}{y(\infty)} \times 100\% \tag{6-51}$$

6）喷管摆动最大角速度及最大角加速度。喷管摆动最大角速度及最大角加速度是表示喷管开始摆动时的响应特性，因此利用第一个暂态特性中响应曲线上升段来处理，如图 6-20 所示。

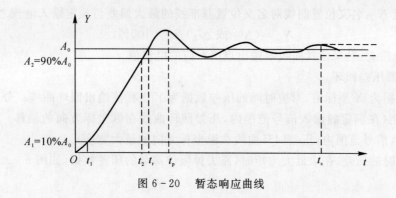

图 6-20　暂态响应曲线

图中角速度 $\dot{A}$ 即上升段斜率，计算如下：

$$\dot{A} = \frac{A_2 - A_1}{t_2 - t_1} \tag{6-52}$$

如果 t_1 到 t_2 这段时间内上升段曲线斜率变化较大，则用该段的最大斜率。

角加速度 $\ddot{A}$ 为 t_1 处角速度除以 t_1 时间，即

$$\ddot{A} = \frac{\dot{A}}{t_1} \tag{6-53}$$

2. 位置特性

（1）作动器位移回环

取指令数据为 X 坐标值，对应时间的线（角）位移数据为 Y 坐标值绘出回环曲线。

求出最大线位移、最大摆角、回环宽度、位置增益、对称度、线性度及零偏电流，如图 6-21 所示。

1）回环宽度：在额定输入信号范围内，为产生相同的输出位移（摆角）而要求输入量的最大差值。

2）位置增益：位置特性回环曲线的中点轨迹为名义位置曲线。从名义位置曲线的零输出点，分别在正、负极性方向作名义位置曲线相差最小的二条名义位置基准线 A 和 B，其斜率分别为 K_{rA} 和 K_{rB}，则位置增益 K_r 为

$$K_r = (K_{rA} + K_{rB})/2 \tag{6-54}$$

3）对称度：

$$N_s = \frac{|K_{rA} - K_{rB}|}{\max(K_{rA}, K_{rB})} \times 100\% \tag{6-55}$$

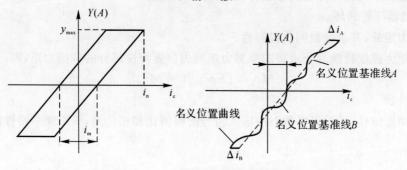

图 6-21　作动器线位移回环曲线

4）线性度 N_L：名义位置曲线对名义位置基准线的最大偏差与额定输入电流之比，即

$$N_L = (\Delta i_A \ \text{或} \ \Delta i_B)/i_n \times 100\% \qquad (6-56)$$

5）零偏电流 i_p：名义位置曲线零输出点所对应的电流值。

（2）作动器压差回环

取指令数据为 X 坐标值，对应时间的压差数据为 Y 坐标值绘出回环曲线。分别求出最大力矩，偏位力矩（在额定的输入信号范围内，压差回环曲线在纵坐标方向的偏移）及摩擦力矩（在额定的输入信号范围内，压差回环曲线在纵坐标方向的最大宽度）。

对于限位时的压差，在求最大力矩时，需去掉限位部分的压差数据，如图 6-22 所示。

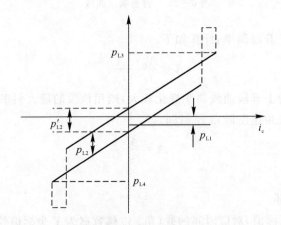

图 6-22　作动器压差回环曲线

1）偏位力矩：$\qquad\qquad\qquad Ma_p = LSp_{L1} \qquad\qquad (6-57)$

2）摩擦力矩：$\qquad\qquad\qquad Ma_m = LSp_{L2}/2 \qquad\qquad (6-58)$

式中，p_{L2} 是在额定输入信号内压差回环曲线在纵坐标方向的最大宽度。

3）$\qquad\qquad\qquad\qquad M'_m = LSp'_{L2}/2 \qquad\qquad (6-59)$

式中，$p'_{L2}/2$ 是压差回环曲线在输入电流为零时在纵坐标方向上的宽度。

4）最大力矩：$\qquad\qquad\qquad M^+_{max} = LSp_{L3} \qquad\qquad (6-60)$

$$M^-_{max} = LSp_{L4} \qquad\qquad (6-61)$$

3.速度特性

（1）作动器线位移回环

数据处理要求与计算方法同位置特性。

（2）作动器压差回环

除阻尼力矩外，其余参数同位置特性。

阻尼力矩为速度特性部分求得的摩擦力矩减去位置特性部分的摩擦力矩，即

$$Ma_Z = LSp'_{L2}/2 - M'_m \qquad\qquad (6-62)$$

4.频率特性

求出作动器位移、压差等参数对应输入信号的幅值比和相位差，给出频率特性曲线。

6.6　试验测量与控制技术展望

近年来,航天科技工业迅猛发展,绕月探测工程和载人航天工程等一系列国家重大科技专项和重点型号任务的陆续实施,将逐步实现运载火箭升级换代。新型号的研制对固体火箭发动机的试验技术提出了更高的要求,要求拓展测试领域,开展测试关键技术攻关,建立适应型号需求的测试系统和校准装置,形成满足型号研制和批量生产任务需求的计量测试和保障能力。试验测量与控制技术将会呈现以下发展趋势。

（1）新型传感器的使用

借鉴新型传感器在别的领域应用的成功经验,将其用于发动机试验参数测量中。比如近几年来,国外出现了将超声传感器直接安装在发动机外壳的超声波测量技术,用来研究各种试验发动机以及装药量达几吨的全尺寸发动机的推进剂燃速特性和绝热层热烧蚀行为;嵌入式传感器用来精确监测推进剂药柱和壳体之间黏结面的应力大小;光纤光栅传感器用于温度、应变、振动等参数的分布式测量;等等。

（2）现场、在线、动态、综合测试技术应用

航天型号试验测试具有复杂性、系统性、动态性的特点,装置、设备大多集成化、模块化、大型化。传统计量检测方式已经不能完全适应需求,航天计量要由传统的实验室测量向现场、在线测量转变,由静态校准向动态实时校准转变,由单一参数测量向多参数综合测量转变,由独立的仪器、设备计量校准向系统综合计量校准转变。

（3）测量方法的突破

随着各种新型的测量设备的研制,测量方法将会有新的突破,红外、超声波、激光等非接触式测量方式将应用于试验参数测量中。

（4）环境模拟试验技术的发展

导弹在空中高速飞行时受到的热、力、振等多种因素共同作用,传统试验方法仅考虑单一因素对导弹发动机的影响,不能真实模拟导弹飞行的真实环境及载荷情况。环境模拟试验技术就是通过在地面等效模拟发动机飞行状态下的热环境和气动载荷,考察多种因素对发动机结构的影响。

（5）仿真技术的应用

由于发动机制造成本较高,若能在试验前对发动机工作情况进行分析研究,可以很好地指导试验,获得宝贵的数据。一方面,仿真试验可以模拟不同类型试验条件,获得发动机在复杂条件下工作情况。另一方面,仿真试验可以为静止试验提供指导,在试验时根据仿真结果重点测量敏感部位的关键参数,另外可以用仿真来代替一部分试验,节省试验经费。

参 考 文 献

[1] 薛群,徐向东,等. 固体火箭发动机测试与试验技术[M]. 北京:宇航出版社,1994.

[2] 陈汝训,等. 固体火箭发动机设计与研究[M]. 北京:宇航出版社,1992.

[3] 鲍福廷,黄熙君. 固体火箭冲压组合发动机[M]. 北京:宇航出版社,2006.

[4] 王明鉴. 固体火箭冲压发动机一体化设计研究[D]. 西安:西北工业大学,1989.

[5] 郭霄峰. 液体火箭发动机试验[M]. 北京:宇航出版社,1990.

[6] 曹树谦,张文德. 振动结构模态分析——理论、试验与应用[M]. 天津:天津大学出版社,2001.

[7] 李德葆,陆秋海. 实验模态分析及其应用[M]. 北京:科学出版社,2001.

[8] 于海昌. 发动机对火箭振动特性的影响[J]. 导弹与航天运载技术,1997(4):33-29.

[9] 胡仔溪. 利用 NASTRAN 和模态试验修正结构有限元模型[J]. 强度与环境,2000(2):18-21.

[10] 张希农,张景绘. 局部附加黏弹性材料结构的动力特性[J]. 强度与环境,1991(3):30-32.

[11] 周传荣,赵淳生. 机械振动参数识别及其应用[M]. 北京:科学出版社,1989.

[12] 汪凤泉. 电子设备振动与冲击手册[M]. 北京:科学出版社,1998.

[13] 导弹结构强度计算手册编写组. 导弹结构强度计算手册[M]. 北京:国防工业出版社,1978.

[14] 魏生道. 结构静力试验技术[M]. 北京:宇航出版社,1988.

[15] 吴连元. 板壳稳定性理论[M]. 武汉:华中理工大学出版社,1996.

[16] 黄克智. 板壳理论[M]. 北京:清华大学出版社,1987.

[17] 王铮,胡永强. 固体火箭发动机[M]. 北京:宇航出版社,1993.

[18] 达维纳 A. 固体火箭推进剂技术[M]. 北京:宇航出版社. 1997.

[19] 李久祥,刘春和. 导弹贮存可靠性设计应用技术[M]. 北京:海潮出版社,2001.

[20] 金星,洪延姬. 工程系统可靠性数值分析方法[M]. 北京:国防工业出版社,2002.

[21] 张劲民,王志强,袁华. 超声波燃速测试技术在固体推进剂研制中的应用[J]. 火炸药学报,2006,29(3):9-12.

[22] 张洪锋. 复合固体推进剂药浆药条燃速的高精度测试方法研究[M]. 北京:中华人民共和国航天工业部,1986.

[23] 张劲民,刘科祥,蒲远远. 贫氧推进剂声发射燃速仪的研制[J]. 固体火箭技术,2003,26(3):72-73.

[24] 胡松启,李葆萱,李逢春,等. 密闭燃烧器法测高压下推进剂燃速研究[J]. 含能材料,2005,13(3):189-191.

[25] 李葆萱,肖育民,李逢春,等. 密闭燃烧器在固体火箭推进剂燃速测定中的应用研究[J]. 弹箭技术,1997(1):5-7.

［26］ 王峻晔. 激光燃速仪用于推进剂非稳态燃速测量[J]. 固体火箭技术,1995(2):44 - 47.

［27］ Hafenrichter T J. An Ultrasound Technique for Precision Transient Burning Rate Measurements of Solid Propellants in Mechanical & Industrial Engineering［M］. Chiaago:University of Illinois at Urbana-Champaign,2002.

［28］ Dauch F, Moser M D, Frederick A, et al. Uncertainty Assessment of the Pulse-Echo Ultrasonic Burning Rate Measurement Technique［C］// 35th Joint Propulsion Conference and Exhibit(AIAA), 2013.

［29］ Wu P, Longworth D, Whitney D. Development of an Ultrasonic Burning Rate Measurement Technique［C］// 39th AIAA/ASME/SAE/ASEE Joint Propulsion Conference & Exhibit, 2013.